全国高等院校水利水电类精品规划教材

水轮发电机组振动及分析

主　编　王玲花
副主编　王瑞莲　孙文清

黄河水利出版社
·郑州·

内容提要

本书系统讲述了水轮发电机组振动的基本概念、基本理论及其分析方法。全书共分7章，重点讲述了水力、机械、电磁振动机理、危害及其防治措施，主要内容包括有关振动的基本概念及其分析方法，水轮发电机组水力振动分析、机械振动分析、电磁振动分析，以及水轮发电机组的异常振动分析，还介绍了水轮发电机组振动测试技术，最后介绍了水轮发电机组状态监测与故障诊断技术。

本书可作为热能与动力工程专业（水动方向）及相关专业的本科生教材，也可供水利水电工程、流体机械及工程等方向的研究生使用，还可供从事水轮发电机组设计、试验、研究、安装与检修、运行与维护的广大科技工作者参考。

图书在版编目(CIP)数据

水轮发电机组振动及分析/王玲花主编. —郑州：黄河水利出版社，2011.7

全国高等院校水利水电类精品规划教材

ISBN 978-7-5509-0084-4

Ⅰ. ①水… Ⅱ. ①王… Ⅲ. ①水轮发电机-发电机组-振动分析 Ⅳ. ①TM312.14

中国版本图书馆 CIP 数据核字(2011)第 139618 号

策划编辑：李洪良　电话：0371-66024331　邮箱：hongliang0013@163.com

出 版 社：黄河水利出版社

地址：河南省郑州市顺河路黄委会综合楼14层　邮政编码：450003

发行单位：黄河水利出版社

发行部电话：0371-66026940、66020550、66028024、66022620（传真）

E-mail：hhslcbs@126.com

承印单位：黄河水利委员会印刷厂

开本：787 mm×1 092 mm　1/16

印张：14.5

字数：335 千字　　印数：1—2 100

版次：2011年7月第1版　　印次：2011年7月第1次印刷

定价：36.00 元

前　言

随着我国高水头、大容量水轮发电机组的不断增多,机组振动问题日益突出,严重威胁着水电站机电设备的安全运行与使用寿命及电网的稳定运行。迫切需要一本能及时系统地反映最新水轮发电机组振动问题的教材。对此,我们从振动的基本概念出发,针对水轮发电机组振动的特点,深入分析水力、机械、电磁振源引起的机组振动机理与现象,介绍一些有效的防治措施,此外,对机组振动测试、监测及故障诊断技术也作了初步介绍。本书的特点之一是将水轮机与发电机振动问题有机地融为一体,便于读者全面掌握本课程的核心内容;特点之二是将理论分析与实际应用相结合,既介绍了振动基本理论,又通过大量翔实的工程实例使读者对振动分析的方法有深刻的认识;特点之三是内容选取深入浅出,系统、完整、精炼。针对本课程实践性强的特点,在各章之后还给出小结,并附有典型习题,供读者练习,以进一步巩固机组振动知识。

本书共分7章,以讲授水力、机械、电磁振动为主。对于水轮发电机组测试、监测与故障诊断技术介绍了一些基本理论与方法,作为进一步学习有关知识的基础。针对不同的教学要求,任课教师可根据自己专业特点和学时的不同灵活授课,这里推荐两套方案:讲述第一、二、三、四、五章(适合32学时),讲述所有章节(适合48学时)。

本书由王玲花任主编,王瑞莲、孙文清任副主编。各章编写人员及分工如下:王玲花(华北水利水电学院)编写第1章与第6章,王瑞莲(华北水利水电学院)编写第2章与第5章,孙文清(河南工程学院)编写第4章与第7章,胡旭光(国网新源山东文登抽水蓄能有限公司)编写第3章。华北水利水电学院陈德新教授对全书内容进行了认真的审核,在此表示衷心的感谢。

本书得到华北水利水电学院规划教材和河南省水力发电动力工程教学团队经费资助,在此表示感谢。

由于编者水平有限,书中难免有错误和不当之处,欢迎使用本书的广大师生及其他读者批评指正。

作　者

2011年5月

目 录

第 1 章　振动的基本概念

1.1　振动的定义

在日常生活与实际工程中，我们经常可以看到或感觉到物体的振动现象，如运动场上秋千的摆动、汽车发动时发动机引起的车体振动、机床的振动等。这些振动从形式上看，有的是来回摆动，有的是往复直线运动，有的是旋转运动，种类很多，形式不一。但它们有一个共同特点，就是物体在运动过程中总是在其平衡位置附近，一次次地重复运动。所谓振动，是指物体在其平衡位置附近所作的往复性的运动，或某一物理量在其平衡值附近随时间往复变化的现象。从广义方面讲，振动是指描述系统状态的参量（如位移、电压等）在其基准值上下交替变化的过程；从狭义方面讲，振动是指机械振动，即力学系统中的振动，如水轮发电机组轴系的振动。力学系统能维持振动，必须具有弹性和惯性（质量）。由于弹性，系统偏离其平衡位置时会产生回复力，促使系统返回原来位置；由于惯性，系统在返回平衡位置的过程中积累了动能，从而使系统越过平衡位置向另一侧运动。正是由于弹性和惯性的相互影响，才造成系统的振动，而阻尼则使振动受到抑制。因此，惯性（质量）、弹性、阻尼成为振动系统的三要素。振动是自然界和工程中常见的现象，如自然界中的声、光、电磁波（电磁振动习惯上称为振荡）等，也是广泛意义上的振动。

在大多数情况下，振动是有害的。当振动量超出容许范围后，振动将会影响机器的工作性能，使机器的零部件产生附加动荷载，从而缩短使用寿命；强烈振动甚至导致机器设备破坏，还会影响周围的仪器仪表正常工作，严重影响其度量精度，给生产造成重大损失；振动往往还会产生巨大的噪声，污染环境，损害人们身体健康。如建筑结构会因波浪、风力或地震以及其他振源产生的动应力而使强度下降，地震即是自然界中最强烈的振动现象，具有巨大的破坏作用。

但是，在某些方面，振动还是能够加以有效利用的。如波浪对于船舶和港口建筑物是有害的，但也可以利用波浪来发电。应用振动原理工作的机械正得到迅速发展，它可有效地完成许多工艺过程，或用来提高机械的工作效率，如振动给料机械，振动筛，振动球磨机，土木地基工程中的振动沉桩机、振动夯土机、振捣器和激振冲压加固等，以及试验研究用的振动试验台和激振器等。

总之，关于振动问题，必须阐明其力学原理，研究其力学性质，兴利除害，使之造福人类。振动已成为各个工程领域特别重要的研究课题。研究振动的目的就是揭示振动发生的机理，建立分析与计算的方法，破译振动所包含的大量信息，使振动系统具有合理的结构形式和参数，进而对设备的状态进行监测，分析设备的潜在可能故障，对振动加以预测、控制、消减与利用。

振动研究主要有振动分析与振动设计两方面问题。振动分析问题可分为：

(1)固有特性问题,如振动系统的固有频率、固有振型等。

(2)振动响应问题,即振动系统受外界激励作用而产生的振动效应,一方面研究振动引起的结构动态变形,其加速度是否超出允许值以及所产生的噪声等;另一方面研究构件动应力、结构疲劳强度或其寿命等问题。

(3)振动的稳定性问题,即研究影响系统稳定性的主要因素以及确定稳定性临界条件等。

振动设计问题或振动控制是振动分析的逆问题,其主要任务是在产品设计中采用必要措施来满足振动要求,如避开共振,限制振动响应水平,使其不发生自激振动等。由于问题的复杂性,一般转化为振动分析问题来处理。

1.2 振动的分类

振动有多种分类方法,可根据不同的特征加以分类。

1.2.1 按产生振动的输入特性分

按产生振动的输入特性,可分为自由振动、受迫振动和自激振动。

(1)自由振动:对于振动系统,在外力的作用下物体离开平衡位置以后就能自行按其固有频率振动,而不再需要外力的作用,这种不在外力作用下的振动称为自由振动。理想情况下的自由振动叫无阻尼自由振动。自由振动的周期叫固有周期,自由振动的频率叫固有频率,它们由振动系统自身条件所决定,与振幅无关。例如,弹簧振子的小球和单摆的摆球,在外力作用下偏离平衡位置后,撤销外力的作用,它们分别在系统内部的弹力和重力作用下振动起来,不再需要外力的推动就能往复运动;扔块石子在水面上引起的水波自由振动也是如此。

自然界中存在着能量,力学系统中存在着稳定状态,由此引发丰富多彩的力学现象。具有能量的力学系统也可能总是处于静止平稳状态,但当这种力学系统(简称力系)受外力作用而运动时,力系就具有了所谓的动能;当力系偏离平衡状态位置时,力系具有向平衡状态恢复的性质,可作为本身存在的潜在势力,故称之为位能或势能。当然,如果没有了外力的持续作用,则物体会因摩擦或内部阻力而达到最终的静止状态,即没有"永动"现象。

(2)受迫振动:在外力的持续作用下,振动系统发生的振动,称为受迫振动,也称强迫振动。这个"外力"叫驱动力(或强迫力)。如扬声器纸盆的振动和耳机中膜片的振动,都受到外来驱动力的持续作用。物体的受迫振动达到稳定状态时,其振动的频率与驱动力频率相同,而与物体的固有频率无关。物体作受迫振动的振幅保持不变,它的大小不仅和驱动力的大小有关,还与驱动力的频率以及作振动的物体自身的固有频率有关。作受迫振动的物体,一方面要克服阻力做功,输出能量;另一方面要从驱动力的做功中输入能量。当从驱动力输入系统的能量等于物体克服阻力做功输出的能量时,系统的能量达到动态平衡,总量保持不变,振幅保持不变,作等幅振动。当周期性驱动力的频率和物体的固有频率相等时,振幅达到最大,即共振。

自然界中存在天体的运转,但并没有旋转轴;动物的身体非常精巧,不论四肢或是心脏,均构成了往复运动的复杂系统。可以毫不夸张地说,人类最天才的发明之一,即是绕轴旋转而又高效率的旋转机械,这奠定了机械文明的基础,这样的机构属于不同于自由振动的运动形式。

(3)自激振动:指结构系统受到自身控制的激励作用时所引起的振动。简单地说,自激振动初始状态为不动或只有微小的振动,由于外界驱动可以自发地激励起某个模式或多个模式,随着耗散和驱动使其中一个或几个模式增长,其他消亡。自激振动的频率一般就是自由振动频率,但是,由于要维持振动就必须有能量的输入,一般来说自激振动是非线性过程。常见的自激振动如机械表、风吹过某腔体而发声,心脏的搏动、颤抖等。

自激振动和自由振动的本质区别在于,前者为一个有持续或多次能量输入,激励来自于自身,并一直存在,有耗散,振动可维持的非线性过程;而后者为一个可以称之为只有一次能量输入,激励来自外界,并且只在初始受激励,当有耗散时最终振动会停止,自由振动只与系统自身有关,可能是线性的过程,也可能是非线性的过程。

自激振动的频率是不固定的,随着驱动力的大小而改变。而自由振动是指物体按其本身固有的频率振动,理想情况下可以无阻尼地一直振动下去。例如琴弦的振动,小提琴琴弦的振动是随着拨动的强度而变化的,属于自激振动;而钢琴采用了共振板,不管按钢琴键用多大的力,它都固定发出一个音,也就是说,钢琴琴弦是按其固有频率振动发声的,属于自由振动。

自激振动与受迫振动的区别:自激振动的干扰力是由物体运动本身所产生或控制的,当运动停止,干扰力也就消失;而受迫振动的干扰力的存在与否与振动无关,即使振动停止,干扰力也可能依然存在。

据统计,在各种常见的振动问题中,受迫振动约占 30%,自激振动约占 65%,自由振动所占比重则很小。自由振动往往是切削力的突然变化或其他外界力的冲击等原因引起的。这种振动一般可迅速衰减。而受迫振动和自激振动都是不能自然衰减且危害较大的振动。

1.2.2　按振动的输出特性分

描述振动的量有位移、速度和加速度,激振力和振动频率等。按照描述振动数据的特点,可将振动分为确定性振动和随机振动两大类。

1.2.2.1　**确定性振动**

确定性振动的特点是振动量值随时间有确定的变化规律,可以用一定的函数式来描述。确定性振动又可分为周期性振动和非周期性振动。

(1)周期性振动:振动系统的某些物理量(如位移、速度、加速度等),在相等的时间间隔内作往复运动。往复一次所需的时间即为周期。周期振动又分为正弦(或余弦)周期振动(即简谐振动)和复杂周期振动(即非简谐振动)。

①简谐振动:即位移、速度和加速度为时间的谐和函数的振动。其振动速度与加速度可由振动位移导出。这是一种最简单、最基本的振动形式。

②非简谐振动:即由两个及两个以上的频率比 f_n/f_m 为有理数的简谐振动叠加而成,

当自变量增加到某一定值时，其函数值又恢复到同一个值的振动，所以又简称为复杂周期振动，用周期性函数表示。

(2)非周期性振动：即瞬态振动，振动系统物理量的变化没有一定的周期。又可分为准周期振动、瞬态振动和冲击振动。

①准周期振动：由频率比中含有无理数的谐波组成，其周期无限长，但具有周期性。

②瞬态振动：指在极短时间内仅持续几个周期的振动，而冲击振动是指单个脉冲振动，它们的共同特点是，过程突然发生，时间极短，能量却很大，通常由零到无限大的所有频率的谐振动组成，只能作傅里叶积分。

③冲击振动：由于力、位置、速度或加速度等的突然变化，引起系统的瞬态动变化过程称为冲击。在力学上，冲击是一种过渡现象，属于非周期运动范畴。冲击过程可能是单次的、多次的或复合的，但每次持续时间是比较短暂的(突变)。表征冲击过程的基本物理量有速度、加速度、位移(或变形)和冲击持续时间。

1.2.2.2　**随机振动**

随机振动的振动状态在未来任一给定时刻的瞬时不能预先确定，无确定性规律，其振动量值不能用确定函数来描述，而须用概率统计方法定量描述其运动规律。可分为平稳随机振动和非平稳随机振动。如车辆行进中因路面高低不平产生的颠簸，高层建筑物在阵风或地震作用下发生的振动，飞行器因大气湍流、船舶因海浪波动等产生的振动，都是随机振动。

描述随机振动基本特性的主要统计参数有均值与均方值(或均方根值)、概率密度函数、相关函数及功率谱密度函数等。

1.2.3　按振动系统的结构参数特性分

按振动系统的结构参数的特性，可将振动分为线性振动和非线性振动。

(1)线性振动：振动系统的惯性力、阻尼力、弹性恢复力分别与加速度、速度、位移呈线性关系，其运动方程为常系数线性微分方程。如二阶线性振动系统的形式为

$$m\ddot{x} + c\dot{x} + kx = P(t) \tag{1-1}$$

式中：m 为振动物体质量；c 为阻力系数；k 为弹力系数；x 为 m 振动位移；$c\dot{x}$ 为阻尼力；kx 为弹性恢复力；$P(t)$ 为周期干扰力。

(2)非线性振动：振动系统的阻尼力或弹性恢复力具有非线性性质，其运动方程为非线性微分方程。如式(1-1)中阻尼力和弹性力二者之一或二者都是非线性函数 $P_1(\dot{x})$ 与 $P_2(x)$，则其振动方程的形式为

$$m\ddot{x} + P_1(\dot{x}) + P_2(x) = P(t) \tag{1-2}$$

1.2.4　按振动系统的自由度数目分

按振动系统的自由度数目，可将振动分为单自由度系统振动和多自由度系统振动。

(1)单自由度系统振动：确定系统在振动过程中任何瞬时的几何位置，只需一个独立坐标表示的振动，如钟摆的振动。若按系统是否为线性系统，可分为线性系统与非线性系

统。

(2)多自由度系统振动：确定系统在振动过程中任何瞬时的几何位置，需多个独立坐标表示的振动。多自由度系统振动又可分为有限多自由度系统振动（对应离散系统）和无限多自由度系统振动（对应连续系统），前者由常微分方程描述，后者由偏微分方程描述，如弹性体（如杆、梁、板、壳等）振动具有无限多个自由度。若按系统是否为线性系统，又可分为线性系统多自由度振动和非线性系统多自由度振动两类。

1.2.5　按振动位移的特征分

按振动位移的特征，可分为直线振动、扭转振动和摆振动。

(1)直线振动：运动轨迹为直线，又分为纵向振动和横向振动。纵向振动指振动体上的质点沿轴线方向发生位移；横向振动指振动体上的质点在垂直于轴线方向发生位移。

(2)扭转振动：振动体上的质点在绕轴线方向发生位移（角位移）。

(3)摆振动：振动体上的质点在平衡位置附近作弧线运动，如单摆振动。

1.3　振动的描述

实际工程中的振动很复杂，有许多描述方法。这里需要指出的是，线性振动系统是最简单的振动系统，其最重要的一个特点就是满足线性叠加原理，可将一个复杂的振动问题分解为若干简单的振动问题。下面以线性振动为例，介绍几种常见的描述法。

1.3.1　波形图

如图 1-1 所示，由弹簧 k 和重锤 m 组成的振动系统，在外力 $P(t)$ 作用下离开平衡位置，取消外力作用后系统就发生往复运动。这一运动，可用重锤的位移与时间的相互关系来描述，其位移的数学表达式为

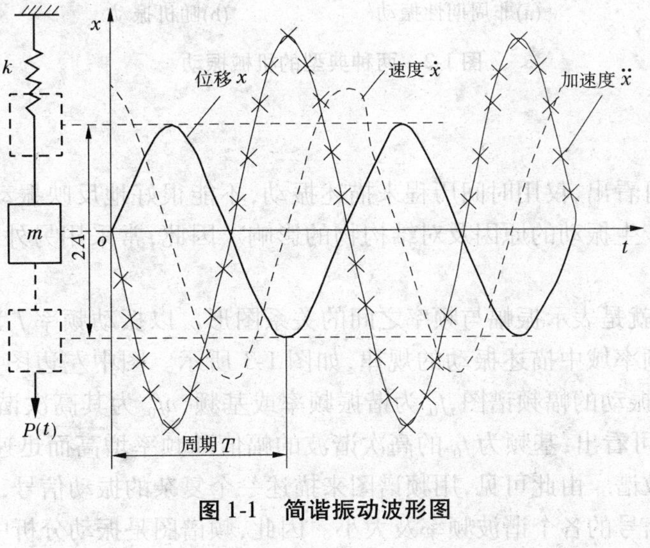

图 1-1　简谐振动波形图

$$x = A\sin(\omega t + \varphi_0) \tag{1-3}$$

式中：A 为振幅；φ_0 为初相位；ω 为振动角频率，$\omega = 2\pi f = 2\pi/T$，其中 T 为振动周期，s，f 为振动频率，Hz。

还可取重锤的平衡位置为原点，振动时间 t 为横坐标，重锤离开平衡位置的距离 x 为纵坐标，绘制重锤的运动轨迹，这种表示法称为波形图。它是在时间域上描述系统振动的规律。

由此可见，描述机械振动状态的三个基本要素是频率、振幅与相位。

在式(1-3)两边分别对时间 t 求一次与二次导数，即可得到振动速度与加速度的表达式：

$$\dot{x} = \omega A\sin\left(\omega t + \varphi_0 - \frac{\pi}{2}\right) \tag{1-4}$$

$$\ddot{x} = \omega^2 A\sin(\omega t + \varphi_0 - \pi) \tag{1-5}$$

比较式(1-3)～式(1-5)可知，位移、速度、加速度的频率相同，只是速度超前位移 π/2，加速度超前位移 π，振幅不同（见图 1-1 中的曲线）。因此，可用位移、速度、加速度中的任一量来描述振动，这给振动测试带来很大的方便。在选定一种参数的传感器后，可以利用积分与微分的原理来得到另两个量与时间的关系曲线。

上述振动是最简单的简谐振动。在实际工程中，周期振动往往是很复杂的非简谐振动，根据傅里叶级数原理，可以将其分解为若干个简谐振动，这些简谐振动（谐波）的频率成整倍的关系（高次谐波频率是基频的整数倍）。

波形图不但可以用来表示确定性振动，还可以表示随机振动，如图 1-2 所示。

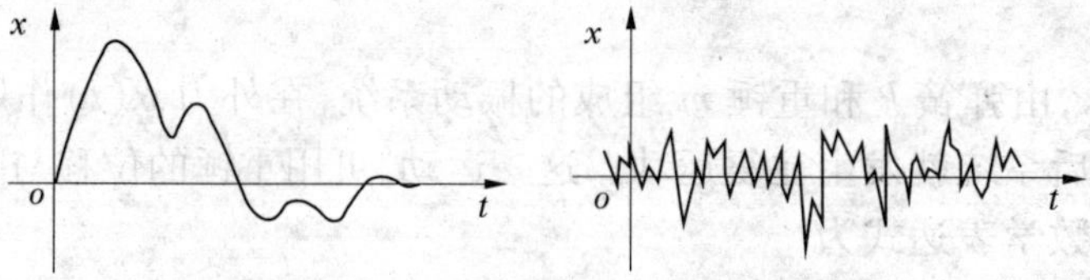

(a)非周期性振动 (b)随机振动

图 1-2 两种典型的机械振动

1.3.2 频谱图

从上述例子可看出，仅用时间历程来描述振动，不能很好地反映振动的特性，也就不能更全面地分析产生振动的原因及对结构物的影响。因此，常采用另外一种描述振动的形式——频谱图。

所谓频谱图，就是表示振幅与频率之间的关系图形。以振动频率 f 为横坐标，振幅 a 为纵坐标。它在频率域中描述振动的规律，如图 1-3 所示。图中左边图为振动曲线的时间历程，右边图为振动的幅频谱图，f_0 为谐振频率或基频，nf_0 为其高次谐波频率（$n \geqslant 2$）。从图 1-3(b)、(c)可看出，基频为 f_0 的高次谐波的幅值随频率增高而迅速减小，复杂周期振动的频谱为离散谱。由此可见，用频谱图来描述一个复杂的振动信号，可以很清楚地看出组成这个振动信号的各个谐波频率及大小。因此，频谱图是振动分析中的常用方法。

在振动测量中,为了分析方便,除用线性单位表示速度和加速度外,还常用“dB”(分贝)数来表示,称为振动级。

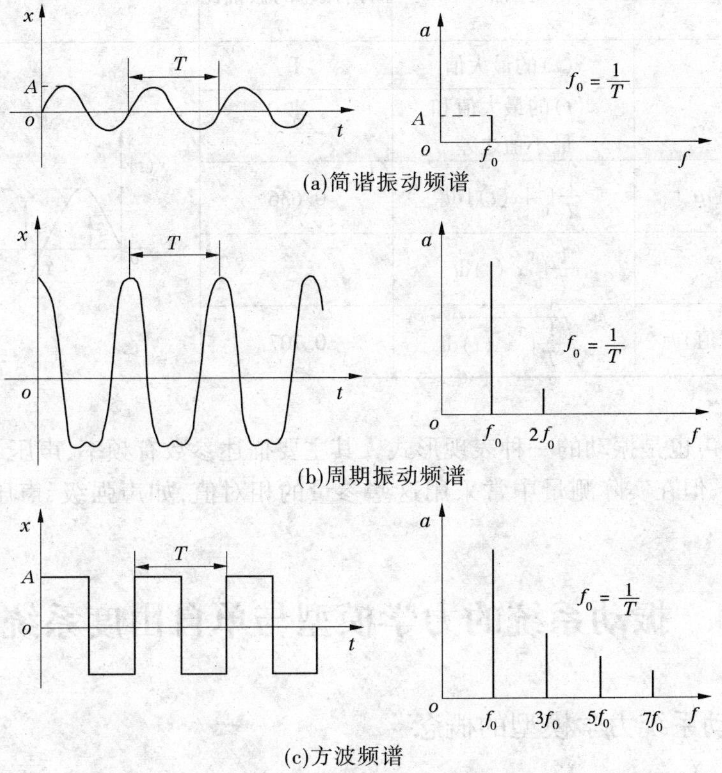

图 1-3　信号波形及其频谱图

频谱分析法是基于数学上的傅里叶级数原理。周期振动的频谱分析法是基于傅里叶级数展开,而非周期振动的频谱分析法则是基于傅里叶积分法,在此统称它们为傅里叶变换,即把一个时间域的振动信号变换为频率域的函数。

1.3.3　振幅的各种表示法

在简谐振动中,振幅和频率是两个很重要的特征量。振幅表示了振动强度的特性。根据不同的需要,其描述方法也不同。

在测量中,振动参数的大小常用其峰值、均值和有效值来表示,所谓峰值,是指振动量在给定区间内的最大值(或最小值),均值是振动量在一个周期内的平均值,有效值即均方根值,它们从不同的角度反映了振动信号的强度和能量。在测量仪表上,峰值一般用 Peak - Peak (峰 - 峰)表示,而有效值则用 RMS(Root Mean Square)表示。通常,峰 - 峰值 x_{FF}又称为双振幅值,或双幅值(峰 - 峰值是表示一个量的最大值和最小值间的代数差,正弦量的峰 - 峰值为振幅的 2 倍,因而又称为双振幅值或双幅值)。表 1-1 表示了几种常用周期性振动振幅的名称、振幅计算、物理概念及相互关系。

表 1-1 周期性振动振幅的描述量

名称	振幅	简谐振动的振幅比	图例
峰值 x_F	$x(t)$的最大值	1	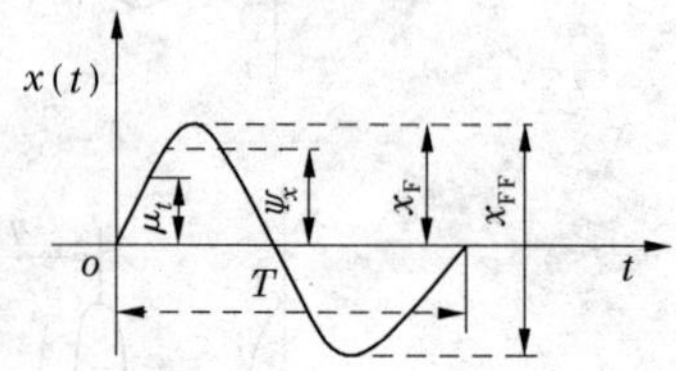
峰－峰值 x_{FF}	$x(t)$的最大值和最小值之差	2	
平均绝对值$\|\mu_t\|$	$\frac{1}{T}\int_0^T \|x(t)\|\mathrm{d}t$	0.636	
均方差 ψ_x^2	$\frac{1}{T}\int_0^T x^2(t)\mathrm{d}t$		
均方根(有效值)ψ_x	$\sqrt{\frac{1}{T}\int_0^T x^2(t)\mathrm{d}t}$	0.707	

此外,噪声也是振动的一种表现形式。其主要描述参数有频率、声压、声强、声功率和方向系数等。但在实际测量中常采用这些参量的相对值,如声强级、声压级和声功率级等。

1.4 振动系统的力学模型与单自由度系统振动

1.4.1 振动系统力学模型的概念

实际的振动系统往往是很复杂的,给研究振动问题带来了很大难度。因此,必须根据所研究问题的实际情况,抓住系统中的主要影响因素,忽略那些次要因素,把复杂的振动系统加以合理的简化和抽象,建立振动系统的数学模型,利用已有的理论基础,研究起来就方便多了。这样,对于复杂的振动问题,经过简化就有可能得到解决。这种经过简化抽象后的振动系统,在振动学上就称为力学模型。

要描述振动系统的运动规律,就必须确定该振动系统的自由度数目。在分析实际振动系统的自由度数目时,情况很复杂,因为实际系统是由许多构件组成的,而每个构件都具有分布的质量和弹性。因此严格地讲,实际的振动系统都是无限多自由度系统。为了便于研究,必须在对系统的各因素进行全面分析的基础上,把握主要因素,忽略次要因素,建立合理的力学模型。如将质量较大、弹性较小的构件系统简化为不计弹性、集中质量的系统;将振动过程中弹性变形较大的构件简化为不计质量的弹性元件;将位移较小的振动忽略不计或只考虑某一方面的振动而暂不考虑其他方向的振动等。这样,经过简化处理后,实际的无限多自由度的系统就可简化为有限个自由度的系统,甚至单自由度系统。这样不仅便于研究,而且所得结果仍具有足够的精度。

对于实际运行中的水轮发电机组,其振动系统大多是非线性的。有些部件的振动问题,在非线性不太严重时可简化为线性的,有时还可简化为单自由度或有限个自由度的振动问题,这些都会使振动问题的分析得以简化。

机械振动是工程中最常见的振动，下面简要介绍线性振动系统的数学模型的建立过程，以加深读者对机组振动理论的理解。关于非线性振动系统的问题，可参阅有关书籍。

1.4.2　单自由度系统的振动

实际的振动系统都或多或少地存在阻力，如干摩擦力与轴承中的润滑剂的摩擦力、电磁阻力、液体与气体介质阻力等产生的外阻尼，还有材料的黏弹性等产生的内阻力。工程中有的振动问题可简化为单自由度线性振动问题，这种振动是最基本的振动形式。因此，下面对单自由度线性振动系统进行分析，为分析复杂的振动问题打下基础。

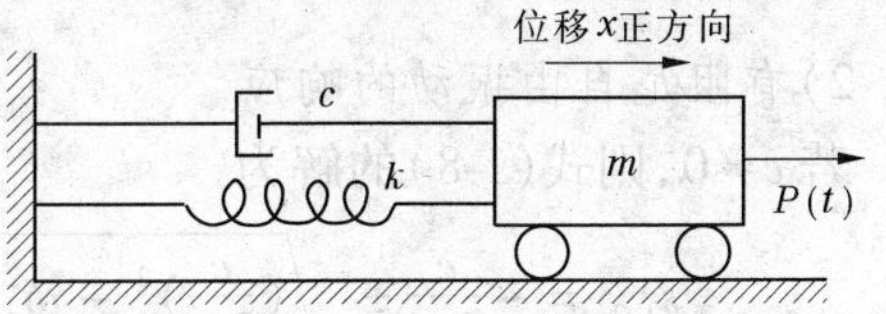

图 1-4　基本单自由度体系

如图 1-4 所示的振动系统，为单自由度振动系统的最简单模型。质量为 m 的小车被抽象为不变形的刚体，仅作水平运动，其位移坐标用 $x(t)$ 表示（简写为 x，取正方向，如图 1-4 所示），其惯性力为 $m\ddot{x}$；弹簧（其刚度为 k）被抽象为无质量而具有弹性的元件，其弹性恢复力大小与位移成正比而方向相反（为 $-kx$）；耗散能量用阻尼器表示，阻尼器被抽象为无质量而具有线性阻尼系数 c 的元件，其阻尼力大小与振动速度成正比而方向相反（为 $-c\dot{x}$）；外作用力为 $P(t)$。

根据牛顿第二运动定律，建立其运动方程，经整理为

$$m\ddot{x} + c\dot{x} + kx = P(t) \tag{1-6}$$

式(1-6)为线性微分方程，讨论如下。

1.4.2.1　自由振动

在外作用力 $P(t)=0$ 情况下的振动称为自由振动。式(1-6)变为齐次方程，有

$$m\ddot{x} + c\dot{x} + kx = 0 \tag{1-7}$$

在初始条件为零时，式(1-7)的拉普拉斯变换式为

$$s^2 + \frac{c}{m}s + \omega_n^2 = 0 \tag{1-8}$$

式中：ω_n 为系统固有频率（也称自振频率），是由系统固有性质决定的，即只与系统本身的质量（或振动惯量）、刚度和阻尼有关，这里 $\omega_n = \sqrt{\frac{k}{m}}$，即 ω_n 是由系统固有的质量和弹性所决定的。

1）无阻尼自由振动的响应

若不考虑振动系统的阻尼，即 $c=0$，则式(1-8)的解为

$$s_{1,2} = \pm\omega_n \tag{1-9}$$

则式(1-7)的解可表示为

$$x(t) = x_1 e^{j\omega_n t} + x_2 e^{-j\omega_n t} \tag{1-10}$$

利用欧拉公式 $e^{\pm j\omega_n t} = \cos\omega_n t \pm j\sin\omega_n t$，式(1-10)可改写为

$$x(t) = A_1\sin\omega_n t + A_2\cos\omega_n t \tag{1-11}$$

式中：常数 A_1、A_2 可用初始条件求得，$A_1=\dfrac{\dot{x}(0)}{\omega_n}$，$A_2=x(0)$。

式(1-11) 还可化为如下形式

$$x(t)=A\cos(\omega_n t-\varphi_0) \tag{1-12}$$

式中：振幅 $A=\sqrt{A_1^2+A_2^2}$，初相位角 $\varphi_0=\arctan\dfrac{A_1}{A_2}$。

根据式(1-12)，做出位移响应 $x(t)$ 的波形图，如图 1-5 所示。由此可看出，它是一等幅振荡的简谐振动。

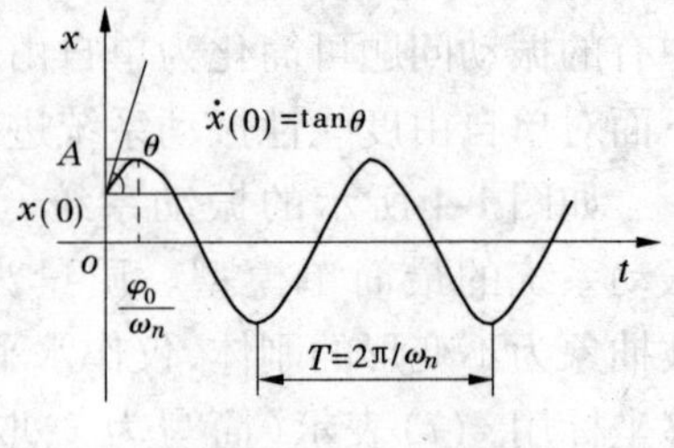

图 1-5　无阻尼自由振动响应波形图

2）有阻尼自由振动的响应

若 $c\neq0$，则式(1-8)的解为

$$s_{1,2}=-\frac{c}{2m}\pm\sqrt{\left(\frac{c}{2m}\right)^2-\omega_n^2} \tag{1-13}$$

令 $\dfrac{c}{2m}=\omega_n$，则式(1-13)中根式为零，其解为

$$s_{1,2}=-\frac{c}{2m}=-\omega_n \tag{1-14}$$

则位移响应可表示为

$$x(t)=(A_3+A_4t)e^{-\omega_n t} \tag{1-15}$$

式中：常数 A_3、A_4 可用初始条件求得，$A_3=x(0)$，$A_4=\dot{x}(0)+\omega_n x(0)$。

式(1-15)右边为一指数型衰减函数。定义此时的阻尼值为临界阻尼，即 $c_c=2m\omega_n$，其含义为在自由振动中不出现振荡所需的最小阻尼值。当 $c<c_c$ 时为欠阻尼振动，当 $c\geqslant c_c$ 时为过阻尼振动。

我们所关心的一般是欠阻尼情况，下面着重讨论 $c<c_c$ 时的振动系统响应。

定义阻尼比为

$$\zeta=\frac{c}{c_c}=\frac{c}{2m\omega_n} \tag{1-16}$$

则式(1-13)可改写为

$$s_{1,2}=-\zeta\omega_n\pm\sqrt{(\zeta\omega_n)^2-\omega_n^2}=-\zeta\omega_n\pm j\omega_d \tag{1-17}$$

式中：$\omega_d=\omega_n\sqrt{1-\zeta^2}$，称为阻尼自由振动频率($\zeta<1$)。

因此，欠阻尼系统的自由振动位移响应可表示为

$$x(t)=e^{-\zeta\omega_n t}(A_5\sin\omega_d t+A_6\cos\omega_d t) \tag{1-18}$$

式中：常数 A_5、A_6 可由初始条件求得，$A_5=\dfrac{\dot{x}(0)+\zeta\omega_n x(0)}{\omega_d}$，$A_6=x(0)$。

式(1-18)还可表示为

$$x(t)=Ae^{-\zeta\omega_n t}\sin(\omega_d t-\varphi_0) \tag{1-19}$$

式中：$A=\sqrt{x^2(0)+\left[\dfrac{\dot{x}(0)+\zeta\omega_n x(0)}{\omega_d}\right]^2}$，$\varphi_0=\arctan\dfrac{\dot{x}(0)+\zeta\omega_n x(0)}{\omega_d x(0)}$。

式(1-19)的位移响应 $x(t)$ 如图 1-6 所示，是一条周期性振荡、幅值按指数规律衰减的曲线。可见，随着时间增长，有阻尼自由振动的位移响应将衰减到零。

对于过阻尼振动的分析，留给读者讨论。

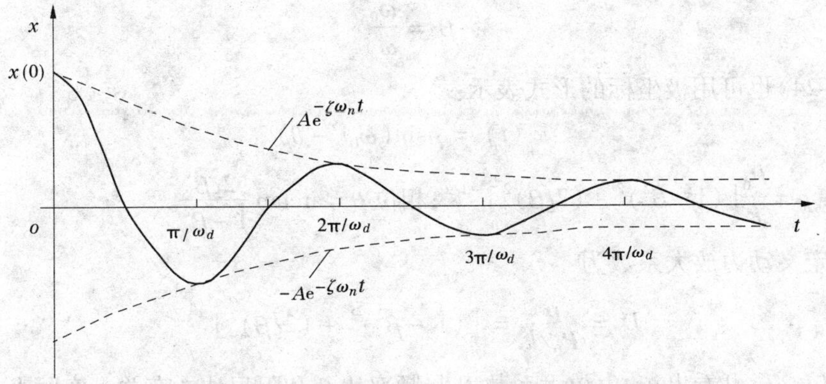

图 1-6　欠阻尼自由振动位移响应波形图

1.4.2.2　受迫振动

当外作用力 $P(t)\neq 0$ 时，振动为受迫振动。分以下几种情况讨论式(1-6)所表示的振动响应。

1)外作用力为一简谐荷载

取 $P(t)=P_0\sin\omega_0 t$，则式(1-6)变为

$$m\ddot{x}+c\dot{x}+kx=P_0\sin\omega_0 t \tag{1-20}$$

这里需要说明的是，当外作用力 $P(t)$ 的频率 ω_0 等于系统的固有频率 ω_n 时，振动系统的振幅将达到最大值，会发生共振现象。

(1)无阻尼振动的响应。

设 $c=0$，式(1-20)可改写为

$$\ddot{x}+\omega_n^2 x=\frac{P_0}{m}\sin\omega_0 t \tag{1-21}$$

结合式(1-12)，式(1-21)的通解为

$$x(t)=x_1(t)+x_2(t)=A\cos(\omega_n t-\varphi)+\frac{P_0}{m(\omega_n^2-\omega_0^2)}\sin\omega_0 t \tag{1-22}$$

式中：$x_1(t)$ 为自由振动响应，其频率为 ω_n，幅值为 A；$x_2(t)$ 为受迫振动响应，其频率为 ω_0，幅值为 $\left|\frac{P_0}{m(\omega_n^2-\omega_0^2)}\right|$，当外作用力 $P(t)$ 的频率 ω_0 和振动系统的固有频率 ω_n 相差很小时，该振幅可以很大。

(2)有阻尼振动的响应。

式(1-20)可改写为

$$\ddot{x}+2\zeta\omega_n\dot{x}+\omega_n^2 x=\frac{P_0}{m}\sin\omega_0 t \tag{1-23}$$

除自由振动响应外，其受迫振动响应的特解为

$$x_p(t)=X_1\sin\omega_0 t+X_2\cos\omega_0 t \tag{1-24}$$

式中：$X_1=\dfrac{P_0}{k}\cdot\dfrac{(1-\beta^2)}{(1-\beta^2)^2+(2\zeta\beta)^2}$；$X_2=\dfrac{P_0}{k}\cdot\dfrac{(-2\zeta\beta^2)}{(1-\beta^2)^2+(2\zeta\beta)^2}$；$\beta$ 为频率比，有

$$\beta=\frac{\omega_0}{\omega_n} \tag{1-25}$$

式(1-24)也可用极坐标的形式表示：

$$x_p(t)=\rho\sin(\omega_0 t-\theta) \tag{1-26}$$

式中：振幅 $\rho=\dfrac{P_0}{k}[(1-\beta^2)^2+(2\zeta\beta)^2]^{-1/2}$；相位 $\theta=\arctan\dfrac{2\zeta\beta}{1-\beta^2}$。

这里定义动力放大系数为

$$D=\frac{\rho}{P_0/k}=[(1-\beta^2)^2+(2\zeta\beta)^2]^{-\frac{1}{2}} \tag{1-27}$$

由式(1-27)可看出，动力放大系数 D 与频率比 β 和阻尼比 ζ 有关。实际上，动力放大系数 D 是阻尼振动响应振幅 ρ 的相对值，反映了振动振幅的变化规律。相位角 θ 也有类似性质。

对式(1-27)求极值，$\dfrac{\mathrm{d}D}{\mathrm{d}\beta}=0$，得振动响应达到峰值时的频率比为

$$\beta_{峰}=\sqrt{1-2\zeta^2} \tag{1-28}$$

响应峰值为

$$D_{\max}=(2\zeta\sqrt{1-\zeta^2})^{-1} \tag{1-29}$$

分析式(1-28)、式(1-29)可知：当 $\zeta=0$ 时，$\beta_{峰}=1$（即 $\omega_0=\omega_n$），则系统将发生共振，$D_{\max}$将趋于无穷大。

由于一般振动系统的阻尼很小（ζ 接近于0），故可认为此时（$\beta_{峰}\approx1$）发生了共振（即 $\omega_0\approx\omega_n$），响应达最大值，振动放大系数可近似为

$$D_{\beta\approx1}=\frac{1}{2\zeta} \tag{1-30}$$

根据式(1-27)，绘制相应的幅频特性 $D\sim\beta$ 曲线和相频特性 $\theta\sim\beta$ 曲线，如图1-7和图1-8所示。由图1-7可看出，阻尼比 ζ 越大，共振的振幅就越小；在考虑阻尼后共振的振幅不会无限大。

2）外作用力为周期性荷载

这里仅讨论振动系统无阻尼时的情况。对有阻尼的情况，可采用类似的方法解决，这里不再详述。

(1)傅里叶级数形式荷载的振动响应。

傅里叶级数形式荷载表示为

$$P(t)=a_0+\sum_{n=1}^{\infty}a_n\cos n\omega_0 t+\sum_{n=1}^{\infty}b_n\sin n\omega_0 t \tag{1-31}$$

式中：ω_0 为荷载的基波角频率；各项系数为

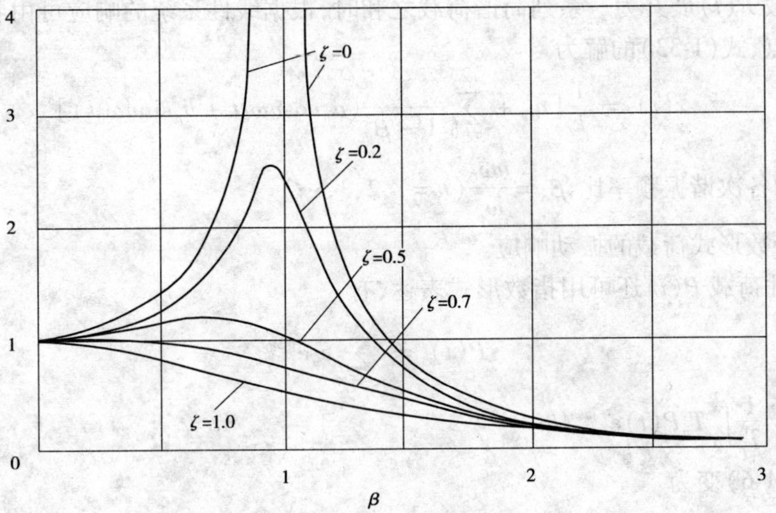

图 1-7　阻尼振动系统幅频特性曲线

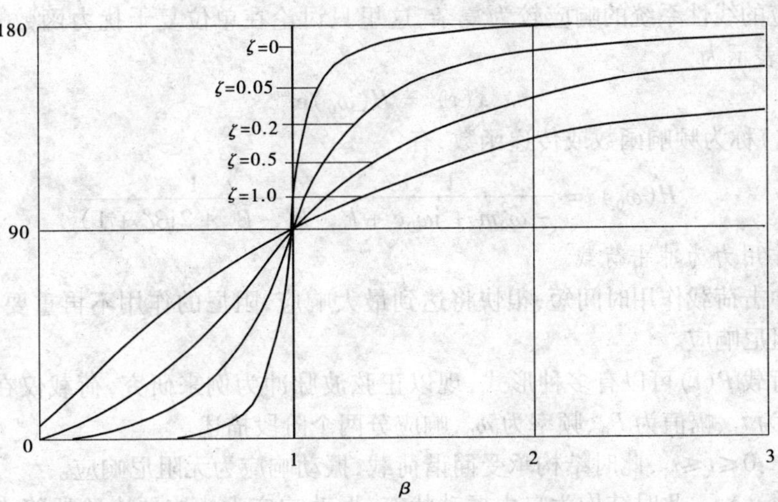

图 1-8　阻尼振动系统相频特性曲线

$$\begin{cases} a_0 = \dfrac{1}{T_p}\displaystyle\int_0^{T_p} P(t)\,\mathrm{d}t \\ a_n = \dfrac{2}{T_p}\displaystyle\int_0^{T_p} P(t)\cos n\omega_0 t\,\mathrm{d}t \quad (n = 1,2,3,\cdots) \\ b_n = \dfrac{2}{T_p}\displaystyle\int_0^{T_p} P(t)\sin n\omega_0 t\,\mathrm{d}t \end{cases} \tag{1-32}$$

式中：T_p 为荷载的基波周期，即 $P(t)$ 中 $n=1$ 时的周期，有 $T_p = 2\pi/\omega_0$。

在式(1-31)所示的傅里叶级数形式荷载作用下，式(1-6)变为

$$m\ddot{x} + c\dot{x} + kx = a_0 + \sum_{n=1}^{\infty} a_n \cos n\omega_0 t + \sum_{n=1}^{\infty} b_n \sin n\omega_0 t \tag{1-33}$$

当荷载 $P(t)$ 展开为一系列简谐荷载之和时，根据线性系统的响应可由各项响应叠加合成的特点，式(1-33)的解为

$$x(t) = \frac{1}{k}\left[a_0 + \sum_{n=0}^{\infty}\frac{1}{1-\beta_n^2}(a_n\cos n\omega_0 t + b_n\sin n\omega_0 t)\right] \tag{1-34}$$

式中：β_n 为各次谐振频率比，$\beta_n = \frac{n\omega_0}{\omega_n}(n=1,2,3,\cdots)$。

(2)指数形式荷载的振动响应。

周期性荷载 $P(t)$ 还可用指数形式表达，有

$$P(t) = \sum_{n=-\infty}^{\infty} c_n e^{jn\omega_0 t} \tag{1-35}$$

式中：$c_n = \frac{1}{T_p}\int_0^{T_p} T_p P(t)e^{-jn\omega_0 t}dt$

则式(1-6)变为

$$m\ddot{x} + c\dot{x} + kx = P(t) = \sum_{n=-\infty}^{\infty} c_n e^{jn\omega_0 t} \tag{1-36}$$

其对应的线性系统的响应较为复杂，这里只讨论在单位复干扰力函数 $e^{j\omega_0 t}$ 作用下的稳态解，可表示为

$$x(t) = H(\omega_0)e^{j\omega_0 t} \tag{1-37}$$

式中：$H(\omega_0)$ 称为频响函数或传递函数，有

$$H(\omega_0) = \frac{1}{-\omega_0^2 m + j\omega_0 c + k} + \frac{1}{k(-\beta^2 + 2j\beta\zeta + 1)} \tag{1-38}$$

3)外作用力为冲击荷载

由于冲击荷载作用时间短，很快将达到最大响应，阻尼的作用不再重要。因此，仅简单讨论无阻尼响应。

冲击荷载 $P(t)$ 可以有多种形式，现以正弦波脉冲为例来研究，荷载仅在半个周期内作用，时间为 t_1、幅值为 P_0、频率为 ω_0，响应分两个阶段描述。

阶段Ⅰ：$0 \leqslant t \leqslant t_1$，此时结构承受简谐荷载，振动响应为无阻尼响应。

阶段Ⅱ：$t > t_1$，此时结构为自由振动状态，振动响应大小主要由阶段终点时刻的位移和速度决定，有

$$x(t) = \frac{\dot{x}(t_1)}{\omega_0}\sin\omega_0(t-t_1) + x(t_1)\cos\omega_0(t-t_1) \tag{1-39}$$

当 $\beta < 1$ 时，出现响应最大幅值(峰值)的时间可由 $\omega_0 t = \frac{2\pi\beta}{1+\beta}$ 得到，有

$$t = \frac{2\pi\beta}{\omega_0(1+\beta)} \tag{1-40}$$

当 $\beta \geqslant 1$ 时，最大响应幅值出现在自由振动阶段，此时的动力放大系数为

$$D = \frac{2\beta}{1-\beta^2}\cos\frac{\pi}{2\beta} \tag{1-41}$$

4)外作用力为一般动力荷载

对于一般的非周期性振动荷载，可以利用冲击荷载下的响应，借助杜哈米(Duhamel)

积分计算。

(1)无阻尼情况的响应。

考虑 $t=\tau$ 时刻的荷载强度 $P(\tau)$,作用时间 $\mathrm{d}\tau$,所产生的响应为

$$\mathrm{d}x(\tau) = \frac{P(\tau)\mathrm{d}\tau}{m\omega}\sin\omega(t-\tau) \quad (t>\tau) \tag{1-42}$$

整个荷载可看做一系列连续脉冲的合成。线性系统的总响应可由微分响应的积分算得,有

$$x(t) = \frac{1}{m\omega}\int_0^t P(\tau)\sin(t-\tau)\,\mathrm{d}t \tag{1-43}$$

上式即称为杜哈米积分,当荷载变化而不能用函数表达或极不规则时,必须采用数值积分进行。

(2)有阻尼情况的响应。

计算方法与无阻尼情况相同,只不过要考虑阻尼的指数衰减规律,总体响应可表示为

$$x(t) = \frac{1}{m\omega_0}\int_0^t P(\tau)\mathrm{e}^{-\zeta\omega(t-\tau)}\sin\omega_0(t-\tau)\,\mathrm{d}t \tag{1-44}$$

如果干扰力荷载不可积分,则必须采用数值积分,常用的有辛普生方法等。

1.5　多自由度系统的振动

上述应用单自由度系统的振动理论,可解决机械振动中的一些问题。但工程中有很多实际问题必须简化成两个或两个以上自由度,即多自由度的系统,才能描述其机械振动的主要特征。多自由度系统的振动特性与单自由度系统的振动特性有较大的差别,如有多个固有频率、主振型、主振动和多个共振频率等。

我们知道,对于不受几何约束的刚体,一般有 6 个自由度 x、y、z、φ_x、φ_y、φ_z(6 个广义坐标)才能确定其在空间的位置。实际工程中,因安装定位的要求,需要一定的约束条件,所以可根据具体的约束条件使问题得到简化。如水轮发电机组在安装后,一般相当于给机组加上了四个约束条件:$x=0$、$z=0$、$\varphi_x=0$、$\varphi_y=0$(卧式机组),留下 y、φ_z 作为研究其横向弯曲振动及扭转的两个参数,或仅留下 z 坐标(立式机组)以研究纵向振动,其实质就是把空间坐标问题简化为平面问题,在平面坐标系中又可忽略次要因素,简化为几个集中质量的多自由度体系。

工程中的振动问题,一般多是连续分布的弹性体结构,理论上是具有无限多个自由度的系统。可采取离散化方法将其简化为有限多个自由度系统,以得到主要的、较低频率的一些振动特性与规律。如计算轴的横向振动时,将分布质量按一定规则简化为若干集中质量;转子系统的扭振也可按质量、重心不变的原则简化为若干具有等效转动惯量的圆盘。又如用有限单元法和传递矩阵法等分析问题时,只选取离散结点上的自由度,以描述整个系统的运动特性。

为了解释清楚多个固有频率、主振型、主振动等相关概念,下面以两自由度振动系统为例进行分析说明。这种研究方法、概念和结论可以推广到多自由度系统。

1.5.1 两自由度系统的振动

1.5.1.1 两自由度系统的自由振动

1)运动微分方程

如图1-9(a)所示,为两自由度的弹簧质量系统。质量为 m_1、m_2 的两物体用不计质量的两个弹簧相连接,弹簧弹性恢复系数为 k_1、k_2,两物体均作直线平移,略去摩擦力及其他阻尼。

取两物体 m_1、m_2 为研究对象,以两质心的静平衡位置为坐标原点 O_1、O_2,物体 m_1、m_2 离开其平衡位置的位移用 x_1、x_2 表示。两物体在水平方向的受力如图1-9(b)所示。由牛顿第一定律得

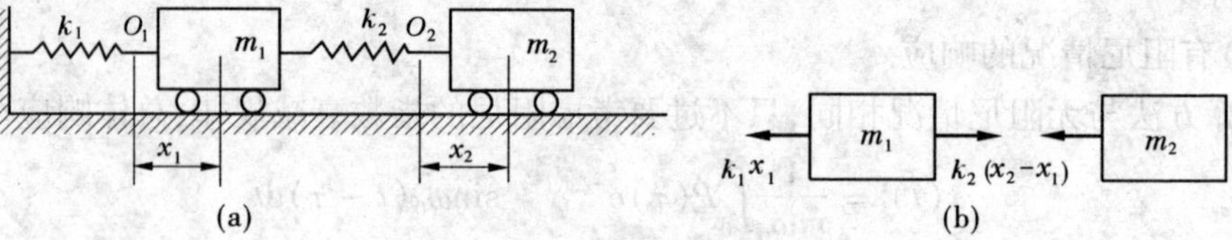

图1-9　两自由度的弹簧质量系统

$$\left.\begin{aligned} m_1\ddot{x}_1 + (k_1 + k_2)x_1 - k_2x_2 = 0 \\ m_2\ddot{x}_2 - k_2x_1 + k_2x_2 = 0 \end{aligned}\right\} \tag{1-45}$$

式(1-45)即为两自由度系统的自由振动微分方程。其矩阵形式可表示为

$$\begin{bmatrix} m_1 & 0 \\ 0 & m_2 \end{bmatrix}\begin{bmatrix} \ddot{x}_1 \\ \ddot{x}_2 \end{bmatrix} + \begin{bmatrix} k_1 + k_2 & -k_2 \\ -k_2 & k_2 \end{bmatrix}\begin{bmatrix} x_1 \\ x_2 \end{bmatrix} = \begin{bmatrix} 0 \\ 0 \end{bmatrix} \tag{1-46}$$

为了使讨论不失一般性,将式(1-46)改写为

$$\boldsymbol{M}\ddot{\boldsymbol{x}} + \boldsymbol{K}\boldsymbol{x} = 0 \tag{1-47}$$

这是一个二阶线性常系数齐次微分方程组,式中

$$\boldsymbol{M} = \begin{bmatrix} m_{11} & m_{12} \\ m_{21} & m_{22} \end{bmatrix}, \boldsymbol{K} = \begin{bmatrix} k_{11} & k_{12} \\ k_{21} & k_{22} \end{bmatrix}, \boldsymbol{x} = \begin{bmatrix} x_1 \\ x_2 \end{bmatrix}, \ddot{\boldsymbol{x}} = \begin{bmatrix} \ddot{x}_1 \\ \ddot{x}_2 \end{bmatrix} \tag{1-48}$$

式中:$\boldsymbol{M}$ 为振动系统的质量矩阵(其中 m_{ij} 为质量影响系数);$\boldsymbol{K}$ 为振动系统的刚度矩阵(其中 k_{ij} 为刚度影响系数);$\boldsymbol{x}$ 为振动位移向量;$\ddot{\boldsymbol{x}}$ 为振动加速度向量。

如果令 $m_{11} = m_1$、$m_{22} = m_2$、$m_{12} = m_{21} = 0$、$k_{11} = k_1 + k_2$、$k_{22} = k_2$、$k_{12} = k_{21} = -k_2$,则式(1-47)就是式(1-46)。

这些系数还有如下关系

$$k_{21} = k_{12} \tag{1-49}$$

同时

$$\left.\begin{aligned} k_{11}k_{22} - k_{12}k_{21} = (k_1 + k_2)k_2 - k_2^2 = k_1k_2 > 0 \\ k_{12}k_{21} = k_2^2 > 0 \end{aligned}\right\} \tag{1-50}$$

2)频率方程

根据线性微分方程解的基本形式,可设式(1-47)的解为

$$\left.\begin{aligned}x_1 &= A_1\sin(\lambda t+\varphi)\\ x_2 &= A_2\sin(\lambda t+\varphi)\end{aligned}\right\} \tag{1-51}$$

式中：A_1、A_2 为物体 m_1、m_2 的振动幅值；λ 为振动角速度；φ 为初始相位角。

这组解可以写成以下的矩阵形式，为

$$\begin{bmatrix}x_1\\x_2\end{bmatrix}=\begin{bmatrix}A_1\\A_2\end{bmatrix}\sin(\lambda t+\varphi) \tag{1-52}$$

或

$$\boldsymbol{x}=\boldsymbol{A}\sin(\lambda t+\varphi) \tag{1-53}$$

将式(1-53)代入式(1-47)得

$$(\boldsymbol{K}-\lambda^2\boldsymbol{M})\boldsymbol{A}\sin(\lambda t+\varphi)=0 \tag{1-54}$$

要使式(1-54)具有非零解，必须使

$$(\boldsymbol{K}-\lambda^2\boldsymbol{M})\boldsymbol{A}=0 \tag{1-55}$$

或

$$\begin{bmatrix}k_{11}-\lambda^2 m_{11} & k_{12}\\ k_{21} & k_{22}-\lambda^2 m_{22}\end{bmatrix}\begin{bmatrix}A_1\\A_2\end{bmatrix}=\begin{bmatrix}0\\0\end{bmatrix} \tag{1-56}$$

保证式(1-53)具有非零解的充分必要条件是式(1-55)的系数行列式等于零，即

$$|\boldsymbol{K}-\lambda^2\boldsymbol{M}|=0$$

或

$$\begin{bmatrix}k_{11}-\lambda^2 m_{11} & k_{12}\\ k_{21} & k_{22}-\lambda^2 m_{22}\end{bmatrix}=0 \tag{1-57}$$

式(1-57)称为振动特征方程，即两自由度振动系统的频率方程，其展式为

$$\Delta(\lambda^2)=m_{11}m_{22}\lambda^4-(m_{11}k_{22}+m_{22}k_{11})\lambda^2+k_{11}k_{22}-k_{12}^2=0 \tag{1-58}$$

设 $a=k_{11}/m_{11}$，$b=k_{12}/m_{11}$，$c=k_{21}/m_{22}$，$d=k_{22}/m_{22}$，则式(1-58)变为

$$\lambda^4-(a+d)\lambda^2+(ad-bc)=0 \tag{1-59}$$

式(1-59)的根为

$$\left.\begin{aligned}\lambda_1 &= \sqrt{\frac{a+d}{2}-\sqrt{\left(\frac{a-d}{2}\right)^2+bc}}\\ \lambda_2 &= \sqrt{\frac{a+d}{2}+\sqrt{\left(\frac{a-d}{2}\right)^2+bc}}\\ \lambda_3 &= -\sqrt{\frac{a+d}{2}+\sqrt{\left(\frac{a-d}{2}\right)^2+bc}}\\ \lambda_4 &= -\sqrt{\frac{a+d}{2}-\sqrt{\left(\frac{a-d}{2}\right)^2+bc}}\end{aligned}\right\} \tag{1-60}$$

分析：

(1)因实际物体振动的角速度为正值，故 λ_3、λ_4 不存在，可舍去；

(2)很显然有 $\lambda_2>0$；要使 $\lambda_1>0$，必须使 $\frac{a+d}{2}>\sqrt{\left(\frac{a-d}{2}\right)^2+bc}$，即 $ad>bc$，进一步推

得 $k_{11}k_{22} = k_{12}^2$，将 $k_{11} = k_1 + k_2$、$k_{22} = k_2$、$k_{12} = -k_2$ 代入 1 得 $k_1 k_2 > 0$；反之，也成立。所以，特征根 λ_1、λ_2 是两个大于零的不相等的正实根。

λ_1、λ_2 就是系统的自由振动频率，即固有频率。较低的频率 λ_1 称为第一阶固有频率；较高的频率 λ_2 称为第二阶固有频率。

由式(1-60)可看出，固有频率 λ_1、λ_2 与运动的初始条件无关，仅与振动系统固有频率的物理特性，即物体的质量、弹性元件的刚度有关。

3）主振型

将第一固有频率 λ_1 代入式(1-51)得到自由振动，称为第一主振动；将第二固有频率 λ_2 代入式(1-51)，便得到第二主振动。它们分别为

$$\left.\begin{aligned} x_1^{(1)} &= A_1^{(1)}\sin(\lambda_1 t + \varphi_1) \\ x_2^{(1)} &= A_2^{(1)}\sin(\lambda_1 t + \varphi_1) \end{aligned}\right\} \qquad \left.\begin{aligned} x_1^{(2)} &= A_1^{(2)}\sin(\lambda_2 t + \varphi_2) \\ x_2^{(2)} &= A_2^{(2)}\sin(\lambda_2 t + \varphi_2) \end{aligned}\right\}$$

将固有频率 λ_1、λ_2 分别代入式(1-56)，由于方程是齐次的，不能求出振幅的具体数值，但可得到对应于该二固有频率的振幅比为

$$\left.\begin{aligned} v_1 &= \frac{A_2^{(1)}}{A_1^{(1)}} = \frac{a - \lambda_1^2}{b} = \frac{c}{d - \lambda_1^2} \\ v_1 &= \frac{A_2^{(2)}}{A_1^{(2)}} = \frac{a - \lambda_2^2}{b} = \frac{c}{d - \lambda_2^2} \end{aligned}\right\} \tag{1-61}$$

式中：v_1 表征了以第一固有频率作同步谐振动时，即作第一主振动时系统的形态，即为第一固有振型或第一主振型；v_2 表征了系统作第二主振动时的形态，即为第二固有振型或第二主振型。

由式(1-61)可见，v_1、v_2 是由振动系统固有物理特性决定的。

系统作主振动时，任意瞬时的位移比和其振幅比相同，即

$$\frac{x_2^{(1)}}{x_1^{(1)}} = v_1, \qquad \frac{x_2^{(2)}}{x_1^{(2)}} = v_2 \tag{1-62}$$

这表明，在振动过程中，振幅比 v_1、v_2 决定了整个系统的相对位置。

将式(1-60)中的 λ_1、λ_2 代入式(1-61)，得

$$\left.\begin{aligned} v_1 &= \frac{1}{b}\left[\frac{a-d}{2} + \sqrt{\left(\frac{a-d}{2}\right)^2 + bc}\right] > 0 \\ v_2 &= \frac{1}{b}\left[\frac{a-d}{2} - \sqrt{\left(\frac{a-d}{2}\right)^2 + bc}\right] < 0 \end{aligned}\right\} \tag{1-63}$$

这表明，在第一主振动中，质量 m_1 与 m_2 沿同一方向运动；在第二主振动中，m_1、m_2 的运动方向则是相反的。系统作主振动时，各点同时经过平衡位置，同时到达最远位置，以与固有频率对应的主振型作简谐振动。

根据线性微分方程解的基本形式可知，两自由度系统的自由振动微分方程式(1-45)的通解，是它的两个主振动的线性组合，即

$$\left.\begin{aligned} x_1(t) &= x_1^{(1)} + x_1^{(2)} = A_1^{(1)}\sin(\lambda_1 t + \varphi_1) + A_1^{(2)}\sin(\lambda_2 t + \varphi_2) \\ x_2(t) &= x_2^{(1)} + x_2^{(2)} = A_2^{(1)}\sin(\lambda_1 t + \varphi_1) + A_2^{(2)}\sin(\lambda_2 t + \varphi_2) \end{aligned}\right\} \tag{1-64}$$

上式可写成如下的矩阵形式,即

$$\begin{bmatrix} x_1 \\ x_2 \end{bmatrix} = \begin{bmatrix} A_1^{(1)} \\ A_2^{(1)} \end{bmatrix} \sin(\lambda_1 t + \varphi_1) + \begin{bmatrix} A_1^{(2)} \\ A_2^{(2)} \end{bmatrix} \sin(\lambda_2 t + \varphi_2) \tag{1-65}$$

或

$$\begin{bmatrix} x_1 \\ x_2 \end{bmatrix} = \begin{bmatrix} A_1^{(1)} & A_1^{(2)} \\ A_2^{(1)} & A_2^{(2)} \end{bmatrix} \begin{bmatrix} \sin(\lambda_1 t + \varphi_1) \\ \sin(\lambda_2 t + \varphi_2) \end{bmatrix} \tag{1-66}$$

式中:$A_1^{(1)}$、$A_1^{(2)}$、φ_1、φ_2 由运动的初始条件确定。

【例 1-1】 试求图 1-10(a)所示两自由度系统振动的固有频率和振型。已知各弹簧系数 $k_1 = k_2 = k_3 = k$,物体的质量 $m_1 = m$,$m_2 = 2m$。

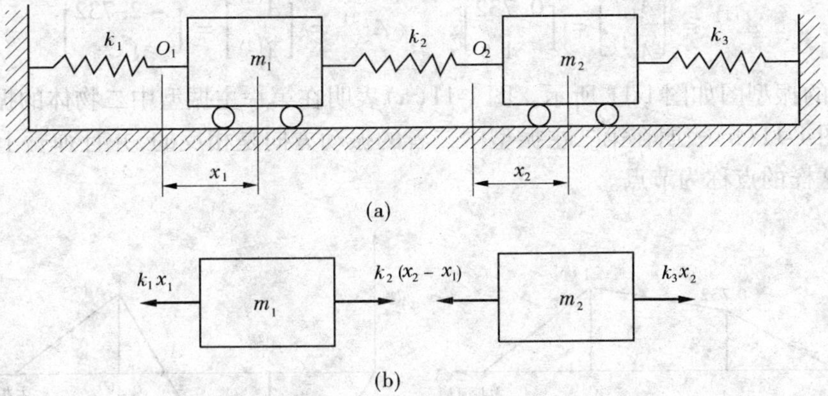

图 1-10　质量弹簧系统

解:(1)建立运动微分方程式。

分别以两物体的平衡位置为坐标原点,取两物体离开其平衡位置的距离 x_1、x_2 为广义坐标,两物体沿 x 方向的受力图如图 1-10(b)所示,它们的运动微分方程分别为

$$\left.\begin{aligned} m\ddot{x}_1 + 2kx_1 - kx_2 = 0 \\ 2m\ddot{x}_2 - kx_1 + 2kx_2 = 0 \end{aligned}\right\}$$

或

$$\begin{bmatrix} m & 0 \\ 0 & 2m \end{bmatrix} \begin{bmatrix} \ddot{x}_1 \\ \ddot{x}_2 \end{bmatrix} + \begin{bmatrix} 2k & -k \\ -k & 2k \end{bmatrix} \begin{bmatrix} x_1 \\ x_2 \end{bmatrix} = \begin{bmatrix} 0 \\ 0 \end{bmatrix}$$

质量矩阵和刚度矩阵为

$$\boldsymbol{M} = \begin{bmatrix} m & 0 \\ 0 & 2m \end{bmatrix}, \qquad \boldsymbol{K} = \begin{bmatrix} 2k & -k \\ -k & 2k \end{bmatrix}$$

(2)解频率方程,求 λ。

把 $\boldsymbol{M}$ 和 $\boldsymbol{K}$ 代入频率方程式(1-57),得

$$\begin{bmatrix} 2k - \lambda^2 m & -k \\ -k & 2k - 2\lambda^2 m \end{bmatrix} = 0$$

$$(2k - \lambda^2 m)(2k - 2\lambda^2 m) - k^2 = 0$$

解得系统的第一阶和第二阶固有频率为

$$\lambda_1 = \sqrt{\frac{3-\sqrt{3}}{2}\frac{k}{m}}, \qquad \lambda_2 = \sqrt{\frac{3+\sqrt{3}}{2}\frac{k}{m}}$$

(3)求主振型。

将 λ_1、λ_2 分别代入式(1-61),得

$$\left.\begin{aligned} v_1 &= \frac{A_2^{(1)}}{A_1^{(1)}} = -\frac{k_{11}-\lambda_1^2 m_{11}}{k_{12}} = \frac{2k-\lambda_1^2 m}{k} = \frac{1+\sqrt{3}}{2} \approx \frac{1}{0.732} \\ v_2 &= \frac{A_2^{(2)}}{A_1^{(2)}} = -\frac{k_{11}-\lambda_2^2 m_{11}}{k_{12}} = \frac{2k-\lambda_2^2 m}{k} = \frac{1-\sqrt{3}}{2} \approx -\frac{1}{2.732} \end{aligned}\right\}$$

所以,主振型为

$$\boldsymbol{A}^{(1)} = \begin{bmatrix} A_1^{(1)} \\ A_2^{(1)} \end{bmatrix} = \begin{bmatrix} 0.732 \\ 1 \end{bmatrix}, \qquad \boldsymbol{A}^{(2)} = \begin{bmatrix} A_1^{(2)} \\ A_2^{(2)} \end{bmatrix} = \begin{bmatrix} -2.732 \\ 1 \end{bmatrix}$$

系统的振型图如图 1-11 所示。图 1-11(a)表明在第一主振型中二物体的振动方向是相同的;图 1-11(b)表明在第二主振型中二者的振动方向是相反的,并且弹簧上的 A 点是不动的,这样的点称为节点。

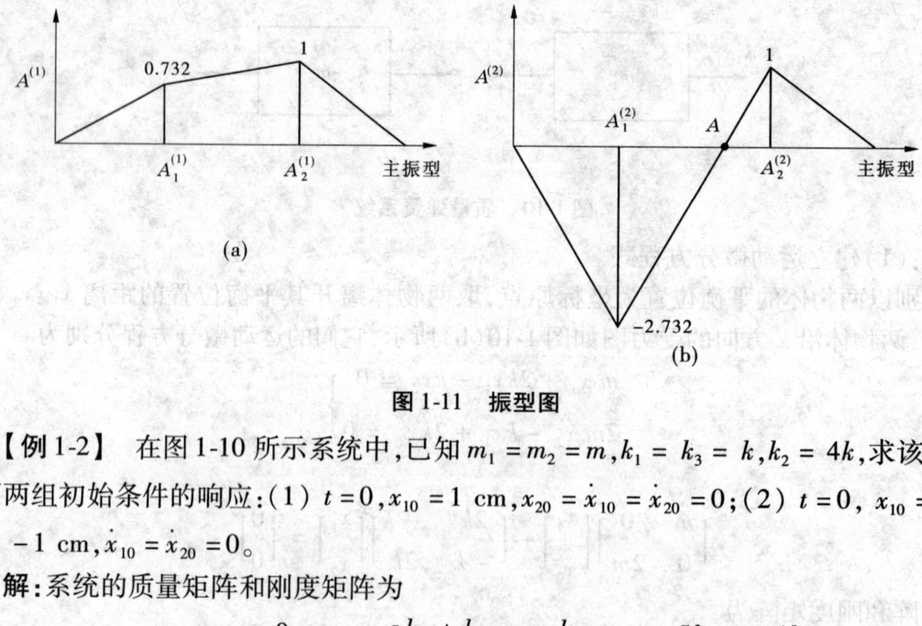

图 1-11 振型图

【例 1-2】 在图 1-10 所示系统中,已知 $m_1 = m_2 = m, k_1 = k_3 = k, k_2 = 4k$,求该系统对以下两组初始条件的响应:(1) $t=0, x_{10}=1$ cm, $x_{20}=\dot{x}_{10}=\dot{x}_{20}=0$;(2) $t=0$, $x_{10}=1$ cm, $x_{20}=-1$ cm, $\dot{x}_{10}=\dot{x}_{20}=0$。

解:系统的质量矩阵和刚度矩阵为

$$\boldsymbol{M} = \begin{bmatrix} m & 0 \\ 0 & 2m \end{bmatrix}, \boldsymbol{K} = \begin{bmatrix} k_1+k_2 & -k_2 \\ -k_2 & k_2+k_3 \end{bmatrix} = \begin{bmatrix} 5k & -4k \\ -4k & 5k \end{bmatrix}$$

将 $\boldsymbol{M}$、$\boldsymbol{K}$ 代入频率方程式(1-57),得

$$\lambda_1 = \sqrt{\frac{k}{m}}, \qquad \lambda_2 = 3\sqrt{\frac{k}{m}}$$

对应的两个主振型和振幅比为

$$\begin{bmatrix} A_1^{(1)} \\ A_2^{(1)} \end{bmatrix} = \begin{bmatrix} 1 \\ 1 \end{bmatrix}, \qquad \begin{bmatrix} A_1^{(2)} \\ A_2^{(2)} \end{bmatrix} = \begin{bmatrix} 1 \\ -1 \end{bmatrix}$$

$$v_1 = \frac{A_2^{(1)}}{A_1^{(1)}} = 1, \qquad v_2 = \frac{A_2^{(2)}}{A_1^{(2)}} = -1$$

将题中初始条件(1)代入式(1-65),解得

$$x_{10} = A_1^{(1)} \sin\varphi_1 + A_1^{(2)} \sin\varphi_2 = 1$$

$$x_{20} = v_1 A_1^{(1)} \sin\varphi_1 + v_2 A_1^{(2)} \sin\varphi_2 = 0$$

$$\dot{x}_{10} = A_1^{(1)} \lambda_1 \cos\varphi_1 + A_1^{(2)} \lambda_2 \cos\varphi_2 = 0$$

$$\dot{x}_{20} = A_1^{(1)} v_1 \lambda_1 \cos\varphi_1 + A_1^{(2)} v_2 \lambda_2 \cos\varphi_2 = 0$$

因此,有

$$A_1^{(1)} = \frac{1}{2}, A_1^{(2)} = \frac{1}{2}, \varphi_1 = \frac{\pi}{2}, \varphi_2 = \frac{\pi}{2}$$

所以

$$x_1(t) = \frac{1}{2}\cos\lambda_1 t + \frac{1}{2}\cos\lambda_2 t = \frac{1}{2}\cos(\sqrt{\frac{k}{m}})t + \frac{1}{2}\cos 3(\sqrt{\frac{k}{m}})t(\text{cm})$$

$$x_2(t) = \frac{1}{2}\cos\lambda_1 t + \frac{1}{2}\cos\lambda_2 t = \frac{1}{2}\cos(\sqrt{\frac{k}{m}})t - \frac{1}{2}\cos 3(\sqrt{\frac{k}{m}})t(\text{cm})$$

这表明,其响应是频率 λ_1、λ_2 的两种主振动的线性组合。

再将题中初始条件(2)代入式(1-65),得

$$A_1^{(1)} = 0, \qquad \varphi_1 = \frac{\pi}{2}, \qquad A_1^{(2)} = 1, \qquad \varphi_2 = \frac{\pi}{2}$$

所以

$$x_1(t) = \cos\lambda_2 t = \cos 3(\sqrt{\frac{k}{m}})t(\text{cm}), \qquad x_2(t) = -\frac{1}{2}\cos\lambda_2 t = \cos 3(\sqrt{\frac{k}{m}})t(\text{cm})$$

这表明,由于初始位移之比等于该系统的第二振幅比,因此系统按第二主振型以频率 λ_2 作简谐振动。

1.5.1.2 拍振

当同一方向两简谐振动合成时,出现拍振的条件是两个简谐分量的频率相差很小。对于两自由度无阻尼的自由振动,即它们的主振动是简谐振动,所以当两个固有频率相差很小时,就可能出现拍振。

图 1-12(a)表示两个摆长、质量相同的单摆,中间以弹簧相连,形成两自由度系统。可以证明,当弹簧刚度 k 很小时,在一定的初始条件下,系统将作拍振。

取 θ_1、θ_2 表示摆的角位移,逆时针方向转动为正,每个摆的受力如图 1-12(b)所示。根据刚体绕定轴转动方程,当 θ_1、θ_2 角位移很小时,两摆做微小振动的微分方程为

$$\begin{cases} ml^2 \ddot{\theta}_1 = -mgl\theta_1 + ka^2(\theta_2 - \theta_1) \\ ml^2 \ddot{\theta}_2 = -mgl\theta_2 - ka^2(\theta_2 - \theta_1) \end{cases}$$

由式(1-60)得到系统的第一阶和第二阶固有频率为

$$\lambda_1 = \sqrt{\frac{g}{l}}, \qquad \lambda_2 = \sqrt{\frac{g}{l} + \frac{2ka^2}{ml^2}}$$

由式(1-61)得到系统第一、第二主振型为

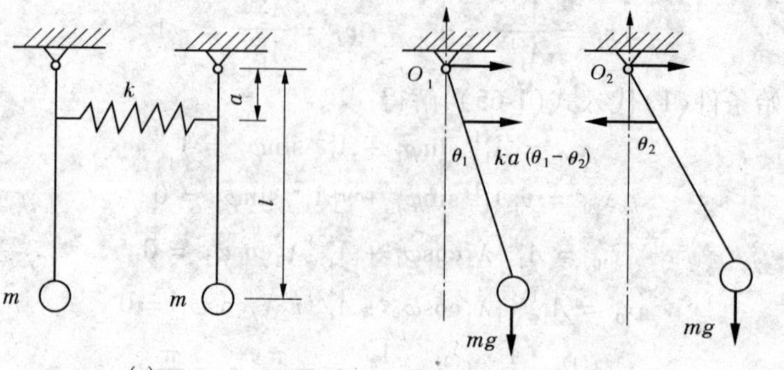

图 1-12　双摆拍振

$$v_1 = 1,\ v_2 = -1$$

于是得到第一主振动为

$$\begin{cases}\theta_1^{(1)} = \Theta^{(1)}\sin(\lambda_1 t + \varphi_1)\\ \theta_2^{(1)} = \Theta^{(1)}\sin(\lambda_1 t + \varphi_1)\end{cases}$$

第二主振动为

$$\begin{cases}\theta_1^{(2)} = \Theta^{(2)}\sin(\lambda_2 t + \varphi_2)\\ \theta_2^{(2)} = -\Theta^{(2)}\sin(\lambda_2 t + \varphi_2)\end{cases}$$

式中：$\Theta^{(1)}$、$\Theta^{(2)}$ 为第一、第二主振动 θ_1、θ_2 的幅值；φ_1、φ_2 为第一、第二主振动的初始相位角。

系统振动的一般解为

$$\begin{cases}\theta_1 = \theta_1^{(1)} + \theta_1^{(2)} = \Theta^{(1)}\sin(\lambda_1 t + \varphi_1) + \Theta^{(2)}\sin(\lambda_2 t + \varphi_2)\\ \theta_2 = \theta_2^{(1)} + \theta_2^{(2)} = \Theta^{(1)}\sin(\lambda_1 t + \varphi_1) - \Theta^{(2)}\sin(\lambda_2 t + \varphi_2)\end{cases}$$

如果初始条件是：$t=0$ 时，$\theta_1(0)=\theta_0$，$\theta_2(0)=\dot{\theta}_1(0)+\dot{\theta}_2(0)=0$，则

$$\Theta^{(1)} = \Theta^{(2)} = \frac{1}{2}\theta_0,\qquad \varphi_1 = \varphi_2 = \frac{\pi}{2}$$

代入式(1-65)得到双摆自由振动的规律，为

$$\begin{cases}\theta_1 = \dfrac{\theta_0}{2}(\cos\lambda_1 t + \cos\lambda_2 t)\\ \theta_2 = \dfrac{\theta_0}{2}(\cos\lambda_1 t - \cos\lambda_2 t)\end{cases}$$

如果弹簧的刚度 k 很小，则

$$\frac{2ka^2}{ml^2} \ll \frac{g}{l}$$

这时 λ_1、λ_2 相差很少，摆将出现拍振，则

$$\begin{cases}\theta_1 = \theta_0\cos\left(\dfrac{\lambda_2-\lambda_1}{2}t\right)\cos\left(\dfrac{\lambda_2+\lambda_1}{2}t\right)\\ \theta_2 = \theta_0\sin\left(\dfrac{\lambda_2-\lambda_1}{2}t\right)\sin\left(\dfrac{\lambda_2+\lambda_1}{2}t\right)\end{cases}$$

令 $\lambda_a=\dfrac{\lambda_1+\lambda_2}{2}$；　　$\Delta\lambda=\lambda_2-\lambda_1$（称为拍频率），即

$$\Delta\lambda=\sqrt{\frac{g}{l}+\frac{2ka^2}{ml^2}}-\sqrt{\frac{g}{l}}=\frac{\dfrac{2ka^2}{ml^2}}{\sqrt{\dfrac{g}{l}+\dfrac{2ka^2}{ml^2}}+\sqrt{\dfrac{g}{l}}}\approx\frac{\dfrac{2ka^2}{ml^2}}{2\sqrt{\dfrac{g}{l}}}=\frac{ka^2}{m\sqrt{gl^3}}$$

则

$$\begin{cases}\theta_1=\theta_0\cos\left(\dfrac{\Delta\lambda}{2}t\right)\cos(\lambda_a t)\\ \theta_2=\theta_0\sin\left(\dfrac{\Delta\lambda}{2}t\right)\sin(\lambda_a t)\end{cases}$$

其拍振周期为

$$T_B=\frac{2\pi}{\Delta\lambda}\approx\frac{2\pi m}{ka^2}\sqrt{gl^3}$$

可见，中间弹簧的刚度 k 越小，拍振的周期越长。此外，两个拍振之间，其相位角差为 $\dfrac{\pi}{2}$，也就是说，当 $t=0$ 时，左边的摆以 θ_0 开始摆动，右边的不动；随后，左边摆的振幅逐渐减小，右边摆的振幅逐渐增大。当 $t=T_B/2$ 时，左边的摆停止，右边的摆达到 θ_0，再经过 $T_B/2$，即 $t=T_B$ 时，右边的摆停止，左边的摆达到 θ_0。这种循环，每隔一个拍振周期重复一次。可以看到，两个摆的动能也从一个摆传递到另一个摆，循环传递，使它们持续地振动。

1.5.1.3　坐标的耦联

1）耦联与非耦联

二层楼模型可用图 1-13（a）或（b）所示的振动系统表示。各个楼层只能在水平方向移动，不能作转动和上下运动，即如果结构物的变形是剪切型的，各质点离静止位置的位移分别为 x_1、x_2，则系统的状态可以完全用这两个位移量来表示。也就是说，在这种情况下系统是两个自由度系统。

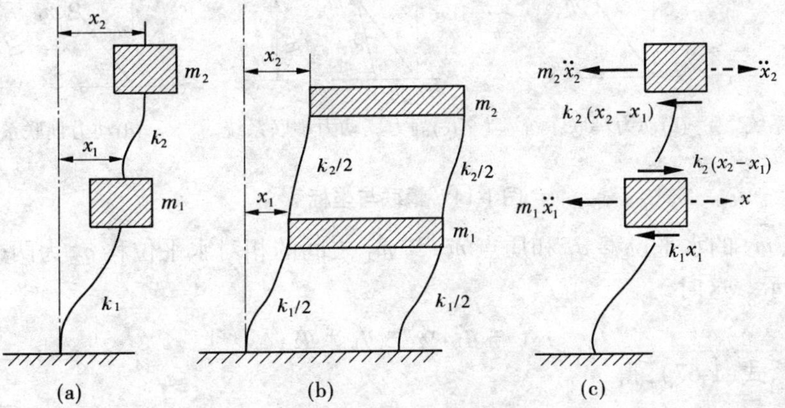

图 1-13　二层楼模型

首先来看第二层，质点 m_2 的加速度 $a=\ddot{x}_2$，弹簧 k_2 的恢复力为 $-k_2(x_2-x_1)$。因

此,可得 m_2 运动方程式为

$$-m_2\ddot{x}_2-k_2(x_2-x_1)=0 \tag{1-67}$$

这里(x_2-x_1)是两个质点 m_2 和 m_1 之间的位移差,即相对位移。对结构物来说,就是第二层与第一层之间的层间位移。

其次来看第一层的质点 m_1,作用力有加速度 $\ddot{x}_1$ 产生的惯性力 $-m_1\ddot{x}_1$,弹簧 k_2 的恢复力 $k_2(x_2-x_1)$,以及弹簧 k_1 的恢复力 $-k_1x_1$。m_1 运动方程为

$$-m_1\ddot{x}_1+k_2(x_2-x_1)-k_1x_1=0 \tag{1-68}$$

式(1-67)和式(1-68)经整理即为式(1-45)。可看出,在质点 m_1 和 m_2 的运动方程式中,都含有坐标 x_1 和 x_2。因此,两个质点的运动不是互相独立的,它们彼此受另一个质点的运动的影响。这种质点或质点系的运动相互影响的现象叫做耦联,具有耦联性质的系统叫耦联系统。

像这样表示振动位移的两个以上坐标出现在同一个运动方程式中时,就称这些坐标之间存在静力耦联或弹性耦联。

另外,与式(1-68)情况不同,当一个微分方程式中出现两个以上的加速度项时,称为在坐标之间有动力耦联或质量耦联。

某个系统中是否存在耦联取决于用以表示运动的坐标的选择方法,而与系统本身的特性无关。一般说来,为了表示多质点系的运动状态,可以选用的独立坐标系,即广义坐标有好几种。根据选择坐标的不同,系统可以是静力耦联、动力耦联、静力兼动力耦联或非耦联的(即完全无耦联的)。

耦联可用二层楼模型的例子来说明。用质点 m_1 的位移 x_1 和质点 m_2 的位移 x_2 这两个坐标来表示系统的振型,如图 1-14(a)所示。其系统运动的微分方程式已在式(1-45)和式(1-46)中给出,构成了静力耦联。

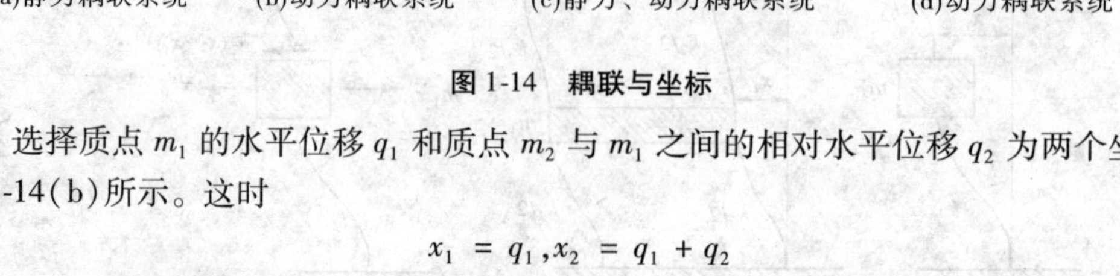

(a)静力耦联系统　(b)动力耦联系统　(c)静力、动力耦联系统　(d)动力耦联系统

图 1-14　耦联与坐标

选择质点 m_1 的水平位移 q_1 和质点 m_2 与 m_1 之间的相对水平位移 q_2 为两个坐标,如图 1-14(b)所示。这时

$$x_1=q_1,x_2=q_1+q_2 \tag{1-69}$$

代入式(1-68)、式(1-67),得

$$m_1\ddot{q}_1+k_1q_1-k_2q_2=0 \tag{1-70}$$

$$m_2(\ddot{q}_1+\ddot{q}_2)+k_2q_2=0 \tag{1-71}$$

将式(1-70)和式(1-71)相加后与式(1-71)联立,得

$$\left.\begin{aligned}(m_1+m_2)\ddot{q}_1+m_2\ddot{q}_2+k_1q_1&=0\\ m_2(\ddot{q}_1+\ddot{q}_2)+k_2q_2&=0\end{aligned}\right\}$$

由于包含 m_2 的项,系统成为动力耦联系统。

以连接两质点的直线与地面的交点的坐标为 q_1,该直线与垂直方向所夹的转角为 q_2,并选择这样的 q_1 和 q_2 作为广义坐标,如图 1-14(c)所示。当 q_2 为微小量时,两质点的位移可表示成

$$\left.\begin{aligned}x_1&=q_1+H_1q_2\\ x_2&=q_1+(H_1+H_2)q_2\end{aligned}\right\}\tag{1-72}$$

式中:H_1、H_2 为 m_1、m_2 在垂直方向上的相对高度。

代入式(1-67)可得

$$m_1(\ddot{q}_1+H_1\ddot{q}_2)+k_1q_1+(k_1H_1-k_2H_2)q_2=0\tag{1-73}$$

$$m_2[\ddot{q}_1+(H_1+H_2)\ddot{q}_2]+k_2H_2q_2=0\tag{1-74}$$

将式(1-73)乘以 H_1,式(1-74)乘以(H_1+H_2),之后相加所得的式子,联立式(1-73)加上式(1-74)所得的式子,得到

$$\left.\begin{aligned}&(m_1+m_2)\ddot{q}_1+[m_1H_1+m_1(H_1+H_2)]\ddot{q}_2+k_1q_1+k_1H_1q_2=0\\ &[m_1H_1+m_1(H_1+H_2)]\ddot{q}_1+[m_1H_1^2+m_2(H_1+H_2)^2]\ddot{q}_2+k_1H_1q_1+k_1H_1^2k_2H_2^2=0\end{aligned}\right\}\tag{1-75}$$

可以看出,由 $m_1H_1+m_2(H_1+H_2)$ 项构成动力耦联,由 k_1H_2 项构成静力耦联。

以 m_1 与系统基底的连线和 m_1 与 m_2 的连线分别与垂直方向所成的转角 q_1 作为广义坐标。最后如图 1-14(d)所示,可以看出,这与图 1-14(b)的情况相同,也构成动力耦联。

2)主坐标

从前面所述的各个式子,特别是式(1-75)中可以知道,两质点无阻尼系统的运动方程式以 $q_1(t)$、$q_2(t)$ 为广义坐标可写成如下最一般的形式

$$\left.\begin{aligned}M_{11}\ddot{q}_1+M_{12}\ddot{q}_2+K_{11}q_1+K_{12}q_2&=0\\ M_{21}\ddot{q}_1+\dot{M}_{22}\ddot{q}_2+K_{21}q_1+K_{22}q_2&=0\end{aligned}\right\}\tag{1-76}$$

式中:M_{ij}和 $K_{ij}(i\neq j)$分别表示动力和静力耦联项。

然而,如果坐标选择得当,可使式(1-76)中的耦联项为 M_{ij}、$K_{ij}(i\neq j)$,即总是可以使微分方程式不联立,在每个式子分别只含一个未知数而与另一未知数无关的情况下求解。如果能得到这种独立的运动方程式,则作为方程求解出的系统各个分量的运动与其他各分量的运动无关,分别作具有各自固有的振幅、频率和相位的单自由度振动,即谐和振动,问题就大大简化了。

这种经特别选择的、可使方程式写成既无动力耦联又无静力耦联形式的坐标,称为主坐标。

【例 1-3】 试由双摆作微小摆动的微分方程,寻求出系统的主坐标。

解:双摆作微小摆动的微分方程为

$$\begin{cases}\ddot{\theta}_1 + (\frac{g}{l} + \frac{ka^2}{ml^2})\theta_1 - \frac{ka^2}{ml^2}\theta_2 = 0 \\ \ddot{\theta}_2 + (\frac{g}{l} + \frac{ka^2}{ml^2})\theta_2 - \frac{ka^2}{ml^2}\theta_1 = 0\end{cases}$$

将以上两式相加、相减便得到

$$\begin{cases}\ddot{\theta}_1 + \ddot{\theta}_2 + \frac{g}{l}(\theta_1 + \theta_2) = 0 \\ \ddot{\theta}_1 - \ddot{\theta}_2 + (\frac{g}{l} + 2\frac{ka^2}{ml^2})(\theta_1 - \theta_2) = 0\end{cases}$$

令 $\Psi_1 = \theta_1 + \theta_2, \Psi_2 = \theta_1 - \theta_2$,上式变为

$$\begin{cases}\ddot{\Psi}_1 + \frac{g}{l}\Psi_1 = 0 \\ \ddot{\Psi}_2 + (\frac{g}{l} + 2\frac{ka^2}{ml^2})\Psi_2 = 0\end{cases}$$

可见,Ψ_1、Ψ_2 是系统的主坐标,可以直接得到系统的固有频率为

$$\lambda_1 = \sqrt{\frac{g}{l}},\quad \lambda_2 = \sqrt{\frac{g}{l} + \frac{2ka^2}{ml^2}}$$

1.5.1.4　两自由度系统的受迫振动

在图 1-15 所示的两自由度振动系统力学模型中,若两个物块受到激振力的作用,$P_1(t) = P_1\sin\omega t, P_2(t) = P_2\sin\omega t$,可列出该系统的受迫微分方程,其矩阵形式为

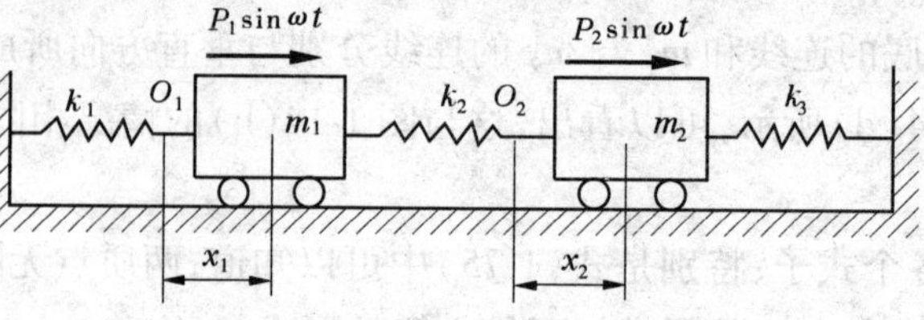

图 1-15　两自由度受迫振动系统

$$M\ddot{x} + Kx = P\sin\omega t \tag{1-77}$$

式中:M 为质量矩阵,K 为刚度矩阵;$P = [P_1, P_2]^T$ 为简谐振动的幅值列阵;ω 为激振频率。

式(1-77)为二阶常系数线性非齐次的微分方程。由微分方程理论知,其解由对应的齐次方程组的通解与该非齐次方程组的特解组成。前者为系统的自由振动,与单自由度系统一样,由于阻尼的存在,它将在较短时间内衰减掉;后者为系统的受迫振动,不随时间衰减。当自由振动部分衰减了以后,它就是系统的稳态响应。设方程式(1-77)的特解为

$$\left.\begin{aligned}x_1 &= B_1\sin\omega t \\ x_2 &= B_2\sin\omega t\end{aligned}\right\} \tag{1-78}$$

或简写成

$$\begin{bmatrix} x_1 \\ x_2 \end{bmatrix} = \begin{bmatrix} B_1 \\ B_2 \end{bmatrix} \sin\omega t \tag{1-79}$$

引入记号:

$$a = k_{11}/m_{11},\quad b = k_{12}/m_{11},\quad c = k_{21}/m_{22},\quad d = k_{22}/m_{22},\quad f_1 = P_1/m_{11},\quad f_2 = P_2/m_{22} \tag{1-80}$$

将式(1-78)、式(1-79)和式(1-80)代入式(1-77),得到关于振幅 B_1、B_2 的非齐次代数方程组为

$$([\boldsymbol{K}] - \omega^2[\boldsymbol{M}])[\boldsymbol{B}] = [\boldsymbol{P}] \tag{1-81}$$

式中:$[\boldsymbol{B}] = [B_1\ B_2]^{\mathrm{T}}$,此式的展开式为

$$\left.\begin{aligned} (a - \omega^2)B_1 - bB_2 &= f_1 \\ -cB_1 + (d - \omega^2)B_2 &= f_2 \end{aligned}\right\} \tag{1-82}$$

由此解出受迫振动的振幅,为

$$\left.\begin{aligned} B_1 &= \frac{(d - \omega^2)f_1 + bf_2}{\Delta(\omega^2)} \\ B_2 &= \frac{cf_1 + (a - \omega^2)f_2}{\Delta(\omega^2)} \end{aligned}\right\} \tag{1-83}$$

式中:$\Delta(\omega^2) = (a - \omega^2)(d - \omega^2) - bc = (\lambda_1^2 - \omega^2)(\lambda_2^2 - \omega^2)$,其中 λ_1、λ_2 为系统的固有频率,其表达式见式(1-60)。

于是得出结论:在简谐干扰力作用下,两自由度无阻尼的线性振动系统的受迫振动是以干扰力频率为其频率的简谐振动,其振幅由式(1-83)确定。

式(1-83)表明,受迫振动的振幅大小不仅和干扰力的幅值大小 P_1、P_2 有关,而且和干扰力的频率 ω 有关。特别是当 $\omega = \lambda_1$ 或 $\omega = \lambda_2$ 时,即当干扰力的频率等于振动系统的固有频率时,振幅 B_1、B_2 将会无限地增大,发生共振。与单自由度振动系统不同,两自由度系统一般有两个固有频率,因此可能出现两次共振。

下面证明,当系统发生共振时,譬如 $\omega = \lambda_1$,振幅 $B_2/B_1 = v_1$ 时,该系统的受迫振动的位移将以第一主振型的振动形态无限增大。由式(1-83)可得

$$\frac{B_2}{B_1} = \frac{cf_1 + (a - \omega^2)f_2}{(d - \omega^2)f_1 + bf_2}$$

当干扰力的频率 $\omega = \lambda_1$,上式成为

$$\left.\frac{B_2}{B_1}\right|_{\omega = \lambda_1} = \frac{cf_1 + (a - \lambda_1^2)f_2}{(d - \lambda_1^2)f_1 + bf_2}$$

将方程式(1-61)第一式中 $\frac{a - \lambda_1^2}{b}$ 分子分母同乘以 f_2,$\frac{c}{d - \lambda_1^2}$ 的分子分母同乘以 f_1,根据比例式相加法得到

$$v_1 = \frac{cf_1 + (a - \lambda_1^2)f_2}{(d - \lambda_1^2) + bf_2} = \left.\frac{B_2}{B_1}\right|_{\omega = \lambda_1}$$

同理,当 $\omega = \lambda_2$ 时,则有 $\left.\frac{B_2}{B_1}\right|_{\omega = \lambda_2} = v_2$,该系统的受迫振动的位移将以第二主振动的振

动形态无限增大。

振动测量中常利用这一规律来测量系统的固有频率,并根据共振时系统的振动形态来判断该固有频率的阶次。

1.5.2 多自由度系统的振动

将上述两自由度振动系统受迫振动的方程式(1-77)做一般推广,并考虑系统存在阻尼力,推广到 n 个自由度系统,系统的运动方程一般形式可表示为

$$\boldsymbol{M}\ddot{\boldsymbol{X}} + \boldsymbol{C}\dot{\boldsymbol{X}} + \boldsymbol{K}\boldsymbol{X} = \boldsymbol{P}(t) \tag{1-84}$$

式中:$\boldsymbol{X}$ 为振动位移向量,有$(x_1,x_2,\cdots,x_n)^{\mathrm{T}}$;$\dot{\boldsymbol{X}}$为振动速度向量,有$\dot{\boldsymbol{X}}=(\dot{x}_1,\dot{x}_2,\cdots,\dot{x}_n)^{\mathrm{T}}$;$\ddot{\boldsymbol{X}}$为振动加速度向量,有$\ddot{\boldsymbol{X}}=(\ddot{x}_1,\ddot{x}_2,\cdots,\ddot{x}_n)^{\mathrm{T}}$;$[\boldsymbol{M}]_{n\times n}$为质量矩阵;$[\boldsymbol{C}]_{n\times n}$为阻尼矩阵;$[\boldsymbol{K}]_{n\times n}$为刚度矩阵;$[\boldsymbol{P}]_{n\times 1}=[P_1,P_2,\cdots,P_n]^{\mathrm{T}}$ 为系统激振力(即外干扰力)向量,其中 $P_1,P_2,\cdots,P_n$ 分别为 n 个激振力的幅值。

对式(1-84)分析:

(1)当 $\boldsymbol{P}=0$ 时,该系统变为 n 个自由度系统的自由振动,存在 n 个固有频率 λ_1,$\lambda_2,\cdots,\lambda_n$,相应有 n 个主振型。

(2)当 $\boldsymbol{C}=0$ 时,该系统变为无阻尼系统,如式(1-77)即属于这种情况。

实际工程应用中,对于多自由度的振动系统,如果系统的阻尼很小,且激振力对系统影响的时间持续很短时,则阻尼对系统的响应计算影响很小,阻尼可以忽略不计。即使系统有一定的阻尼,只要激振的频率不接近于系统的固有频率,阻尼对系统的周期性激振稳态响应影响也不大。

(3)当 $\boldsymbol{P}\neq 0$ 时,该系统变为 n 个自由度系统的受迫振动,系统可能存在若干个激振力,当某一激振力的频率与系统固有频率 $\lambda_1,\lambda_2,\cdots,\lambda_n$ 中的任何一个相等或接近时,就有可能引起共振。该系统有可能出现 n 次共振。

多自由度振动系统比较复杂,若是非线性系统,就更加复杂化,需要用有限元法编程计算。关于系统刚度矩阵、质量矩阵、阻尼矩阵的求解方法,这里不再讲述,有兴趣的读者可参考有关书籍。

1.6 水轮发电机组振动概述

1.6.1 水轮发电机组振动的分类

水轮发电机组与其他机器设备一样,在运转中的振动是一种普遍存在的、不可能完全避免和消除的现象。水轮发电机组振动不但有设计与制造方面的原因,还有安装、检修及运行等方面的原因。当振动超过规定的允许值时,便会影响机组的供电质量、安全运行和机组的寿命,需及时找出原因并采取措施减小或消除。因此,运行中对振动应及时进行监测与故障诊断,及时采取措施将振动尽量减小,使振动值限制在允许的范围内。

根据振动理论,可以将水轮发电机组及其组成部件和其安装基础看做是具有一定质

量的弹性系统,在运转过程中,由于不平衡力或其他干扰力的作用,就会在其原有旋转运动的平衡位置附近又进行附加的往复运动。这种振动就称为水轮发电机组的振动。机组在其运转过程中可能会产生不同形式的振动,一般多为非简谐振动(可分解为若干简谐振动来分析),在特殊情况下也可能发生随机振动。

从产生振动的原因方面来看,水轮发电机组的振动多为有阻尼受迫振动,但也可能发生自激振动。受迫振动的振动特性与干扰力的大小、方向和频率密切相关。引起水轮发电机组振动的干扰力不仅有来自于机组本身转动部分的不平衡力(如惯性力和摩擦力),同时还有来自于水轮机过流部件的水压力脉动和水力不平衡,以及来自于发电机电气部分的电磁力等,这种水力—机械—电气三者干扰力的共同作用与相互影响,使机组振动比一般的机械振动更为复杂。

在水轮发电机组的运转过程中,机组各部件及各部位,如大轴、支座(包括轴承,上、下机架)、水轮机顶盖、发电机转子和定子、励磁机的有关部件、水轮机过流部件和过流通道(包括尾水管)及基础等,都有可能发生振动。其中以大轴的振动最为突出,大部分部件的振动都与大轴振动有关。如大轴的扭转转动传至发电机转子,将会引起发电机定子在正切向的振动;扭转振动传至水轮机转轮将引起水轮机过流通道中的压力脉动。这两种情况下的振动频率等于或接近于大轴扭振频率时,就会出现共振现象。大轴的振动还可传递到机组的静止部分和基础。如日本曾在20世纪80年代对1925年以来投运的立式水轮发电机组进行过调查,约有10%的机组发生过振动,振源多在转轮和主轴系,加剧振动的原因约有60%是旋转体的不平衡和水压脉动。

水轮发电机组在运行过程中,有时周期性干扰力的频率等于或接近于机组的转动部件(主要有发电机转子、水轮机转轮、大轴)的固有频率,也可能发生共振。由于机组在启动、停机和飞逸工况等过渡过程中,其转速成倍于机组转动部分的固有频率,有可能产生对机组支承部件和紧固部件非常有害的共振。

研究水轮发电机组振动,通常以机组各部位的振动量(尤其振幅)与影响振动的因素(如干扰力、机组负荷、励磁电流、温度、转速等)之间的关系,来描述机组振动的状态。这些相互依赖的关系成为机组的振动特性,一般用曲线表示。

随着水轮发电机组尺寸和单机容量越来越大,其结构也更加复杂,对机组安全稳定运行的要求也越来越高。机组振动(包括摆度)、水压力脉动、机组内部不正常的音响(噪声、异常声)等均是衡量机组运行稳定性的重要指标。振动是机组运行不稳定性的基本表现形式。

摆度是指机组运行时主轴的径向振动,通常用位移振幅表示。有绝对摆度(以大地或惯性空间为参考基准)和相对摆度(以机架或轴承座为参考基准)之分。

水压力脉动是指紊流中任一点处压强随时间作随机变化。注意本书中压强多用水头表示(米水柱),后文中所说的压力实际上即是指压强,以后不再说明。

综上所述,水轮发电机组的主要振动类型,常分为:

(1)根据振动起因可分为水力振动、机械振动和电磁振动。

(2)根据振动方向可分为纵向振动、横向振动。

(3)根据振动部位可分为轴系振动、支座(轴承、机架)振动、基础振动。

机组振动机理很复杂,往往是几种振源同时存在。既有一般的迫振和共振,又有倍频共振和自激振动,甚至个别部件或部位又有耦联振动。如工作水流、电磁场、油膜及密封液体膜等是动态变化的,许多作用可能是非线性的。要搞清运行机组的振动问题,往往需要理论分析、计算、模型试验和原型观测相配合,发挥各自特点,探究振动机理,从而采取有针对性的消减振动措施。

1.6.2 水轮发电机组振动的危害性

水轮发电机组的一般振动不会危害机组,但当振动严重超过允许值,尤其是长期的周期振动及发生共振时,对供电质量、机组的使用寿命、附属设备及仪器的性能、机组的基础和周围的建筑物,甚至对整个水电站的安全经济运行等,都会带来严重的危害。

其危害性大致有以下几类:

(1)引起机组零部件金属结构和焊缝中疲劳破坏区的形成和扩大,从而使之发生裂纹,甚至断裂损坏而报废。

(2)使机组各部位紧固连接部件松动,不仅会导致这些紧固部件本身的断裂,而且加剧了被其连接部件的振动,促使它们迅速损坏。如某电站机组振动使下机架地脚螺栓松动,造成全部轴瓦烧毁,迷宫环磨损。

(3)加速机组转动部件的相互磨损。如大轴的剧烈摆动,可使轴与轴瓦的温度升高,使轴承烧毁;发电机转子的过大振动会增加滑环与电刷的磨损程度,并使电刷冒火花;当励磁机与发电机的轴是刚性连接时,转子的剧烈振动也会增大整流子的磨损,并使整流子和集电环上发生跳火现象。

(4)尾水管中的水流脉动压力,引起涡列噪声,使过水系统发生振荡,机组出力摆动,还可使尾水管壁产生裂缝,严重时可使尾水管内壁整块钢板剥落。如某电站尾水管压力脉动造成出力摆动达30%。

(5)共振所引起的后果更为严重。如机组设备和厂房共振时可使整个设备和厂房毁坏;当尾水管中的水流脉动频率与发电机及电力系统的自振频率接近时,负荷的微小变化所发生的共振,可能引起发电机出力的极大波动和电力系统的大幅度振荡,因而甚至可使机组从系统中解列,给水电站和电力系统的安全运行带来更多危害;卡门涡列引起叶片的周期振动,当卡门涡列的振动频率等于或接近于叶片固有频率时就会发生共振,将产生严重的噪声并使叶片产生疲劳断裂。

(6)机组过大的振动,不仅危及水电站的安全运行,而且还影响水电站和电力系统的经济运行。由于不少机组均有一个明显振动区(一般为额定负荷的30%~70%),为保证机组的安全,应避开振动区运行,这就给机组之间和系统电站之间负荷的合理分配造成困难,因而不利于水电站和系统的经济运行。

(7)机组振动严重时发出的刺耳噪声,将危及运行人员的身心健康。

描述机组稳定性有一系列指标:机组工作水头和出力波动,水压力脉动、水流周期冲击,机组支承部件的振动,转动部分的振摆,调速系统的振荡,机组内部不正常声响(噪声、异常声)等。水力机组的稳定性是其工作性能中的重要指标。克服机组运行中的不稳定成为机组设计、制造、安装、运行和检修中要解决的突出问题,无论大小机组都不例外。

由于水轮发电机组转速较低,过去对机组的安全运行没有足够重视。但从 20 世纪末以来,随着一批国产大中型水轮机(在岩滩、潘家口、东江等工程中使用)以及近年来从国外引进的大型混流式水轮机(在五强溪、二滩、李家峡、隔河岩、大朝山、三峡等工程中使用)的相继出现,单机容量从 300 MW、400 MW、550 MW 到 700 MW 逐步增大,对电网稳定运行的影响也越来越大,特别是这些机组投运后,带来了不同程度的振动问题,或转轮叶片裂纹、尾水管壁撕裂,有的甚至引起厂房及相邻水工建筑物发生共振,危及电站安全运行和电网稳定。混流式机组最主要的是尾水管涡带引起的振动问题,涡带是由于机组在部分负荷下运行所产生的,可以说涡带对于混流式机组是普遍存在的。

目前,大型水轮机的运行稳定性已经引起电力与制造行业的普遍关注。三峡水利枢纽,由于防洪需要,水头变幅大,水轮机在高、低水头运行区偏离最优工况运行的时间分别占全年的 30% 以上,极有可能引发机组的不稳定运行,这在国内外已经投产的大型混流式水轮机中是十分罕见的。国内水轮机专家在分析大古力、伊泰普等工程与三峡所用水轮机接近的大型混流式水轮机稳定性问题的基础上,对三峡所用水轮机在高、低水头运行区偏离最优工况运行的稳定性进行了分析,在编制三峡水轮机招标文件时,将水轮机模型的稳定性试验列为验收的重要项目之一,要求全面观测水轮机在各工况下的脱流、空化、涡带和压力脉动特性,并要求模型水轮机的稳定性能达到或优于水轮机采购招标书中所规定的稳定性指标,并对水轮机的稳定性指标和考核方法进行了明确的规定。

可逆式机组的运行工况比普通的机组复杂,并且机组的启动及工况转换频繁,也存在着水力、机械、电磁干扰力,因此带来的振动问题更复杂。由于抽水蓄能机组具有水头(扬程)高、转速高、机组容量大、机组及其支承系统刚强度相对降低、双向运行、抽水与发电工况快速转换等特点,振动不稳定现象和高频噪声问题尤为突出。如广州抽水蓄能电厂的 2#可逆式机组(300 MW),2009 年 4 月在运行过程中,振动监测保护系统多次发出振动报警信号,便携式测振仪测得结果表明机组振动偏大。同年 7 月对 2#机进行振动测试,结果表明,2#机在 G 工况(178 MW 左右)及 P 工况下,下导摆度非常大(最大达到 559 μm);在 178 MW 工况时上机架水平振动达到 61 μm;在 P 工况时上机架水平振动最大达到 113 μm,已经严重超标。2#机三导摆度及振动均比 2006 年大修后稳定性试验数据要大很多,但机组各部位垂直振动不大。初步分析认为,2#机上、下导轴承瓦间隙变大或下导瓦出现松动,是导致机组振动偏大的主要原因。

对于水轮发电机组的稳定运行问题,其影响因素是多方面的,而且各方面相互影响,相互制约。同时,机组在运行过程中,仍有各种新的问题出现,影响机组的运行稳定性,还需要进行进一步的深入分析研究。

另外,水轮机(尤其是中、高比转速混流式水轮机)转轮中的裂纹现象,目前也是人们极为关注的一个重要问题。混流式水轮机转轮运行中出现的裂纹可分为规律性裂纹和非规律性裂纹。绝大多数的规律性裂纹是疲劳裂纹,其断口呈贝壳纹。叶片疲劳来源于作用在其上的交变载荷,而交变载荷又由转轮的水力自激振动引发,这可能是由卡门涡列、水力弹性振动或水压脉动所诱发的。非规律性裂纹,有的呈龟裂纹,有的呈脆性断口,也有的呈疲劳贝壳纹,多半是由材料不良或制造缺陷造成的。

例如,1958 年投运的黄坛口水电站四台 HL310 - LJ - 230 水轮机,运行不久转轮叶片出水边根部即发生总计 67 条裂纹。后查明在某些水头下，当机组出力在 5 ~ 8 MW 时，叶片出水边卡门涡列频率与叶片自振频率吻合而引起共振，动应力急剧增加，使叶片疲劳开裂。采取修整叶片出水边厚度和形状，提高卡门涡列频率，避开了共振。之后转轮安全运行多年没有发生问题。

又如，1997 年 7 月刘家峡电厂 2#机转轮上冠引水板不均匀开焊。后经全面渗透探伤检验，发现在叶片与下环的连接焊缝、叶片与上冠的连接焊缝等 13 处有不同程度的裂纹产生。初步分析认为，除了焊缝存在的内应力、铸造缺陷和焊缝缺陷的影响外，还与机组存在尾水管涡带和叶片自激振动有关。

广西岩滩水电厂四台 HLA286 – LJ – 800 水轮机，每次对机组进行大修检查发现，四台机组的转轮叶片都有裂纹，且有裂纹的叶片占叶片总数的一半以上。通过对转轮叶片的动态应力测试发现，3#机转轮叶片动应力最大值达 48 MPa。动应力值较大是引起转轮叶片产生疲劳裂纹的主要原因之一。在低负荷区，3#机尾水压力脉动大，是造成转轮叶片动应力值波动的主要原因。在高负荷区，3#机固定导叶后和活动导叶后的压力脉动值大，说明射向转轮叶片的水流压力较大而且不稳定，是引起转轮动应力值达到最大值的主要原因。因此，降低固定导叶后和活动导叶后压力脉动值，是改善机组运行状况的关键。

万家寨水电站有六台混流式水轮机，在运行 8 000 h 后，发现部分叶片在上冠连接处出现裂纹，有的是贯穿型裂纹并出现错位。经测振分析，长期的水压脉动造成叶片材料的疲劳，成为叶片产生裂纹的重要原因之一。

大朝山水电站 1#机转轮在 72 h 满负荷试运行后，发生了比较严重的裂纹。其转轮叶片为 X 型，这种叶片出水边长，叶片振动的频率阶次比较多，极易与卡门涡列频率相当。通过分析，认为破坏的原因是卡门涡列与叶片发生共振。通过对转轮叶片出水边进行修形处理，成功消除了共振，降低了噪声。

由于近年来投产的混流式水轮机尺寸越来越大，如国内的岩滩、李家峡、五强溪、二滩等大型水电站，国外埃及的阿斯旺高坝、美国的大古力 700 MW 机组、俄罗斯的布拉茨克等，在投运后水轮机转轮都不同程度地出现了裂纹。叶片厚度越来越小，其固有频率大大降低，容易引起由于导叶与转轮动静干扰或叶道涡等影响产生的水压脉动共振，成为叶片产生裂纹的主要根源之一。

转轮叶片产生裂纹的原因是多方面的，由于不同电站具有不同的特点，产生裂纹的原因各不相同。对于不同的电站，处理的方法也不尽相同。转轮裂纹问题已严重影响电站的安全运行和经济效益，各水电站及研究机构都在积极探索裂纹产生的原因，寻求根本的解决方法。

1.6.3 水轮发电机组振动的主要特点与消减方法

多数的水轮发电机组故障或事故，在振动信息上都会有所反应，振动是水轮发电机组最常见、最主要的故障，直接威胁着机组的安全运行。其主要特点有以下几方面：

(1)振动的渐变性。水轮发电机组的转速比其他旋转机械的转速要明显的低，所以，其振动故障的发展一般属于渐变性或耗损性故障，有磨损和疲劳特征，突发性的恶性事故较少，如空化空蚀等原因引起的振动就有一个渐变过程。这就使得利用状态监测和趋势分析技术,捕捉事故征兆,早期预警,防范故障变得相对容易和准确。

(2)振动的复杂性。水轮发电机组振动可能是由水力、机械、电磁三种中的某一种因素引起的,也可能是几种因素共同作用的耦合振动,振动机理比较复杂,直观判断和简单测试手段有时还很难找到主导性故障原因。

(3)振动的不规则性。水电站因地理位置、地质及天然来流量等条件限制,其设计、施工、安装与运行等条件因站而异,这就使得不同电厂甚至同一电厂不同机组的振动情况就很不一样,这对通用型故障诊断系统的研究将是很大的挑战。

(4)原型振动、模型振动具有很大不同。到目前为止,水轮机的原型、模型在能量与空化性能方面具有很好的相似性,可以通过模型试验来预测原型的性能;而振动性能则不能很好做到。模型试验发生的振动在原型上不一定发生,而原型试验发生的振动在模型上可能不发生。因此,模型、原型试验测试仍是掌握机组振动规律的主要途径。

一般的减振方法有以下几方面:

(1)消振:消除或减弱振源,这是治本的方法。

(2)隔振:在振源与振动部件之间加一隔振器,用它减小振动部件对振源激励的响应。

(3)吸振:又称动力吸振,在振动部件上附加一个子系统,用它产生吸振力,以减小振动部件对振源激励的响应。

(4)阻振:又称阻尼减振,在振动部件上附加阻尼器或阻尼元件,通过消耗能量而使响应减小。

(5)结构修改:通过修改振动部件的某些参数,使振动满足预定的要求。

目前机组在振动消减方面采取的措施如下:

(1)查找振动原因。可采用分析运行参数法、逐步淘汰法、频率分析法等。

(2)采取相应消减措施。若是水力原因,可采取尾水管补气、避开振动区运行、调整止漏环间隙等相应措施;若是机械原因,可采取动平衡试验(质量不平衡时)、调整轴线或轴瓦间隙等相应办法。

综上所述,水轮发电机组振动原因复杂,不同电站、不同型式、同一型号机组都会存在着不同的振动问题,给振动信息的测试、监测与诊断分析带来了很大困难。混流式与轴流式水轮机是应用最广泛的水轮机型式,对此,本书主要讨论混流式与轴流式水轮机组的振动问题。

为了帮助读者对水轮发电机组振动问题有个全面了解,本书后几章中,将就水力、机械与电磁原因引起的振动进行分析讨论,对振动的测试、监测与诊断技术也给以介绍。

本章小结

1. 振动是指物体在其平衡位置附近所作的往复性的运动,或某一物理量在其平衡值附近随时间往复变化的现象。在大多数情况下,振动是有害的,但在某些方面,振动还是能够加以有效利用的。

2. 根据振动的不同特征,可分类为:按产生振动的输入特性分为自由振动、受迫振动和自激振动,按振动的输出特性分为确定性振动和随机振动,按振动系统的结构参数的特性分为线性振动和非线性振动,按振动系统的自由度数目分为单自由度系统振动和多自由度系统振动,按振动位移的特征分为直线振动、扭转振动和摆振动。

3. 振动系统可用力学模型来表示,在时域中用微分方程式描述,有时也用频域中的方程式描述。常用的描述法有波形图和频谱图等。

4. 实际的振动系统多为无限多自由度系统,分析问题时,在一定条件下可简化为有限个自由度系统。n个自由度振动系统有n个固有频率与n个振型。水轮发电机组振动可能有多个固有频率,当外干扰力的频率与这些固有频率接近时,就可能发生共振。

5. 对于水轮发电机组,往往由于水力、机械、电气干扰力的共同作用与相互影响,使得机组振动的机理比一般的机械振动更为复杂。既有一般的迫振和共振,又有倍频共振和自激振动,甚至个别部件或部位又有耦联振动。共振是非常有害的。

6. 机组振动、摆度、水压力脉动是衡量机组运行稳定性的重要指标之一。

7. 水轮发电机组的一般振动不会危害机组,但当振动严重超过允许值,尤其是长期的周期振动及发生共振时,对机组设备本身及其基础,对周围的建筑物,甚至对整个水电站的运行等,都会带来严重的危害。

习　题

1-1　振动的定义是什么？振动有何优缺点？试举一些生活中与工程中常见的例子。

1-2　研究振动的目的是什么？振动领域主要研究哪些方面的问题？

1-3　振动分哪几类？各有何特点？

1-4　自激振动和自由振动有何区别？

1-5　什么是扭转振动？什么是摆振动？

1-6　什么叫共振？有何特点？

1-7　描述振动的方法有哪些？常用哪些参数描述振动量？双振幅的定义是什么？

1-8　固有频率的一般表达式如何？与哪些因素有关？

1-9　阻尼自由振动频率的表达式是什么？与哪些因素有关？

1-10　试写出两自由度振动的振动方程的一般表达式及其特征方程。

1-11　n个自由度系统有多少个固有频率与主振型？

1-12　什么是拍振？试举一些常见的例子。

1-13　什么是坐标的耦联？静力耦联与动力耦联系统有何区别？

1-14　主坐标的定义如何？合理选取主坐标有何好处？

1-15　多自由度受迫振动系统,理论上可能发生多少次共振？

1-16　水轮发电机组振动的原因有哪几方面？

1-17　水轮发电机组发生振动的部件及部位可能有哪些？

1-18　水轮发电机组可能发生哪些共振？

1-19　水轮发电机组振动的危害性有哪些？试举例说明。

1-20　水轮发电机组振动的主要特点有哪些？

第 2 章　水轮发电机组水力振动分析

水轮发电机组振动以水轮机为原动力，水能是激发或维持机组水力振动的最根本能源。它既可直接激发并维持机组振动，又可间接激发或维持机组振动。在水轮机过流部件（蜗壳、导叶、转轮、尾水管等）中，水流运动所产生的扰动力，作用在机组上，就会使机组产生交变的机械应力及振动，甚至引起功率摆动。当水力扰动力的频率和机组的某个零部件或机组整体的固有振动频率相同时，还会发生共振。这对旋转的机械结构来说，是十分有害的。因此，随着现代水轮发电机组单机容量的增大，其比转速越来越高，尺寸也越来越大，这就对机组的机械强度提出了更高的要求，随之对机组运行中的振动、噪声以及与之相关的动态应力等要求亦越来越高。人们希望在机组设计时就对可能引起振动与噪声等有关的水力因素进行系统分析研究，提出消除或减轻振动的具体方法与措施。

水力振动机理比较繁杂，水力不平衡、尾水管涡带、卡门涡列对机组振动的影响比较大，尤其是尾水管涡带引起的振动问题更严重。对此，下面将就振源、振动机理、各种振动表象及相应消减措施等方面进行深入的分析。

2.1　水力振源分类

引起水轮发电机组振动的水力振源，一是由于过流部件中流场的速度分布不均匀所产生的压力脉动，是零部件振动的激振源，如非全包蜗壳的不均匀出流等；二是水流流过某些绕流体（如导叶及叶片）后，脱流的旋涡所诱发出的压力脉动成为振动的激振源，如卡门涡列所诱发的转轮叶片振动及水轮机尾水管中的涡带等。主要表现在以下几方面：

(1) 由于设计或制造的原因，导叶或叶片的出口边可能产生的卡门涡，引起中频和高频压力脉动，其振动频率与导叶或叶片数有关。

(2) 叶片进口水流冲角太大，导致叶片头部脱流，形成叶道涡和二次流，引起高频和中频压力脉动，压力脉动的频率为叶片数的倍数。

(3) 叶片出口流速的圆周分量，会引起水流旋转，延伸至尾水管内，严重时甚至会产生强烈的旋涡流动，引起低频压力脉动。

(4) 由于转轮止漏装置中的压力脉动，其脉动频率接近转频。

(5) 在小负荷工况下，许多机组存在一个小负荷振动区。

(6) 其他一些偶然因素引起的水力共振，如阀门、调速器的液压系统等。

实际上，水轮机中水流所引起的各种压力脉动，大多会在尾水管内体现出来，它们具有多种不同的频谱，根据频谱分析，可以分为三大类：

第一类：高频脉动，脉动频率约为 100 Hz。主要由以下几方面原因引起：

(1) 由导叶、叶片和机组旋转频率叠加组成的，其压力脉动频率 f(Hz) 为

$$f = \frac{z_0 z_1 n}{60K} \tag{2-1}$$

式中：z_0、z_1 分别为导叶和转轮叶片数（K 为二者的最大公约数）；n 为机组转速，r/min。

（2）从径向导叶出口过渡到转轮室近底环转弯处，由于绕流曲率半径很大，产生脱流。

（3）过流部件表面局部不平整所产生的脱流性旋涡。

（4）导叶及叶片尾部脱流的旋涡所引起的脉动，也可能是高频振动。

第二类：中频脉动，脉动频率约几赫兹或 10 ~ 20 Hz。由转轮旋转引起的，其脉动频率取决于机组转速和叶片数，有

$$f = \frac{z_1 n}{60} \tag{2-2}$$

第三类：低频脉动，脉动频率一般在几赫兹之内。近年来人们进一步研究发现，这类脉动与转轮后产生旋进的涡带有关，脉动频率为机组旋转频率的 0.15 ~ 0.3 倍，即

$$f = (0.15 \sim 0.3) \times \frac{n}{60} \tag{2-3}$$

上述第一、二类脉动实际上存在于所有工况中，而第三类低频脉动只在一定条件下出现。对于转速较低的大型机组，由于自振频率低，容易与某些低频水压力脉动吻合，从而产生共振。

水力振动的特点是其随工况变化而变化。当机组的工作水头不变时，水力振动的振幅随流量或负荷的改变而变化；在同样负荷下，不同水头的水力振动也不同；在相同水头和流量的条件下，水轮机空化系数不同，水力振动也不同。水力振动的另一特点是模型与原型之间的换算关系难以确定，因原型、模型难以做到整个过流通道及所有边界条件完全相似，致使通过模型试验来确定原型水力振动变得比较困难。

因水和过流部件间相互作用而产生的振动现象及其原因非常复杂，许多现象目前尚不能用理论系统地解释和计算，大量的振动问题仍依靠试验和实测的方法来解决。因此，以后会引用大量试验数据和原型观测结果，以帮助读者对水力振动的机理有更加透彻的理解。

目前大巨型水轮机多采用混流式，随着机组尺寸与容量的不断增加，大型机组在运行中不断有水力不稳定等因素引起的振动事故发生，对涉及水力不稳定现象的一些问题认识尚不够深入，所以应加强对其水力振动问题的研究。混流式水轮机水力不稳定现象，主要有尾水管涡带、卡门涡、叶道涡、导叶数和叶片数的耦合、过渡过程中的不稳定现象等。下面以混流式水轮机为主，进行详细分析讨论。

2.2　尾水管涡带引起的振动

尾水管内低频涡带，是混流式和轴流定桨式水轮机普遍存在的振源之一。为了探明涡带形成的原因，了解其形成机理，找出频率、振幅与工况的关系，自 20 世纪 70 年代，人们开始对模型混流式水轮机尾水管中的涡带进行研究，测量压力脉动。模型与真机之间

的涡带压力脉动存在一定的相似关系,通过模型试验可以得出产生涡带的负荷范围与固有频率。多年来,许多工程技术人员对此进行了大量的模型试验和理论分析,还进行了一些原型观测,目前对其形成的原因和特性已了解得比较充分。国内外多年的工程实践说明,一般在部分负荷(在导叶开度为40% ~70%,或最优流量的30% ~80%范围内)时,尾水管中会出现低频涡带现象。

尾水管中压力脉动产生的主要原因是低频涡带,但还存在着一定的中高频压力脉动。下面先讨论尾水管内的低频涡带问题。

2.2.1　尾水管内的低频涡带

2.2.1.1　低频涡带现象

R. 齐亚拉斯采用透明尾水管锥段,对三种不同比转速 n_s = 100 kW · m、147 kW · m、260 kW · m 的混流式水轮机模型进行试验。在无翼型空化工况下,对试验结果进行分析总结,将涡带分为 6 种形状(如图 2-1 所示)。

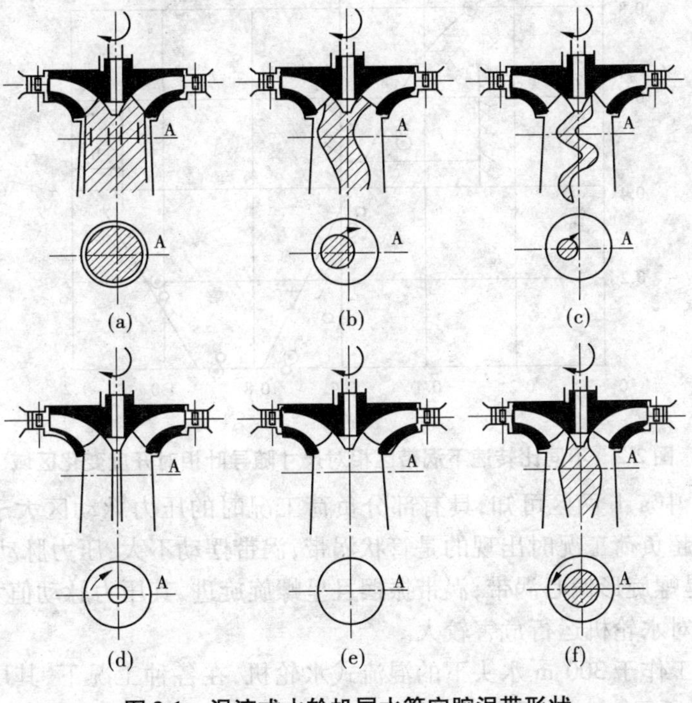

图 2-1　混流式水轮机尾水管空腔涡带形状

(1)在空转和负荷很小时,死水区几乎充满整个尾水管,压力脉动很小,机组可以运行,如图 2-1(a)所示。

(2)在 30% ~40% 负荷区,涡带稍有偏心,呈螺旋形,与机组旋转方向相同,螺旋角较大,压力脉动也较大, 是危险的区域,如图 2-1(b)所示。

(3)在 40% ~55% 负荷区,螺旋形涡带严重偏心,与机组旋转方向相同,压力脉动更大,是更危险的区域,如图 2-1(c) 所示。

(4)在 70% ~75% 负荷区,涡带与机组同心同向,无螺旋,压力脉动很小,对机组运行无扰动，如图 2-1(d) 所示。

(5)在 75% ~80% 负荷区，无涡带，无压力脉动，机组运行平稳，如图 2-1(e) 所示。

(6)在满负荷到超负荷区，涡带紧挨转轮，之后收缩，与机组旋转方向相反，有很小的压力脉动，可能产生扰动，特别是在超负荷区，如图 2-1(f) 所示。

上述模型试验结果大致确定了低负荷和超负荷的两个脉动大的区域，如图 2-2 所示。图中以导叶相对开度$\frac{a_0}{a_{0\max}}$为横坐标(其中 a_0 为导叶实际开度，$a_{0\max}$为导叶最大开度)，以涡带相对半径$\frac{r}{r_a}$为纵坐标(其中 r 为涡带半径，r_a 为测量断面尾水管半径)。a 区为低负荷大压力脉动区，位于导叶相对开度为 28% ~60% 内；b 区为超负荷大压力脉动区，位于相对导叶开度大于 1.1 时的区域，但涡带相对半径 r/r_a 比 a 区小得多。

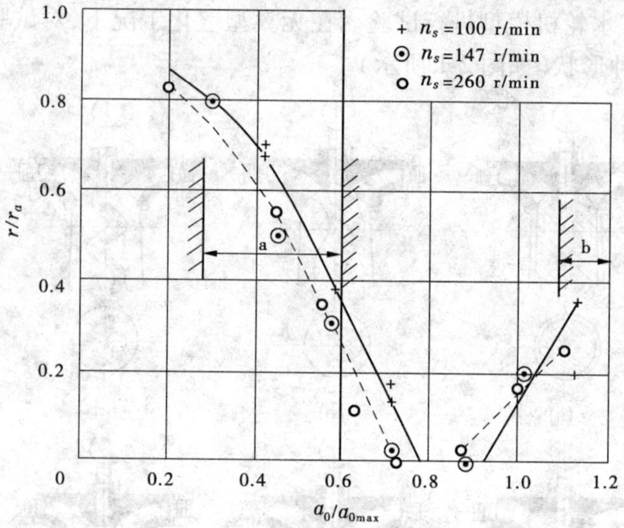

图 2-2 不同比转速下涡带区相对尺寸随导叶相对开度变化区域

比较图 2-2 中 a、b 两区可知，具有部分负荷工况时的压力脉动区大于超负荷工况时的压力脉动区，超负荷工况时出现的是管状涡带，涡带摆动不大，压力脉动较小；部分负荷工况时出现的是螺旋形偏心涡带，涡带振摆且呈螺旋旋进，其压力脉动值大大超过超负荷时的管状涡带，对水轮机运行危害较大。

例如，一台工作于 300 m 水头下的混流式水轮机，在各种工况下，其尾水管中的压力示波图如图 2-3 所示。由图可见，在最优工况和空载运行时没有低频压力脉动，当部分负荷时压力脉动很明显。在部分负荷时涡带频率占主要地位，在 60% 负荷工况时主要频率为 1.5 Hz，压力脉动振幅为 4 ~5.6 m，而在 40% 负荷工况时主要频率为 4 Hz，压力脉动振幅为 5.6 ~7.2 m。

2.2.1.2 **低频涡带的成因及危害**

如图 2-4 所示，为水轮机转轮叶片出口速度三角形示意图。图中圆周速度 $u_2 = r_2\omega$，r_2 为叶片出口处某一点距大轴中心的半径，角速度 $\omega = 2\pi n/60$ rad/s，水轮机正常运行时 n = const，所以在任一点 r_2 处 u_2 为常数；w_2 为水流将离开叶片时的相对流速，由于混流式

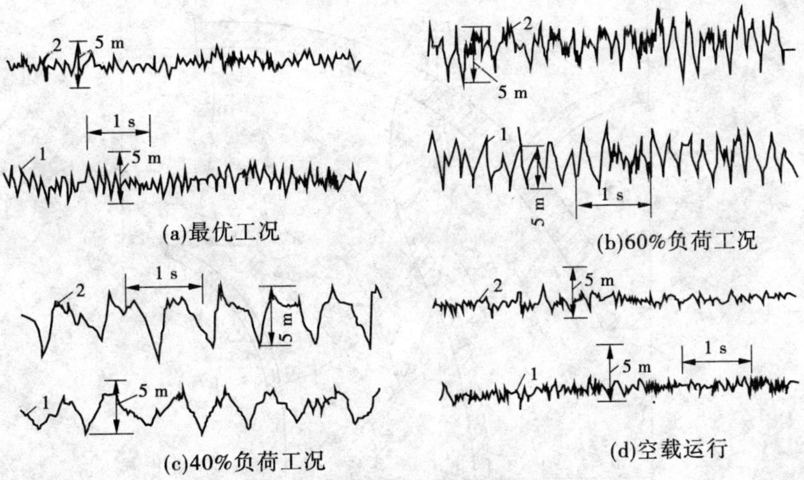

图2-3　混流式水轮机尾水锥管壁上的压力示波图

1—在距转轮 $0.1D_1$ 处；2—在距转轮 $0.5D_1$ 处

和轴流定桨式水轮机叶片出口角是固定的，只是由于流量变化而改变 w_2 的大小；v_2 为水流将离开叶片时的绝对流速。

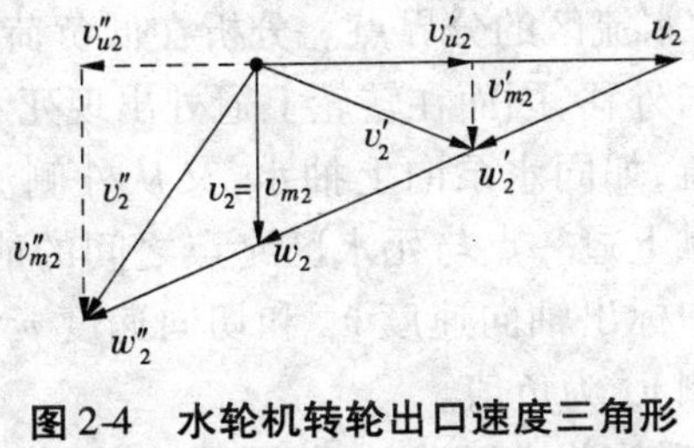

图2-4　水轮机转轮出口速度三角形

涡带产生的最基本条件应是水轮机转轮出口水流具有一定的圆周分速度（$v_{u2}\neq 0$）。从图2-4可看出：最优工况下转轮出口水流 v_2 无切向分速（法向出口）；减小负荷工况下转轮出口绝对速度 v'_2 则有切向（周向）分速 v'_{u2}，其方向与转轮旋转方向 u_2 相同；增大负荷工况下转轮出口水流同样有切向分速 v''_{u2}，但其方向与转轮旋转方向相反。

尾水管涡带具有很大的危害性。涡带压力脉动传至各过流部件和结构物时，可导致机组振动、大轴周期摆动、水轮机顶盖振动、出力周期性摆动，压力管道中水流压力脉动，有时与管道中水体形成共振或倍频共振，甚至引起厂房振动。

严重的低频涡带很不稳定。究竟转轮出口处水流速度与压力分布情况怎样？对此，R. 齐亚拉斯对上述试验模型在导叶相对开度为29%、43%和57%三种情况下进行了试验测定，如图2-5所示。

图2-5中在导叶相对开度为43%的情况下，在距转轮出口较近处选一平面 A 进行测试，将测试结果换算到转轮出口处（换算时按流线速度矩定理 $v_u r=\text{const}$，轴向流速应根据两断面的流线间断面不同和流量相等算出，并假定流线的总能量 $p/(\rho g)+v_m^2/(2g)$ 保持不变）。图2-5中明确标出了回流区、死水区和正常水流区，也标出了导叶相对开度为

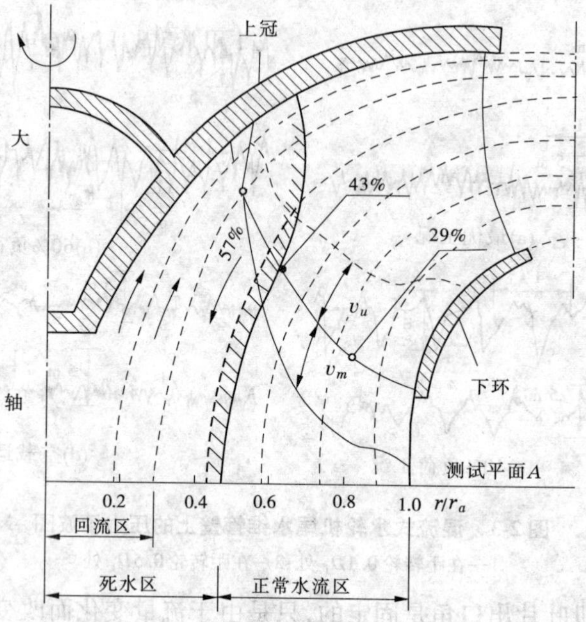

图 2-5　导叶相对开度为 43% 时的转轮区流态测试结果

29% 和 57% 时死水区和正常水流区的分界点。分析在低负荷工况运行时,由于水流的离心力作用,使转轮内的流线向外移,因而在转轮上冠处出现死水区。在死水区内靠近大轴一侧水流向上流,外侧向下流,如同水泵向上抽水,又从外侧流回,这个“泵”的最大扬程可大致算出,它是由转轮紧靠上冠一点与死水区终点之间的能量差造成的。随着导叶开度减小,死水区在扩大。图中标出轴向速度 v_m 和切向速度 v_u 随相对半径 r/r_a 的变化情况,在死水区内靠近上冠一侧 v_m 为负值。

当流体在管状流道中做涡旋前进运动时,若圆周速度足够大,在涡旋中间将产生流体的分离间断和返回流,形成一个无任何流体流出和补进的区域,称为死水区。对于这一现象,可根据流体最小能量损失原理作理论分析:在管径为 R 的管道中水流做旋进运动时,水流总是选择能量损失最小的途径,假设水流的周向运动是按有势等环量规律(Γ = 常数)运动,则在流量为 Q 时一定存在一个半径为 r_i 的“死区”。当 $Q/(\Gamma R)$ 足够小时,中心死水区有返回流,周向运动犹如强迫涡。

尾水管低频涡带内的水流运动可以看做是一强迫涡。根据旋涡运动原理,从图 2-5 可以看出,在接近转轮上冠处产生回流,回流流入转轮叶片流道内,再从流道中流出。在转轮叶片间的流道中,主流和回流形成的速度三角形如图 2-6 所示,流道中的流速突变和方向改变,无论在轴向或周向都会形成流动的间接面,成为涡旋形成的源泉。这些轴对称的旋涡如图 2-7 所示,周向速度 v_u 形成的旋涡方向和转轮转向相反,而轴面速度 v_m 形成的旋涡方向则和旋转的周向速度方向相同。这样,在部分负荷时,一方面在尾水管进口形成了一个位于转轴中心的强迫涡,它是由转轮出口周向速度 v_u 所形成的,另外在叶片出口处还有回流形成的轴对称涡环,其涡强与回流的大小有关。

实际上因各种原因,如进口速度不均匀、叶片正面脱流等随机因素,使得涡环不可能

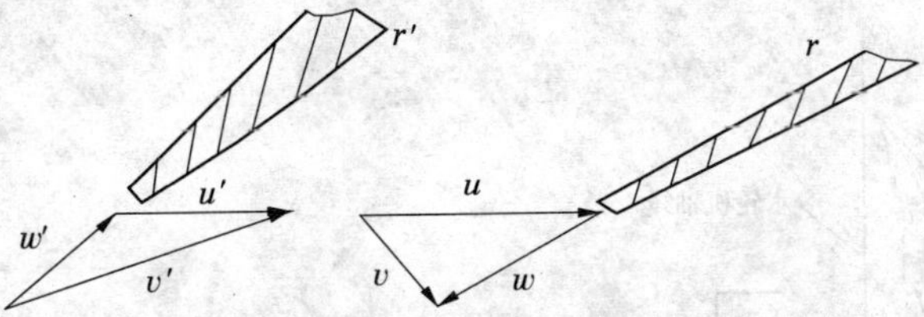

图 2-6　部分负荷时转轮出口速度三角形

r′—近上冠断面;r—远上冠断面

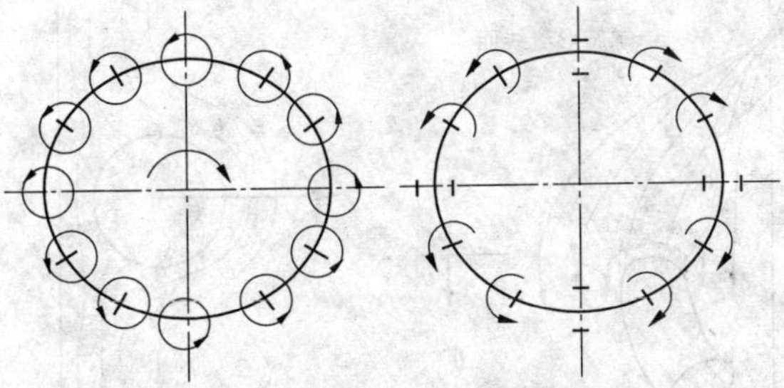

(a)周向速度形成的涡环　(b)轴面速度形成的涡环

图 2-7　转轮出口处诱导涡环

呈轴对称布置,这样涡环在轴心位置就会引起诱导速度,使原来的中心涡离开原来的轴心位置,这就是螺旋形旋涡的开始。科技人员所进行的大量高速摄影证实:螺旋形涡带的局部涡核,被认为近似垂直于围绕涡带的螺旋形流线面,螺旋形流线面和螺旋形涡带的前进方向是一致的,但盘旋方向相反,如图 2-8 所示。该图可设想为:将螺旋形流线面在半个周期内展开,或看做两平面(Ⅰ—Ⅰ、Ⅱ—Ⅱ)与涡带的交点位置如一对相反的旋涡(见图 2-9),对于这对旋涡,一方面,在主流流场中受到一对力 P 的作用,使涡间跨距增加,即向尾水管壁方向扩张,由于尾水管内涡核外部是自由涡,愈近管壁压力愈大,故涡核将在一定半径上处于平衡;另一方面,这对涡相互间的诱导力形成一个力偶,使之旋转成为涡旋运动。

在过负荷时,与转轮旋转方向相反的旋涡,虽然也在尾水管中形成中心涡带,但是由于没有回流影响,这个中心涡带能较稳定地处在轴心上,当然,管内壁粗糙度与来自蜗壳、导叶及转轮出口处水流的不均匀和脱流,会引起涡带的失稳,但由其产生的压力脉动远不及部分负荷时严重。

2.2.1.3　低频涡带的频率

螺旋形涡带(涡核)在尾水管中旋转的频率,即涡带压力脉动频率。这一频率在整个尾水管中各处都是一样的,这已被许多试验所证实。下面通过例子来分析频率的变化规律。

1)低频涡带频率的一般表达式

如图 2-10 所示,由转轮叶片出口边 2—2 上的流体质点 B 的速度三角形(见图 2-11),得

$$v_{u2} = u_2 - v_{m2}\cot\beta_{b2},\quad u_2 = \frac{2\pi r_a}{60}n,\quad v_{m2} = \frac{Q}{A_2}$$

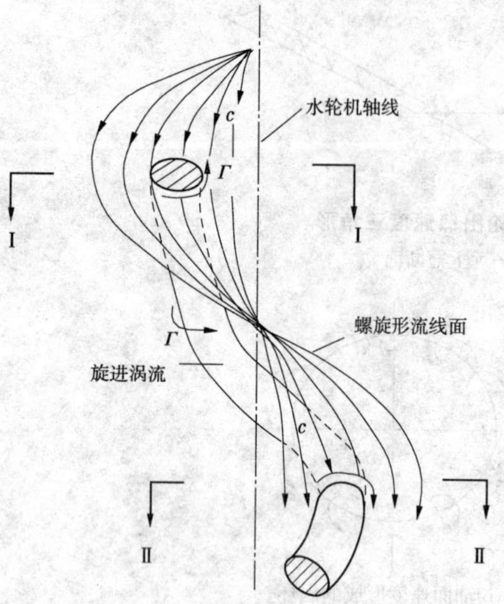

图 2-8　圆柱尾水管中涡带的简化模型

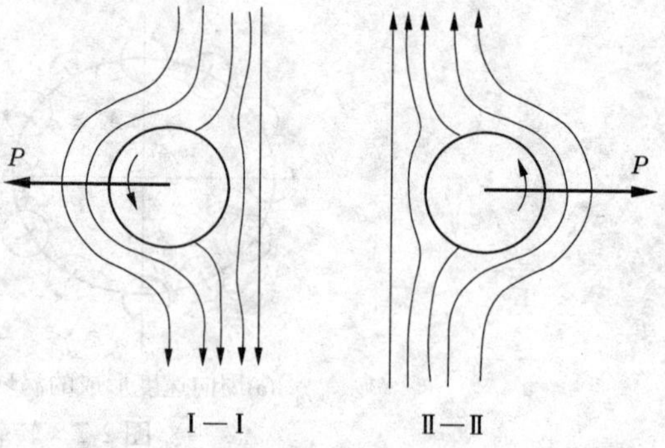

图 2-9　涡带截面及其受力方向

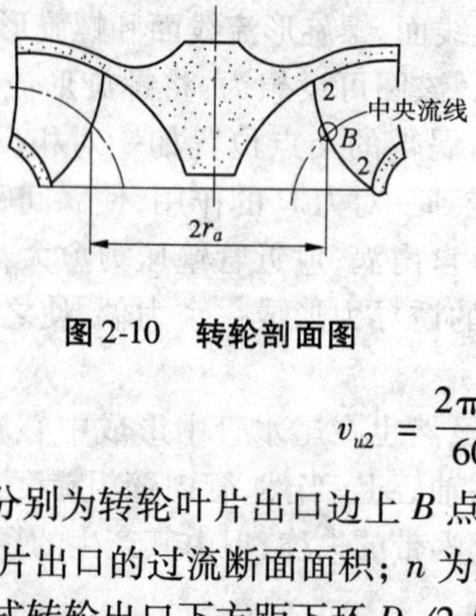

图 2-10　转轮剖面图

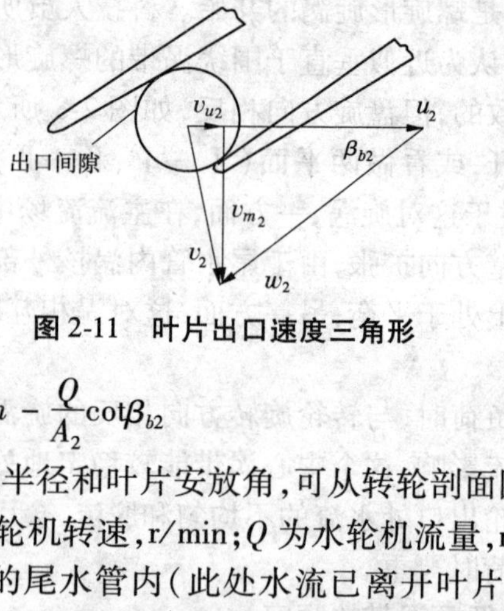

图 2-11　叶片出口速度三角形

则

$$v_{u2} = \frac{2\pi r_a}{60}n - \frac{Q}{A_2}\cot\beta_{b2} \tag{2-4}$$

式中：r_a、β_{b2}分别为转轮叶片出口边上 B 点的半径和叶片安放角，可从转轮剖面图中求得；A_2 为转轮叶片出口的过流断面面积；n 为水轮机转速，r/min；Q 为水轮机流量，m³/s。

在混流式转轮出口下方距下环 $D_2/2$ 处的尾水管内（此处水流已离开叶片），实测的旋转流速（切向分速）v_u 如图 2-5 所示。在中心部位对应涡核内径的区域，形成强制涡旋流（$v_u = r\omega$），外部形成自由旋流（$v_u r = \text{const}$）。无论水流旋转方向与转轮旋转方向相同（部分负荷）或相反（约满负荷到超负荷），由于受转轮旋转方向的影响，在尾水管管壁附近区域，要考虑转轮旋转方向速度分量的叠加，但在此区域内仍可认为是自由涡。实测的压力脉动频率与水流旋转频率相等，是指尾水管管壁附近受转轮旋转方向分量影响的 $0.9r_2$ 处（r_2 为测试点尾水管内半径）。

实测的周向流速 v_u 与式(2-4)中的 v_{u2} 有一定出入，将其修正为

$$v_{u3} = k\frac{2\pi r_a}{60}n - \frac{Q}{A_2}\cot\beta_{b2} \tag{2-5}$$

式中：k 为修正系数，可由 $k' = 1.1k$ 求得，其中 k' 为最优工况下实测流量与计算流量之比，k 值可按图2-12选取。

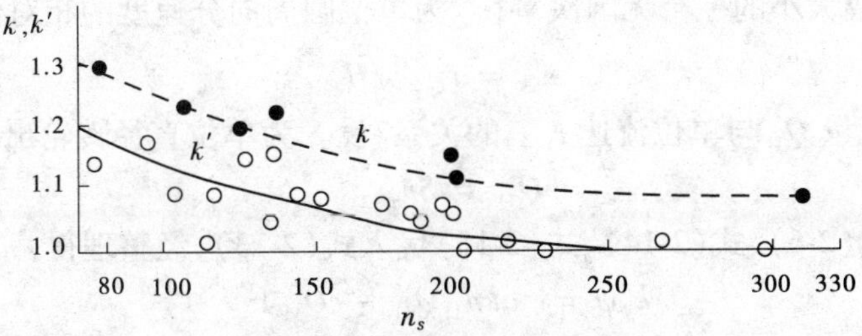

图2-12　k、k' 与 n_s 的实测关系

由于尾水管内靠外侧是自由旋涡，有

$$v_{u_3涡} = \frac{2r_a v_{u3}}{D_2} \tag{2-6}$$

式中：D_2 为下环出口处直径。因此，涡带频率为

$$f_1 = \frac{v_{u_3涡}}{\pi D_2} = \frac{2r_a v_{u3}}{\pi D_2^2} \tag{2-7}$$

也可表示为

$$f'_1 = \frac{\dfrac{f_1}{\sqrt{H}}}{D_2} = \frac{\dfrac{v_{u_3涡}}{\pi D_2}}{\dfrac{\sqrt{H}}{D_2}} = \frac{v_{u_3涡}}{\pi\sqrt{H}} \tag{2-8}$$

将式(2-5)代入式(2-7)，得

$$f_1 = k\left(\frac{2r_a}{D_2}\right)^2\frac{n}{60} - \frac{2r_a}{\pi D_2^2}\frac{Q}{A_2}\cot\beta_{b2} \tag{2-9}$$

将式(2-5)、式(2-6)代入式(2-8)后整理，且令半径 r_a 与轴面速度 v_m 的相对值分别为 r_{a-2}、v_{m-2}（单位轴面速度），为无因次量，即

$$r_{a-2} = \frac{r_a}{D_2};\qquad v_{m-2} = \frac{Q}{A_2\sqrt{H}} = \frac{v_{m2}}{\sqrt{H}} \tag{2-10}$$

则有

$$f'_1 = 4kr_{a-2}^2\frac{n_{11}}{60} - \frac{2}{\pi}r_{a-2}v_{m-2}\cot\beta_{b2} \tag{2-11}$$

还可采用无因次量 $\phi = \dfrac{f'_1}{\sqrt{g}}$ 来表示 f'_1，则式(2-11)可变为

$$\phi = k\frac{4r_{a-2}^2}{60\sqrt{g}}n_{11} - \frac{2r_{a-2}}{\pi\sqrt{g}}v_{m-2}\cot\beta_{b2} \tag{2-12}$$

一般根据给定条件可求出 r_{a-2}、v_{m-2}、β_{b2}，可进一步求出 ϕ 和 n_{11} 的关系。

2）压力脉动最大时的频率表达式

同样，也可求出尾水管内压力脉动最大时的频率。考虑到混流式水轮机所特有的压

力脉动振幅的变化特性，可近似认为振幅和旋转周向流速、流量的乘积成正比，即

$$\psi \propto |v'_{u3}| Q_{11} \tag{2-13}$$

式中：ψ 为表示振幅大小的一个无因次量；v'_{u3} 为单位圆周向分速度的相对值，即

$$v'_{u3} = v_{u_3} / \sqrt{H} \tag{2-14}$$

考虑到单位流量 Q_{11} 与单位流速 v_{m-2} 的关系，设 S 为单位直径转轮出口面积，则有

$$Q_{11} = S v_{m-2} \tag{2-15}$$

将式(2-5)、式(2-6)、式(2-14)、式(2-15)代入式(2-13)，经整理得

$$k_{\psi}\psi = |akn_{11}Q_{11} - cQ_{11}^2|$$

式中：k_{ψ} 为比例系数；系数 a、c 分别为

$$a = \frac{4\pi r_{a-2}^2}{60}; c = \frac{2r_{a-2}}{S}\cot\beta_{b2} \tag{2-16}$$

令
$$akn_{11}Q_{11} - cQ_{11}^2 = F(n_{11}, Q_{11})$$

对于已定的 n_{11}，所测脉动压力最大振幅点必须满足 $\partial F/\partial Q_{11} = 0$，即

$$akn_{11} - 2cQ_{11} = 0$$

则得

$$Q_{11} = \frac{a}{2c}kn_{11} \overset{令}{=} Q_{11s} \tag{2-17}$$

式中：Q_{11s} 为所测压力脉动最大振幅点对应的单位流量。

将式(2-16)代入式(2-17)后代入式(2-5)，再代入式(2-14)得

$$v'_{u3} = 2\pi kr_{a-2}^2\frac{n_{11}}{60} \overset{令}{=} v'_{u3s} \tag{2-18}$$

式中：v'_{u3s} 为所测压力脉动最大振幅点对应的周向流速相对值。

此时涡核旋转频率和管壁处水流旋转频率一致，且该处为自由涡，则式(2-8)改写为

$$f'_1 = \frac{v_{u_3涡}}{\pi\sqrt{H}} = \frac{\frac{2r_a v_{u3}}{D_2}}{\pi\sqrt{H}} = \frac{2}{\pi}r_{a-2}\frac{v_{u_3}}{\sqrt{H}} = \frac{2}{\pi}r_{a-2}v'_{u3} \overset{令}{=} f'_{1s} \tag{2-19}$$

式中：f'_{1s} 为所测压力脉动最大振幅点对应的频率。

将式(2-18)代入式(2-19)，得

$$f'_{1s} = \frac{4kr_{a-2}^3}{60}n_{11} \tag{2-20}$$

还可用相对值表示为

$$\phi_s = \frac{f'_{1s}}{\sqrt{g}} = \frac{4r_{a-2}^3 k}{60\sqrt{g}}n_{11} \tag{2-21}$$

式中：ϕ_s 是频率 f'_{1s} 的无因次量，反映了振幅最大时频率的一般趋势。

3)压力脉动频率的一些经验公式

通常水轮机尾水管内的振动频率与转速的关系为

$$f_1 = \frac{n}{60}\mu_s \tag{2-22}$$

式中：n 为水轮机转速，r/min；μ_s 表示发生压力脉动极值的系数。

将式(2-20)代入式(2-8)中得 f_1 的表达式，再代入式(2-22)，整理得

$$\mu_s = \frac{f_1'}{n_{11}/60} = 4kr_{a-2}^3 \tag{2-23}$$

式(2-23)反映了转轮型式(k、r_{a-2})对涡带频率的影响。

μ_s 的一些常用估算公式：

(1)1969 年前，美国 AC(Aill - Chalmers)公司的试验工程师莱因甘斯(Rheingans. W. I)提出 μ_s 的估算式为

$$\mu_s = 1/c \tag{2-24}$$

式中：系数 $c=3.2\sim4.0$，常取 $c=3.6$。

(2)希拉姆可夫建议在考虑工况变化后，提出 μ_s 的估算式为

$$\mu_s = \frac{1}{3.6}\sqrt{\frac{0.65N_{max}}{N}} \tag{2-25}$$

式中：N_{max} 为机组最大出力；N 为机组运行时的出力。

对不同比转速的水轮机，将按式(2-23)计算 μ_s 的结果与尾水管内压力脉动最大时的 μ_s 绘制在图 2-13 中，二者很接近。图中还用点画线表示了莱因甘斯经验公式 $1/\mu_s=3.6$。

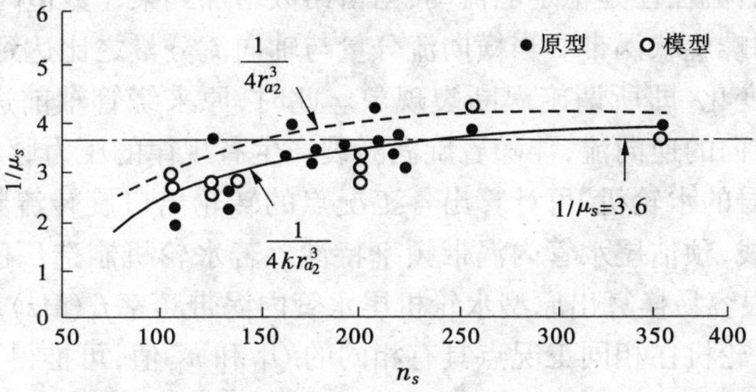

图 2-13　$1/\mu_s$ 与 n_s 的关系

我国 8 座水电站及大古力水电站的实测数据，除泄湖峡水电站外，水头均在 60～110 m(见表 2-1)。从实测值可知，转频 f_n 与涡带频率 f 之比是随水头增加而加大的，这说明涡带频率不仅是转频的函数，也是水头的函数。对上述 9 座水电站的实测数据进行处理后得出的经验公式为

$$f_1 = \left(\frac{30}{H_r+40}\right)f_n \tag{2-26}$$

式中：H_r 为设计水头，m。

表 2-1 中还列出了莱因甘斯公式和式(2-26)的计算结果，将式(2-26)的计算结果与实测值相比，误差不到 ±10%，而莱因甘斯公式仅三例与实测值接近，最大误差 60%。

在水轮机模型试验时一般要测试涡带的频率，如何将模型频率换算到原型是一个值得探讨的问题。试验表明，在圆管中水流具有径向和轴向分量的流动时，能否形成压力脉动，主要取决于流动的雷诺数以及径向流速与轴向流速的比值。

表 2-1 尾水管涡带频率统计与计算

电站名称	水头 H_r (m)	实测机组转频 f_n (Hz)	实测涡带频率 f_1 (Hz)	实测频率之比 f_n/f_1	莱茵甘斯公式计算结果		式(2-26)计算结果	
					f_1 (Hz)	误差 (%)	f_1 (Hz)	误差 (%)
泄湖峡	36.7	4.55	1.85	2.5	1.26	-32.0	1.78	-3.7
札溪	60.0	2.27	0.65	3.5	0.63	-3.0	0.68	+4.6
丰满	63.0	2.10	0.66	3.2	0.58	-12.1	0.61	-7.5
狮子滩	64.3	4.50	1.29	3.5	1.25	-3.1	1.29	0
云峰	89.0	3.00	0.70	4.3	0.83	-18.6	0.70	0
流溪河	97.5	8.35	1.70	4.9	2.31	+35.9	1.82	+7.0
大古力	98.0	1.43	0.30	4.8	0.39	+30.0	0.31	+3.3
刘家峡	100.0	2.08	0.42 ~ 0.48	4.3 ~ 5.0	0.57	+26.6	0.45	+6.6
沙田	137.2	10.00	1.73	5.9	2.77	+60.1	1.69	-2.3

低雷诺数的旋涡流往往是稳定的流动，当雷诺数增加到某一数值时，流态开始变得不稳定，变为绕管轴的螺旋状涡带。当横向流分量与轴向流分量之比达到某一临界值时，流态便发生根本性的变化，即所谓旋涡断裂现象。此时，原来绕管轴前进的螺旋状旋涡破裂，产生一沿管轴方向的逆向流，伴随着旋涡断裂产生有规律的压力脉动。

对于一给定型号的水轮机，可计算出各工况点的转轮出口旋转流频率。在综合特性曲线上绘出等频率线，预估尾水管内涡带频率特性。若水轮机制造厂已提供尾水管内涡带频率 f_M(Hz)，则很容易换算出原型水轮机尾水管内涡带频率 f_1(Hz)。根据水轮机相似准则，原型和模型水轮机在相同工况点具有相同的 Q_{11} 和 n_{11} 值，可推得

$$f_1 = \frac{D_1}{D_{1M}} \frac{\sqrt{H_M}}{\sqrt{H}} f_M \tag{2-27}$$

式中：下标 M 表示模型；D_1、D_{1M} 分别为原型、模型水轮机标称直径，m；H、H_M 分别为原型、模型水轮机工作水头，m。

按照式(2-27)可将模型水轮机涡带频率 f_M 换算成原型水轮机涡带频率 f_1。

这里给出我国关于 HL160 和 HLD06 两个转轮的试验结果，将试验结果及用式(2-27)换算结果列于表 2-2 中，该表还列出了国外两个转轮的试验结果。从表中可看出，计算值和试验值很接近。其误差小于 ±5%。

2.2.1.4 低频涡带的压力脉动

衡量水轮机压力脉动强度大小，常采用压力脉动峰峰值与水头之比，如该峰峰值(又称双振幅)为 ΔH，水头为 H，则该参量即为相对值 $\Delta H/H$。

近年来，高比转速水轮机和水泵水轮机发展迅速，中、高水头水轮机的尾水位比较高，水泵水轮机的尾水位变幅很大，形成难以向尾水管自然补气的情况。究竟吸出高度 H_s 对涡带压力脉动的影响如何？

表 2-2　尾水管涡带频率

水电站	水轮机型号	工作水头(m)		转轮直径(m)		涡带频率 f_1(Hz)			计算误差(%)
		模型	原型	模型	原型	模型试验	原型观测	式(2-27)计算	
流溪河	HL160	10	97.5	0.025	1.4	3.20	1.7	1.78	+4.0
沙田	HLD06	10	137.2	0.25	1.4	2.70	1.73	1.79	+3.4
大古力	A－C	28	98.0	0.33	9.22	4.30	0.30	0.29	-3.3
马林邦多	Voith	17	62.0	0.37	6.09	2.50	0.27	0.26	-3.7

有人曾在高水头空化试验台上对 $n_s = 80 \sim 300$ 的混流式水轮机进行了吸出高度 H_s 和部分负荷压力脉动关系的试验。试验时取水头为固定值，导叶开度固定在 $0.6a_{最优}$，通常在此开度附近脉动压力最大。改变吸出高度 H_s 值，测试尾水管上部管壁处压力脉动幅值 A（这里的 A 为单峰值）和强制涡核中心的静压 H_c，图 2-14(a)、(b) 分别为 $n_s = 100$、200 时尾水管上部管壁处压力脉动幅值 A、强制涡核中心静压 H_c 与 H_s 关系的测试结果。

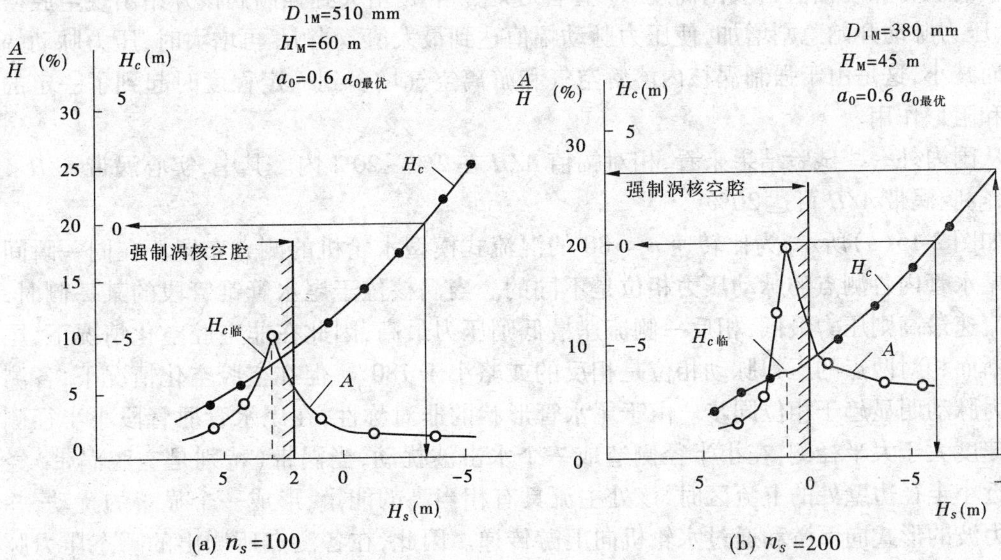

图 2-14　A、H_c 与 H_s 的关系曲线

水电站空化系数表达式为

$$\sigma_p = (H_a - H_v - H_s)/H \tag{2-28}$$

式中：H_a 为大气压力水头，m；H_v 为汽化压力水头，m；H 为水轮机工作水头，m。

由式(2-28)知，当 H_s 减小时，σ_p 值增大，此时强制涡核不产生空腔空化，压力脉动幅值和噪声较小；当增大 H_s 时，涡核中心静压 H_c 逐渐降低，强制涡核开始出现空腔空化，由此状态开始，H_s 和 H_c 的直线关系遭到破坏，压力脉动开始急剧增大，压力脉动幅值达到最大值（如图 2-14 所示）；当 H_s 再增大时，强制涡核内的溶解空气和游离空气也随之增加,犹如向尾水管进口补气一样,强制涡核遭到破坏,偏心摆动减小,压力脉动减弱,波形溃散,周期也变得不规则起来。

从图 2-14 可看出:

(1)当 $n_s = 100$、200 时,强制涡核空腔界限分别为 $H_s \geq 2$ m 和 $H_s \geq 0$ m。n_s 值越大(即水头越小,单机容量越大),产生强制涡核空腔的 H_s 范围越大。

(2)当 $n_s = 100$、200 时,最大脉动幅值 A 分别相应于约为水轮机水头的 10% 和 20%,即低水头大容量机组的相对 A 大。

(3)当涡核中心静压 $H_c = 0$ 时,$n_s = 100$、200 对应的 H_s 分别为 −3 m 和 −6 m 左右,下游水位再高,H_s 也均为正值。如刘家峡 5#机 $n_s = 235$,当 $H_s = -8 \sim -9$ m 时 $H_c \approx 3$ m,与 $n_s = 220$ 的试验结果很相近。

(4)最大压力脉动峰值 A_{max} 所对应的涡核中心静压以 $H_{c临}$ 表示。图 2-14 中两种水轮机的 $H_{c临}$ 均为 −6 ~ −7 m。

试验还表明,最大幅值 A_{max} 均发生在 $Q/Q_{最优} = 55\%$ 处,此时强制涡核直径最大,一般占尾水管进口直径的 40% ~50%,而且偏心摆动也最大。

如上所述,许多试验表明,在强制涡核中心的压力高于汽化压力且无空腔空化时,尾水管中的压力脉动幅值与吸出高度 H_s 基本无关。当 H_s 增大到强制涡核开始出现空腔空化时,压力脉动开始急剧增加,使压力脉动幅值达到最大值。当 H_s 再增大时,压力脉动幅值反而减小,这是由于强制涡核内溶解空气和游离空气增多到一定程度时起到了一定的稳定和阻尼作用。

从国内外一些试验结果来看,相对幅值 A/H 在 2% ~20% 内。其中,实心涡带 $A/H <$ 10%,空腔涡带 A/H 可达 20%。

如图 2-15(a)所示,为比转速 $n_s = 80$ 的混流式模型水轮机的测点布置。在同一瞬间测得尾水管内各测点的脉动压力相位是不同的。当涡核位于尾水管锥管段的某一侧时,该侧流速最高则压力最低,相反一侧流速最低则压力最高,因此在非空腔空化情况下,尾水管断面相对两点的压力脉动相位是相反的或略小于 180°。但在空腔空化情况下,各测点压力脉动明显趋于相位同步。由于尾水管形状的非对称性,在尾水管肘管段小半径侧水流速度大于大半径侧,在小半径侧造成一个水击波扰动,当涡带(特别是空腔涡带)经过靠近小半径边壁处的上流区时,该处主流具有相当高的能量,形成一个显著的扰动,并以压力波的形式向下游和通过水轮机向上游传递。因此,在各测点所测出的瞬态压力脉动值,是由测点压力脉动、其他局部和邻近区域的压力脉动、水击波扰动所激发的频率相同且更为强烈的压力脉动(当空腔空化时最为强烈)叠加的结果。在非空腔空化情况下,使得图 2-15(a)中测点 7 的脉动值大大高于测点 6 的缘故。压力脉动幅值 A 不仅与工况有关,而且沿尾水管壁各处也是不同的。

图 2-15(a)、(c)表示在最优单位转速($n_{11}/n_{11优} = 1$)、导叶相对开度为 0.64 ($Q_{11}/Q_{11优} =$ 0.65)的工况下,动态吸出高度为 NPSH = 3.2 m(NPSH 是指由导叶中心到尾水管锥管段过渡到肘管段之间的某一高程位置的距离,因为在部分负荷时,在这个高程上空腔涡带的脉动特别强烈)。模型水轮机转速 $n_M = 960$ r/min,$n_{11}/n_{11优} = 1$,试验水头为 $H_M = 17.2$ m。水电站水头 $H = 50 \sim 80$ m,$H_M/H = 1/5 \sim 1/3$。从图 2-15(b)、(c)可知,在小曲率半径

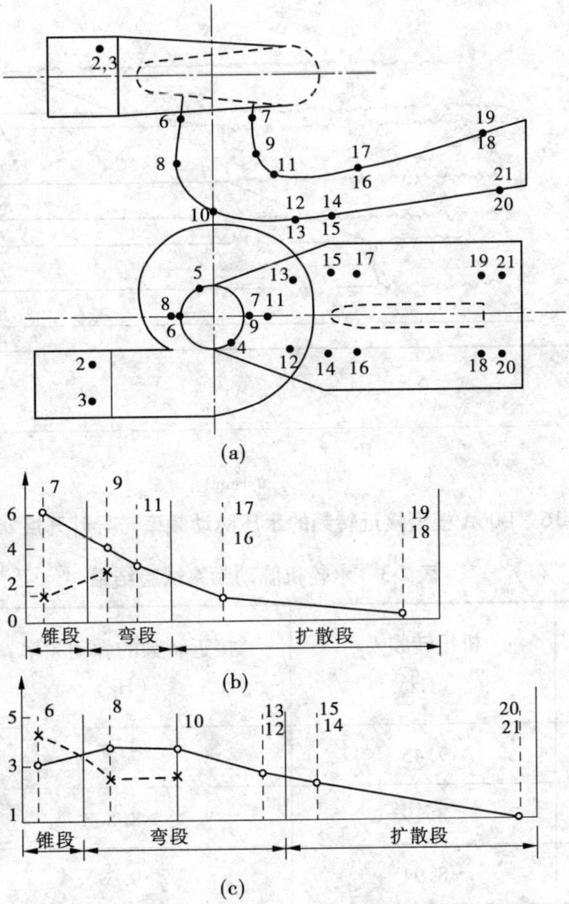

图 2-15　模型水轮机过流系统的测点布置图

壁面侧锥管段测点 7 处的压力脉动幅值最大。由测点 7 到扩散段进口(测点 16、17)脉动幅值衰减迅速,但在水平扩大的一侧,测点 8 和测点 10 处脉动幅值较大,从测点 10 到尾水管出口处(测点 20、21)脉动幅值逐渐减小。锥管段大半径一侧的测点 6 只是水平径向侧测点 7 脉动幅值的 1/2。

从一些模型试验结果可知,尾水管压力脉动最大幅值出现在距锥管进口下方(0.4 ~ 0.5)D_2 处,这说明测点的位置不同,所测得的脉动幅值也不相同。这也是原型和模型测试结果出现差别的原因之一。

2.2.2　尾水管内的中、高频压力脉动

尾水管中的压力脉动,除低频涡带外,还有可能存在中频和高频压力脉动。

中频压力脉动,其频率接近机组的转速频率,易引起机组振动和压力管道振动。在一定导叶开度下可能出现这种接近转频的压力脉动。在一定的单位转速 $n_{11} = nD_1/\sqrt{H}$ 下,频率基本确定,如图 2-16 所示。在发生低频涡带范围内,由于受低频涡带的影响,接近转频的脉动绕某一值上下波动。将图 2-16 中转轮模型试验结果列入表 2-3 中。

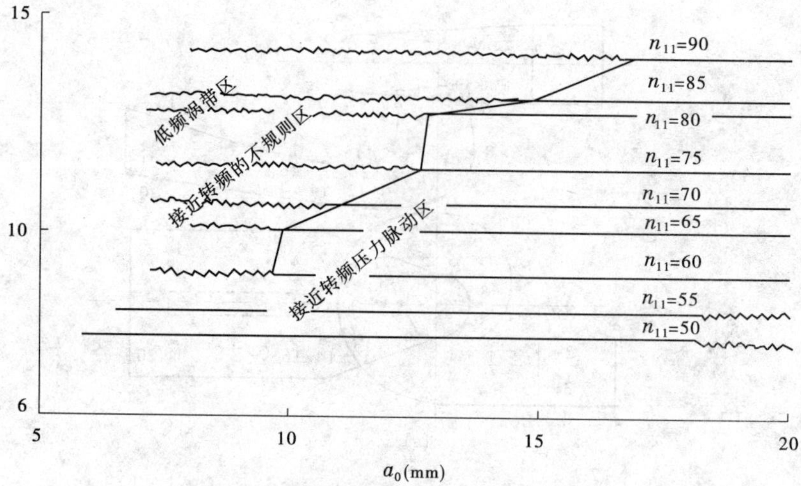

图 2-16　D06A 模型接近转频的水压脉动频率与导叶开度 a_0 的关系

表 2-3　水轮机脉动频率试验结果

n_{11}（r/min）	机组转频 f_n（Hz）	接近转频的脉动频率 f（Hz）	f/f_n
50	7.45	7.7	1.030
55	8.19	8.5	1.040
60	8.94	9.3	1.034
65	9.69	10.0	1.032
70	10.44	10.8	1.035
75	11.18	11.6	1.038
80	11.93	12.5	1.048
85	12.67	13.0	1.028
90	13.44	14.0	1.041
平均值			1.046

如我国刘家峡和狮子滩水电站曾出现过压力脉动频率接近转频的情况，表 2-4 为其原型观测资料；苏联的三座水电站如表 2-5 所示，当导叶开度为 20% ~40% 时，接近转频的压力脉动与管道中水体发生共振，水轮机顶盖竖向振动严重，水轮机室里伴随着强烈的声响。巴基斯坦的塔贝拉水电站，由于尾水管中产生接近转频 2.13 Hz 的脉动压力，而使机组产生大幅度的功率摆动。这四座水电站的原型观测结果列入表 2-5 中。

表 2-4 国内水电站尾水管内接近转频的压力脉动

电站名称	机组转频 f_n (Hz)	接近转频的脉动频率 f (Hz)	f/f_n
刘家峡1#机	2.08	2.30	1.160
刘家峡5#机	2.08	2.38	1.143
狮子滩2#机	4.50	5.00	1.100

表 2-5 国外水电站尾水管内接近转频的压力脉动

电站名称	机组转频 f_n (Hz)	接近转频的脉动频率 f (Hz)	f/f_n
塔瓦克司克(苏联)	2.50	2.30	0.92
罗玺诺夫(苏联)	2.50	2.20	0.88
布拉茨克(苏联)	2.08	1.90	0.91
塔贝拉(巴基斯坦)	2.266	2.13	0.95

从表2-3～表2-5所列资料可看出:我国三个机组原型观测资料 f/f_n = 1.100～1.160, D06A不同 n_{11} 试验资料 f/f_n = 1.028～1.048;国外四座水电站原型观测资料 f/f_n = 0.88～0.95。其中布拉茨克和我国刘家峡水电站的水轮机相似,但 f/f_n 值相差近20%,因此接近转频的脉动特性还有待进一步研究。

2.2.3 混流式机组的分区运行

目前,大尺寸大容量巨型水轮机应用越来越多,采用了许多新转轮设计技术,如混流式转轮有长短叶片型的,有X叶片型的等,运行中遇到了许多新的水力振动问题,对此又展开了新的研究。如把混流式水轮机运转工作区域(按运转特性曲线)划分为无涡带区、满负荷区、部分负荷区、叶道涡区、叶片进口背面脱流区(高水头工况)、叶片出水边空化区(超负荷工况)、叶片进口正面脱流区(特低水头、大负荷工况),对在各工况区运行进行能量、空化、稳定性研究,初步得出了有意义的结论,对已建、在建与待建的巨型机组在设计、制造、安装与运行等方面具有参考意义。

国外有的制造厂,根据水轮机运行稳定性,建议将混流式水轮机运行范围大致划分成四个区,如图2-17所示(图中 H_{opt}、P_{opt} 为最优工况下的水头与出力)。说明如下:

A区:为极低负荷运行区(小开度下)。除空载工况外,一般不宜运行。

(1)在该区运行的特点:

①水轮机效率很低。

②转轮出口水流具有正环量,一般振动不大,但有的转轮会出现高频压力脉动,有的甚至压力脉动幅值远远超过尾水管涡带区的压力脉动最大值,在尾水管、转轮上腔与蜗壳中都会出现,如国内的龚嘴、石泉等电站曾出现过这种情况。

(2)分析:

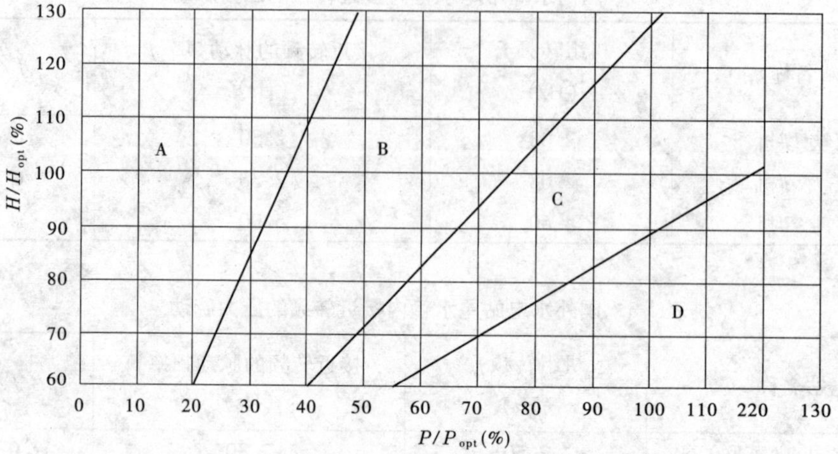

图 2-17　混流式水轮机运行区域划分示意图

①小开度区偏离最优工况区最远,在流道内发生旋涡、脱流与空化等各种水力不稳现象必然更为剧烈复杂,可能产生的压力脉动幅值较大,而且脉动频谱构成也更加繁杂,有可能在转轮和其他过流部件上产生频率较高的动应力,促使部件疲劳而发生裂纹。

②从脉动幅值看,一种是压力脉动幅值远远超过尾水管涡带区的压力脉动最大值(宜避开运行),另一种是比尾水管涡带区的压力脉动最大值要小或相当(宜限制运行)。

③空载小开度时,可能由于流量很小,水流扰动能量较低,往往会表现出较小开度部分负荷为好的运行稳定性。

B 区:又可分为两个区域:靠左区域为低部分负荷运行区,靠右区域为高部分负荷运行区。

(1)低部分负荷运行区:压力脉动幅值大,频率低,主要与转轮尾水管的旋转涡带有关,涡带的旋转频率为机组转频的 0.15 ~0.3 倍,若不采取可靠的补气措施,不宜在该区长期运行。实践经验表明,经常在该区运行的水轮机的寿命仅有几年。

(2)高部分负荷运行区:通常对高比转速混流式水轮机,在不同水头最优流量的65% ~90%工况,可发现高于转频的压力脉动存在于整个流道中,其频率常为 1 ~5 倍的转频且比较稳定,以转轮与导叶间的无叶区最为显著,其压力脉动值往往超过尾水管壁上的测量值。产生这种特殊压力脉动的机理目前尚不十分清楚,有的模型试验中没有出现而真机运行时却出现,有的则相反,如三峡左岸模型试验出现这种情况,但真机运行中却没有发现。应避开该区运行,或适当补入少量压缩空气或迅速越过该区。

C 区:又可分为两个区域,靠左区域为最优效率运行区,靠右区域为满负荷运行区。

(1)最优效率运行区:转轮下无涡带,水轮机效率最高,运行最稳定。

(2)满负荷运行区:转轮下有柱状涡带,但运行较稳定。

总之,C 区可长期运行。实践经验表明,经常在该区运行的水轮机的寿命可达几十年。

D 区:为超负荷运行区,转轮出口水流具有负环量,压力脉动增大,空蚀加剧,有的转轮会出现第二振动区。

从以上分析可看出,水轮机偏离最优工况区后,不但会在尾水管内产生低频涡带,还会引起中高频的水力压力脉动,这种脉动不但在尾水管内存在,甚至在转轮与导叶间及蜗壳等整个过流通道内都存在,在有些工况有些部件的压力脉动幅值与频率甚至比尾水管内的还要大很多,这就使得水力振动更加复杂化,其产生的机理至今还不太明了。

总之,涡带压力脉动对机组运行的影响主要有振动、摆度、功率摆动,以及其他附加影响等。

2.2.4　尾水管涡带的防减措施

水轮机在非正常区域运行有多种情况:①近代大型水电站水库蓄水周期较长,尤其是洪水季节,为了多发电,常常要求水轮机在低水头下长期运行;②目前我国实行的厂、网分开竞价体制,在电网调度时,有时机组必须低负荷运行,有时必须超负荷运行,不能完全避开禁止运行区;③有些机组在电力系统中有备用任务,使机组在极低负荷甚至空载负荷区运行;④在电力系统担任主力调频任务的机组,在满负荷和低负荷之间快速变换工况。

针对以上工况,若不消除尾水管中的压力脉动,将产生严重的后果。可采取下列四类预防措施。

2.2.4.1　优化水力设计

利用现代水力计算软件进行流场分析,优化水轮机过流部件的水力设计模型,尤其是转轮模型。采用负倾角转轮翼型、合理设计叶片出口环量分布规律、适当的上冠和泄水锥线型,对于高水头混流式转轮还可考虑采用带副叶片的转轮等。如三维流场分析和模型试验证明,采用长短叶片低比速混流式转轮在能量、空化、压力脉动与刚强度性能等方面比传统转轮具有明显的优点,多数机组在部分负荷和大负荷工况下,尾水管压力脉动较小,当水头和流量变幅较大时,适应性更好。

2.2.4.2　避开振动工况区运行

水轮机在非设计工况区运行,尤其是低水头、低负荷区运行时,除上述所说的振动危害外,还会引起转子、顶盖、承重机架等的纵向振动。应尽量避开这些工况运行,避不开时应采用补气等措施。

2.2.4.3　改变水流的流动和旋转状况

此法常与补气同时并用,主要措施有下面几种。

1)加长泄水锥

加长转轮泄水锥以保证补入的空气经泄水锥补入到尾水管的负压区。大量研究资料表明,必须使转轮与尾水管的设计互相协调,以保证机组高效平稳运行。在设计转轮及尾水管时,有必要做转轮泄水锥试验。如加拿大德斯普阿水电站6台74.6 MW混流式水轮发电机组,水头176 m,1#机试运行时发现在45%导叶开度下出力38 MW时,尾水管内压力脉动较大,出力有3~5 MW摆动,尾水管内压力脉动与压力钢管的压力脉动频率相同。为此做了加长泄水锥试验。通过不同长度泄水锥试验比较,最后将其锥长延长至转轮以下600 mm,一直伸长至可能出现低压真空的尾水管中心,如图2-18所示。为了进一步改进补气条件,在4#、5#、6#机上又缩小了转轮密封间隙,其效果更好。后来6台机组在部分开度下,尾水管和压力钢管内未发生过大的压力脉动和水流不稳定现象。

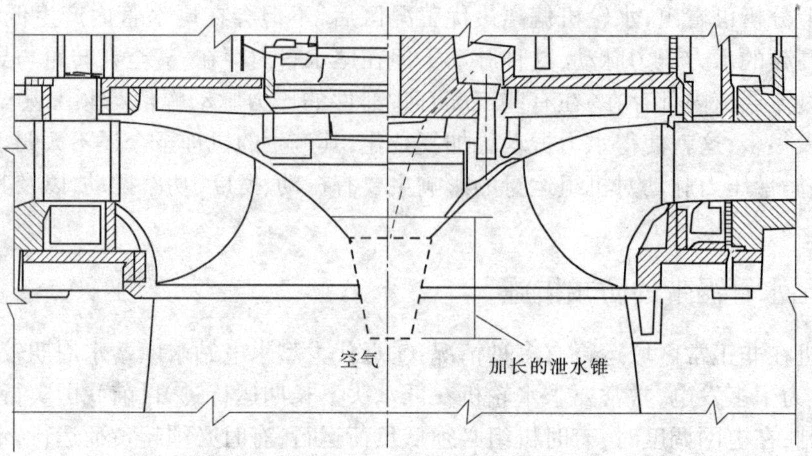

图 2-18　德斯普阿水电站机组加长泄水锥

模型和真机试验结果表明,加长泄水锥对控制转轮下尾水管内的流速分布起着重要的作用,对尾水管内形成的涡带和压力脉动影响很大。改变泄水锥的型式也是改变引起机组共振的涡带频率的重要措施之一。

图 2-19 是不同高水头电站混流式转轮加长的泄水锥,图 2-19(a)为加拿大艾希海克电站机组(水头 180 m,15.2 MW),图 2-19(b)为加拿大欣德斯湖电站机组(水头 214 m,77.3 MW),图 2-19(c)为马达加斯加愚德卡莱卡电站机组(水头 214 m,29 MW)。

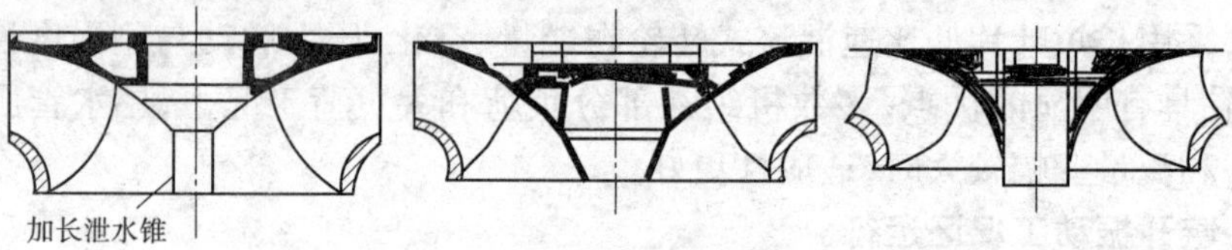

(a)　(b)　(c)

图 2-19　加长泄水锥的转轮

图 2-20 为装设直通尾水管肘管段的特长泄水锥的示意图,上部还装有横向通气管。瑞士 H. 格林在模型机上进行了实测,该机开度 100%,水头 40 m,水轮机比转速为 185 r/min,测得的压力脉动幅频曲线如图 2-21 所示,图中压力脉动幅值 ΔH 以噪声单位分贝(dB)来表示,f 为压力脉动频率(Hz),f_n 为机组转频(Hz)。没有安装特长泄水锥时测得的最大压力脉动幅值为 50 dB,见图 2-21(a);加上特长泄水锥后测得的最大噪声降为 20 dB,见图 2-21(b)。比较图 2-21(a)、(b)中压力脉动波形图,可见加上特长泄水锥前后,压力脉动相对幅值明显下降,但水轮机效率略有下降。特别是高比转速机组,运行一个阶段后泄水锥上产生空蚀剥损。另外,特长泄水锥的结构强度设计

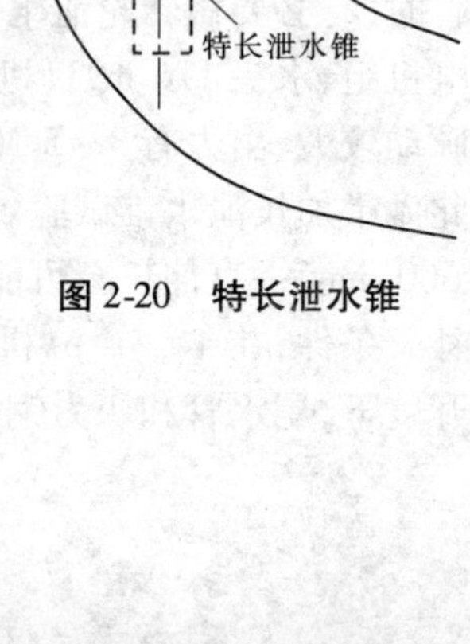

图 2-20　特长泄水锥

时，还应考虑侧向力的作用。

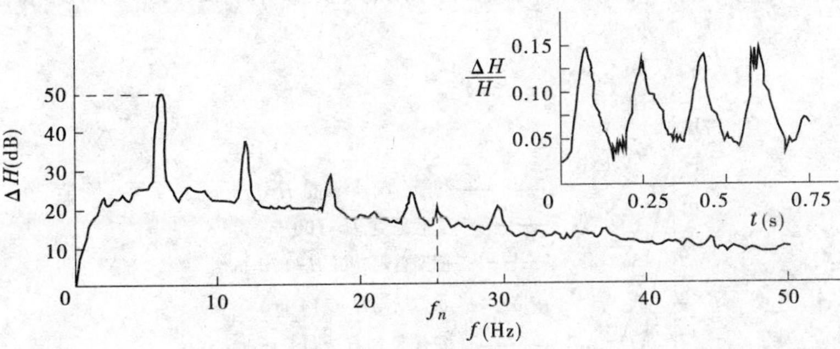

(a)

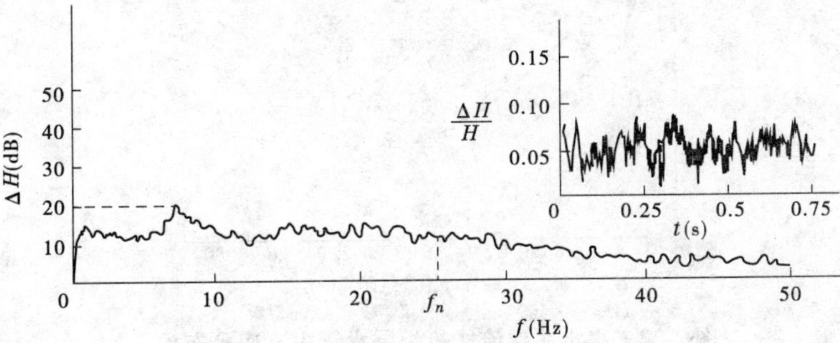

(b)

图 2-21　特长泄水锥试验曲线

2）加长尾水管锥段

加拿大工程技术人员对该国一些电站机组运行情况进行研究后认为，尾水管锥段的流速及水平段隔墩的位置，对尾水管效率和稳定性影响很大。真机测量结果证实，锥管越深，出口断面的流速越小，则机组越稳定。最重要的是控制尾水管的过流速度，一般尾水管喉部的流速要控制在 3.5 m/s 以下，低水头电站水平段的出口流速不应超过 2 m/s，中水头电站不应超过 2.5 m/s，高水头电站不应超过 3 m/s。为此，有必要研究锥段的最优锥角及水平段顶板的上翘角。表 2-6 列出了国外一些已运行的高水头混流式水轮机尾水管参数，由表可见，尾水管的深度和长度随水头增加而增加。

表 2-6　国外一些高水头混流式机组的尾水管参数

电站名称	德斯普阿 1# ~ 6#	德斯普阿 7#	艾欣尼克	欣德斯湖	安代卡列夫
运行年份	1967	1977	1975	1980	1982
制造厂	艾里斯查默斯	多米宁	多米宁	诺哈弗	弗韦
高度比	$2.93D_1$	$3.1D_1$	$3.55D_1$	$3.51D_1$	$3.21D_1$
长度比	$4.41D_1$	$4.76D_1$	$4.65D_1$	$5.32D_1$	$5.92D_1$
锥角	4.95	5.37	5.14	5.87	5.14
出口流速(m/s)	2.4	3.0	1.4	2.3	2.3
额定水头(m)	176	173	180	214	214
额定出力(MW)	74.6	155	15.3	77.3	20.1

图 2-22 是一些高水头混流式水轮机尾水管内流速分布图。从图中可见，锥管越深，其出口断面流速越小越稳定。因此，加长锥管和加大扩散角，都可以增加尾水管的效率和稳定性。

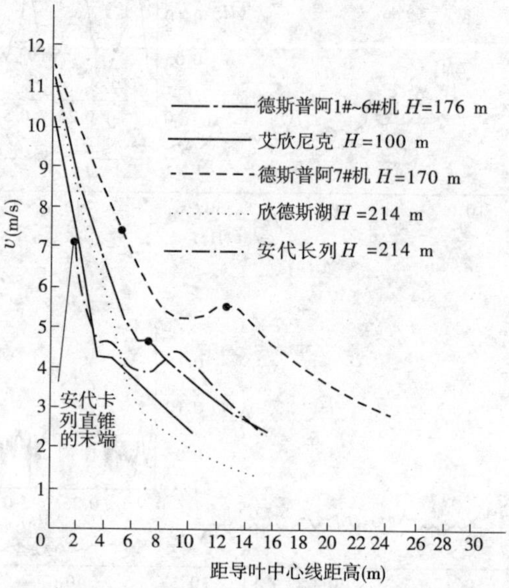

图 2-22　高水头混流式机组尾水管内流速分布

3) 加大尾水管锥角

日本曾进行过加大尾水管进口锥角消除涡带的模型试验，混流式模型水轮机 13 个叶片，比转速 46.1 r/min，转速 999 r/min，水头 40 m，功率 264 kW。当尾水管锥角 $2\theta = 9°$ 时，尾水管中脉动情况如图 2-23(a)所示，产生严重的涡带；当把锥角扩大为 $2\theta = 15°$，如图 2-23(b)所示时，涡带刚刚形成即扩散消失，不能形成长尾水涡带。锥角扩大后，尾水管锥段与肘管的总高度比原先还有所降低，而且并不影响机组效率。由于锥角扩大后不能形成长涡带，所以尾水管压力脉动相对幅值减小，如图 2-23(c)所示，横坐标 σ_p 为水电站空化系数，压力脉动幅值约为加大锥角前的 1/5。

4) 加阻水栅与隔板

在尾水管进口靠近转轮处，加阻水栅或隔板，如图 2-24 所示。阻水栅是利用栅条减小水流的圆周分速度，以破坏涡旋的形成。如浙江安地电站也是在加隔板后，消除了尾水压力脉动，破坏了机组电气振荡的共振响应，从而得以稳定运行。但是，加了阻水栅或隔板后，在某些水电站可能会出现较大的空化现象以及噪声，故需权衡利弊后再选定消振方式。

5) 控制涡带的偏心距

在尾水管上装设同轴扩散管，可以控制涡带偏心距，使尾水流更加稳定，防止尾水涡带的旋进运动。瑞士 W. 莱歇尔、德国 K. 包曼对蓄能机组的振动进行了大量的试验研究，该机组水头 $H = 280$ m，平均吸出高度 $H_s = -16$ m，出力 $N = 105$ MW，转速 $n = 428.6$ r/min，在 20% ~50% 负荷时尾水管中发生了强烈的冲击及压力脉动，最大压力脉动幅值

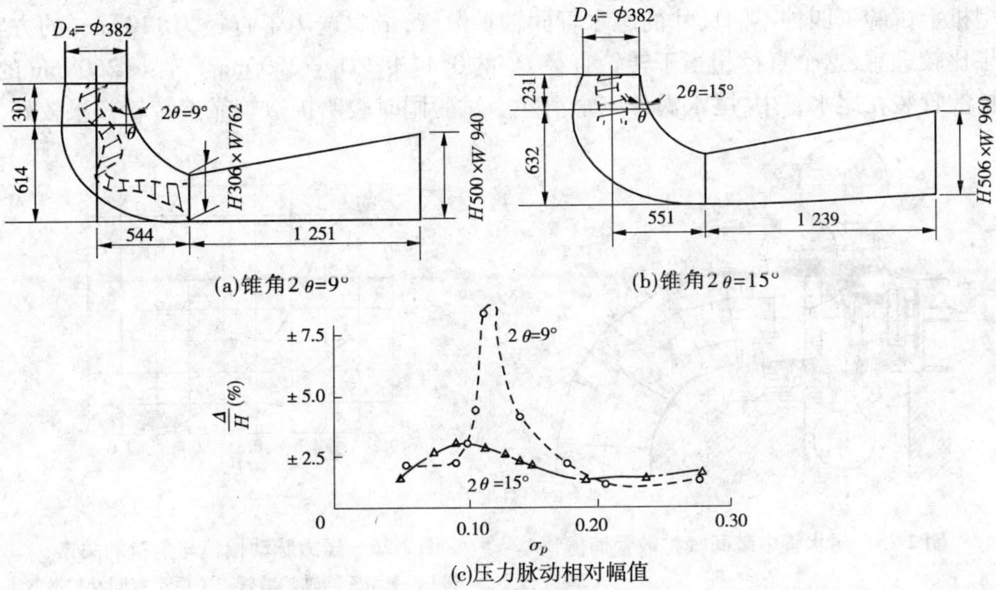

图 2-23　加大尾水管锥角时涡带压力脉动幅值比较　(单位:m)

是水头的 8%。采取自然补气,无效。曾选用了 5 种不同长度的泄水锥进行试验,结果表明,对部分负荷工况的振动情况没有改善,其中最短的泄水锥对满负荷工况的振动有些影响。后又进行了补气试验,发现当补气量不合适时反而会增加尾水压力脉动,只有当补气量足够大时才能奏效,但空压设备过大也不现实。

当工况从发电快速转为抽水时还会引起水锤。综合分析比较消振效果、经济性等,最后确定在尾水管中装置同轴扩散管(见图 2-25)。扩散管保留水流的旋转运动,控制涡带的偏心距,这时压力脉动大幅度减小,频率也降低了,如图 2-26、图 2-27 曲线 3、4 所示。在原型水轮机上装置同轴扩散管后,压力脉动振幅约减小 70%,如图 2-28 所示。图中 P/P_r 为负荷相对值(其中 P 为机组实际运行负荷,P_r 为额定负荷),$100A/H$ 为压力脉动幅值相对值(其中 A 为压力脉动幅值绝对值,H 为水头),f 为压力脉动频率(Hz),n 为机组转速(r/min)。

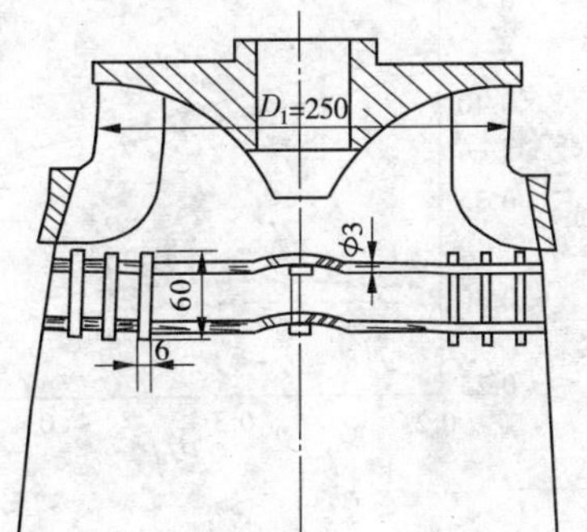

图 2-24　阻水栅

如图 2-29 所示,设计同轴扩散管要求很高,不同的尺寸结构,效果相差很多,所以要经试验后优选。另外,扩散管经受着不稳定的较大的旋转着的径向力,必须认真设计结构的强度。

如甘肃某电站 300 MW 机组,虽采用自然补气,但仍不能消除涡带压力脉动。为此在模型机上试验了四种不同尺寸的尾水管同轴扩散管，最后选用了直径为 110 mm 的方案，效果比较理想，这个直径相当于转轮直径 D_1 的 0.44 倍（D_1 =250 mm），管长 250 mm 的同轴扩散管装在尾水管中，尾水涡带完全消除。试验同时表明扩散管靠近转轮效果较好。

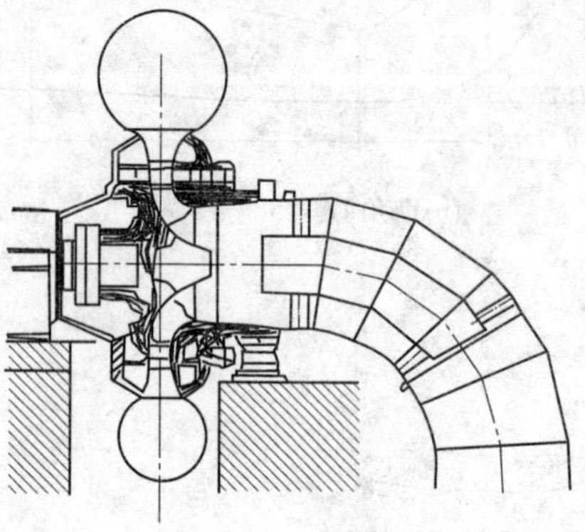

图 2-25　尾水管中装同轴扩散管消振

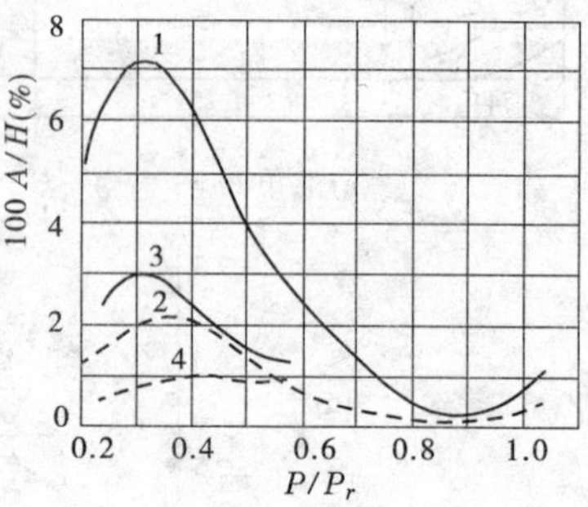

图 2-26　压力脉动幅值与负荷的关系

1—原型无同轴扩散管；2—原型有同轴扩散管

3—模型无同轴扩散管；4—模型有同轴扩散管

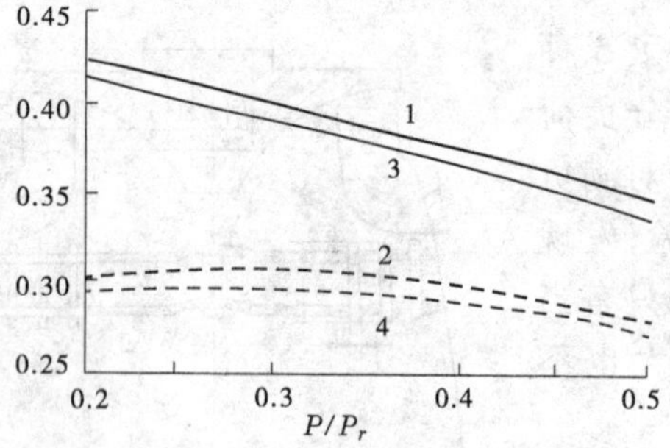

图 2-27　压力脉动频率相对值

1—原型无同轴扩散管；2—原型有同轴扩散管；

3—模型无同轴扩散管；4—模型有同轴扩散管

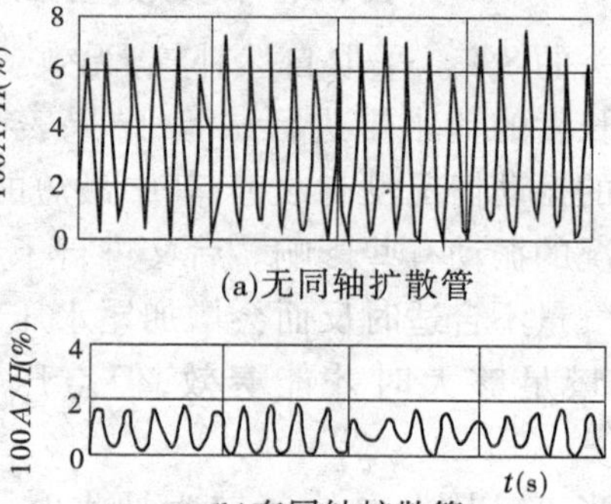

(a)无同轴扩散管

(b)有同轴扩散管

图 2-28　35% 负荷的压力脉动示波图

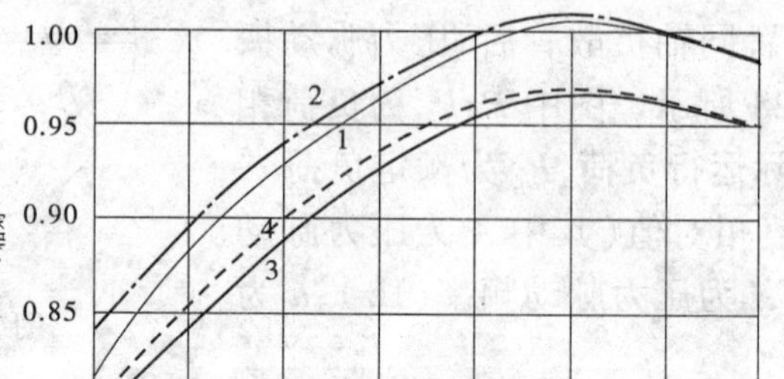

图 2-29　同轴扩散管对效率的影响

1—原型无同轴扩散管；2—原型有同轴扩散管；3—模型无同轴扩散管；4—模型有同轴扩散管

2.2.4.4　向尾水管涡带区补气

1) 补气的作用

在尾水管直锥段上部（靠近叶片出水边下面附近），向尾水管涡带区补入空气（空气具有弹性吸振作用），可以提高该区域的压力，减弱旋涡强度，削弱压力脉动幅值；当气泡在水中溃散时，还可使压力脉动衰减，消减噪声。同时，降低了水力扰动损失，提高了水轮机运行效率。

但是，当水轮机在稳定工况区运行补入空气时，提高尾水管进口处的压力，反而削弱尾水管回收能量的作用，增加水轮机出口损失，降低水轮机的水力效率。所以，补气方式应是间歇性的，需要补气时补气阀才自动打开补气。

2) 补气方式

实践证明，尾水管补气效果好坏，不但与补气管进出口位置、直径大小、设置高程及如何布置有关，还与补气阀形式及其控制操作等都有直接关系。

补气方式分自然补气和强迫补气两大类。从现场安装角度看，自然补气相对简单，具体实施成本较低；从补气效果看，自然补气不如强迫补气，但能在一定程度上破坏涡带，减轻涡带影响。

(1) 自然补气。

在实际操作中多采用自然补气。不少大型机组在设计制造时，就考虑在主轴中心钻孔设置补气阀（见图 2-30），并在泄水锥上打补气孔，利用大气压力使空气自然补入，这种补气方式既经济又易操作。但是，如果水轮机安装高程较低，吸出高度为负值，则不能实现尾水管内的自动吸气，此时要采用强迫补气，用空压机向尾水涡带内强制充入压缩空气，或利用射流泵补入水气混合物。自然补气使得补气过程具有间歇性，这种间歇性补气也是一种扰动力，虽减小了机组振动与摆度值，但间歇性补气却使机组振动、摆度值忽大忽小。

自然补气又分三种：

①主轴中心孔补气。即如上所述，如图 2-30 所示装置。

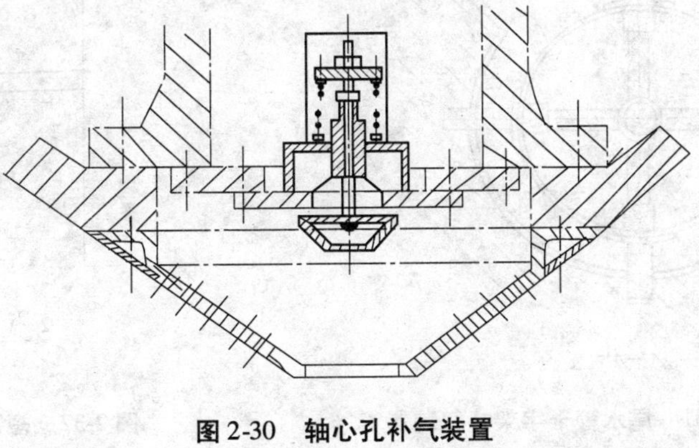

图 2-30　轴心孔补气装置

②尾水管十字架补气。亦可改造为加隔板补气等形式。布置方式如图 2-31 所示，横管与水平面夹角 $\alpha = 8° \sim 10°$，$D_1 < 2$ m 时，用三根横管；当 $2.25\ \text{m} \leqslant D_1 < 6$ m 时，用四根横管。横管直径 d_1 范围为：$D_1 \leqslant 3$ m 时，$d_1 = 100 \sim 150$ mm；当 $3\ \text{m} < D_1 \leqslant 6$ m 时，$d_1 = 150 \sim 250$ mm。十字架距转轮下环的距离 $h = (1/3 \sim 1/4)\ D_1$。均气槽截面积应大于补气

阀孔口面积3～4倍。该种补气方式补气范围较大，补气效果较好。

③尾水管短管补气。布置方式如图2-32所示，一般取4根短管，如图2-31所示，一般当$D_1>5$ m时选用此方法。

(2)强迫补气。

自然补气不适用的机组(埋深很深)，可考虑采用强迫补气，这种补气消振又常常与稳流、导流结合使用，效果良好。使用时注意补气量要恰当，否则无效，甚至可能使压力脉动增大。对于不同型号的机组，因空化系数、吸出高度不同，要求的补气量也不同，应当通过试验寻找最优补气量。

强制补气装置除设管道及导流构件外，还需要增设空压机，在补气量较大时消耗的电能也相当大。此外，还要考虑通气管道的尺寸及辅助设备的结构尺寸是否可行。

为了简化设备，有些电厂采用射流泵式补气管装置(见图2-33)，通气管进口处设一个射流喷嘴，侧向开通气孔，利用上游的压力水射流入通气管，空气和压力水流同时射入负压区。射流泵式补气管操作简便而且不需要动力电源，适用于吸出高度在$-1\sim-4$ m范围内的机组。

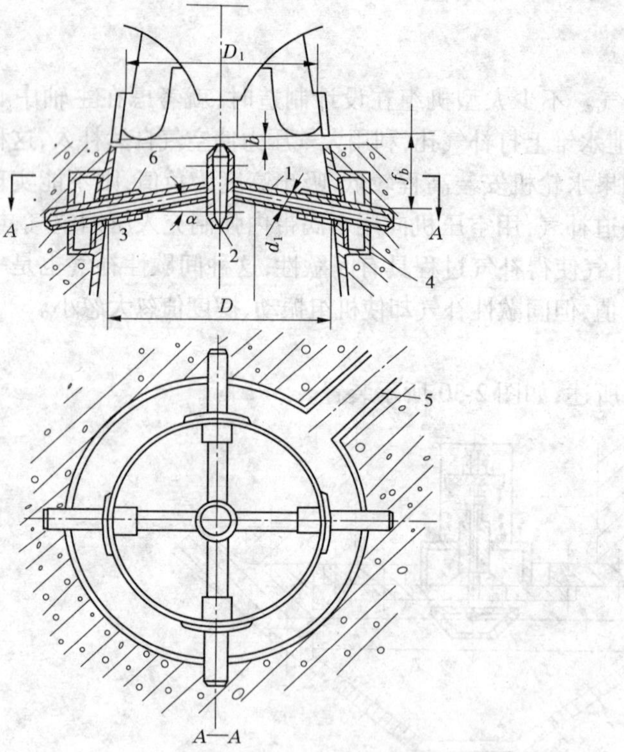

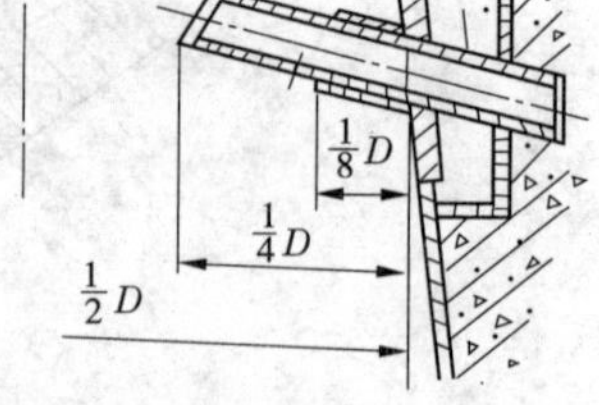

图2-31　尾水管十字架补气装置　　**图2-32　短管补气**

1—横管;2—中心体;3—衬板;4—均气槽;5—进气管;6—不锈钢护衬

3)补气量

(1)自然补气量。

自然补气的最优补气量为

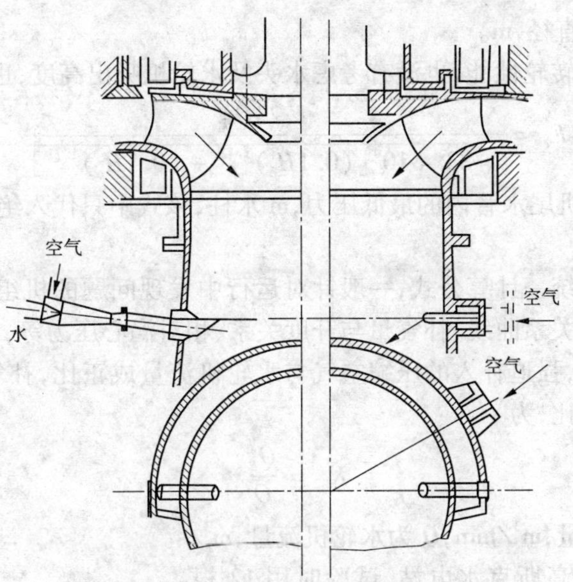

图 2-33　射流泵式强制补气管

$$Q_{优} = \frac{K_q}{100}\frac{H_a + H_c}{H_a}Q_{\max} \tag{2-29}$$

若取大气压强 $H_a = 10$ m 水柱，则式(2-29)变为

$$Q_{优} = 0.001K_q(H_c + 10)Q_{\max} \tag{2-30}$$

式中：$Q_{优}$ 为最优补气量，m^3/s；K_q 为根据转轮类型由模型或原型试验得到的最优补气比，见表 2-7；H_a 为大气压强，m 水柱；$Q_{\max}$ 为水轮机最大流量，m^3/s；H_c 为原型水轮机尾水管内的最低压力，m 水柱，为

$$H_c = -K_cH - H_b \tag{2-31}$$

式中：H 为原型水轮机有效水头，m；H_b 为原型补气管出口中心到下游水位高度，m；K_c 为计算水头时因转轮或机组不同的系数，具体见表 2-7。

表 2-7　补气比 K_q 和转轮水头系数 K_c

转轮型号	K_c	K_q
HL220	0.081	1.9
HL200	0.073 5	1.1
HL180	0.062	1.9
HL160	0.062	1.9

当用式(2-31)求得原型水轮机尾水管内的最低压力 H_c 为正值时，以上自然补气公式(2-29)不适用，应采用强迫补气。

自然补气孔口面积经验公式为

$$F_c = \frac{\pi D_1^2}{1\ 000}\quad (m^2) \tag{2-32}$$

式中：D_1 为转轮标称直径，m。

式(2-32)未考虑转轮性能，也没有考虑水头及水轮机吸出高度，也可采用下面公式：

$$F_c = \frac{1.23Q_{优}}{\sqrt{83 \times 10^4[(0.1H_c)^{1.42} - (0.1H_c)^{1.71}]}} \tag{2-33}$$

式中：H_c 为原型水轮机尾水管内的最低压力，m 水柱，该式中只代入绝对值。

(2)强迫补气量。

强迫补气量尚无统一计算公式，一般针对运行中发现问题的机组，进行模型试验，找出补气量与水压脉动关系曲线、补气量与开度关系、相对涡心压力等，试验研究解决方法。

苏联曾做过试验，强迫补入的压缩空气与水轮机流量成正比，补气比 K_q 等于压缩空气量与水轮机流量之比，为

$$K_q = \frac{Q_b}{Q} \tag{2-34}$$

式中：Q_b 为压缩空气量，m^3/min；Q 为水轮机流量，m^3/s。

乌斯特－卡美诺高斯克水电站，试验时用 12 根 ϕ50 mm 管，由水轮机顶盖向每个叶片补气，管子又经环形管道汇流连接到总容积为 49 m^3 的空气站上(见图 2-34)。补入压缩空气后，机架振动减小了 2/3，噪声及水轮机顶盖振动完全消失。该机顶盖下压强为 5.5×10^5 Pa，水轮机流量 $Q = 273\ m^3/s$，平均补入压缩空气量 $Q_b = 11\ m^3/min$，补气比为

$$K_q = \frac{Q_b}{Q} = \frac{11}{237} = 0.0464 \tag{2-35}$$

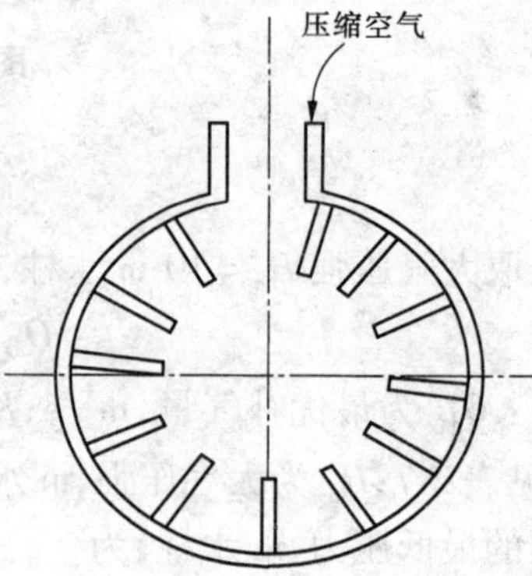

图 2-34　由顶盖向每个叶片补气

盖斯特嘎赫蓄能电站顶盖压力是 80×10^4 Pa，通过水轮机的流量 $Q = 65\ m^3/s$，补入压缩空气量 $Q_b = 3\ m^3/min$，补气比 $K_q = 3/65 = 0.0642$。

上两例中，为了消除混流式水轮机非最优工况时产生的尾水压力脉动，所需补入空气量约为

$$Q_b = 0.05Q \tag{2-36}$$

按式(2-36)计算的补气量，在克拉斯诺雅尔斯克水电站及布拉茨克水电站进行了试验。克拉斯诺雅尔斯克水电站 400 MW 机组流量 $Q = 590\ m^3/s$，所需补气量 $Q_b = 0.05 \times 590 = 29.5(m^3/min)$，所需空压机功率 200 kW；布拉茨克水电站所需补气量 $Q_b = 0.05 \times 258 = 12.9\ (m^3/min)$，所需空压机功率约 90 kW。此外，这两水电站试验时还采用了自然补气，经过运行，观察到叶片空蚀损坏的面积减小了 2/3，损坏区消耗的金属量与补气前相比下降了 15%～20%，叶片抗空蚀性能在补气后提高了 5～6 倍。

2.3　卡门涡列诱发的振动

卡门涡列是发生在绕流物体尾部后的旋涡，是水流绕流物体表面时边界层脱流而引

起的。当卡门涡列的频率与过流部件的固有频率接近时会发生共振破坏，危害是相当严重的。卡门涡列是引起水轮机叶片、导叶和固定导叶振动的振源之一。

2.3.1　卡门涡列产生的机理

为了说明卡门涡是如何产生的，以圆柱体绕流为例，说明其绕流流速增加的情况如图 2-35所示。图中 $Re = vD/\nu$ 为雷诺数（v 为流速，D 为圆柱体直径，ν 为水流的运动黏度）。当 $Re<5$ 时，流动极慢，没有旋涡脱流，即边界层比较稳定，尾部旋涡有规律地汇合并相互抵消，如图 2-35(a)所示；当流速增加后，边界层渐渐变得不稳定，当 $(5\sim15)<Re\leqslant40$ 时，边界层从圆柱后部开始脱流，形成两个对称稳定的旋涡，如图 2-35(b)所示；当 $40<Re\leqslant150$ 时，圆柱体后形成交叉的层流涡列，如图 2-35(c)所示；当 $Re>150$ 时，层流开始向紊流过渡，当 $150<Re<300$ 时，紊流继续发展，以致边界层内亦开始向紊流过渡，如图 2-35(d)所示；当 $3.0\times10^5<Re<3.5\times10^6$ 时，边界层全部为紊乱状态，尾迹变窄且乱，如图 2-35(e)所示；当 $Re\geqslant3.5\times10^6$ 时，成为紊流交叉涡列，如图 2-35(f)所示。

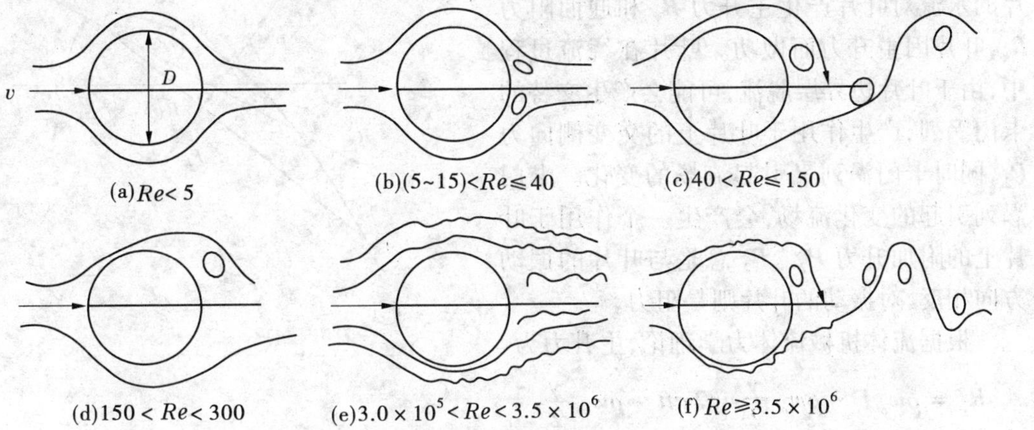

图 2-35　圆柱体绕流流态

对此，1911 年美国科学家冯·卡门从空气动力学的观点中找到了这种涡稳定性的理论根据。这种流体绕过固体时，物体尾流左右两侧会产生成对、交替排列、旋转方向相反的对称旋涡，称为卡门涡列。每个单涡的频率为 $f=S_r\dfrac{v}{d}$，S_r 为斯特劳哈尔数（S_r 取 0.20～0.27）。

对于流线型的叶片也有同样的结论。许多研究表明，在边界层内的流速分布如图 2-36 所示。把速度 $v=0$ 的 P 点称为分离点，在 P 点以内的水层出现逆流，这个逆流将形成旋涡脱离叶片。

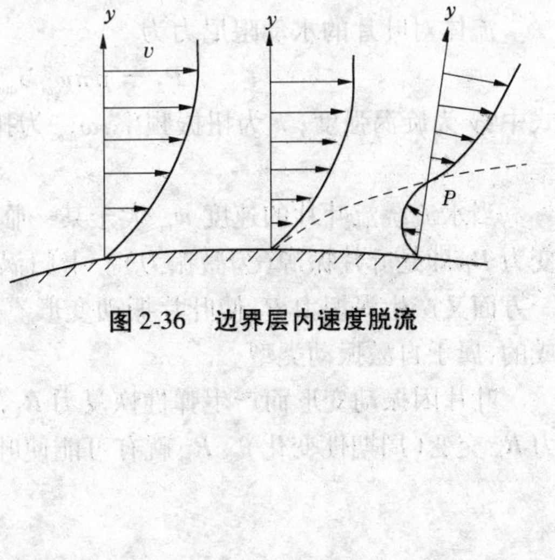

图 2-36　边界层内速度脱流

2.3.2 转轮叶片的水力弹性振动机理

水轮机转轮叶片具有一定厚度,在大冲角(大于12°~15°)或尾部具有钝的出水边的情况下,叶片上、下面会出现交叉脱流的卡门涡列。根据汤姆逊定理,当物体尾部产生脱流的旋涡时,必定引起绕流叶片环量$\Gamma(t)$变化而产生作用于物体的侧向交变力$P(t)=\rho w_m\Gamma(t)$,这里ρ为水的密度,w_m为来流速度。

卡门涡从叶片出水边的工作面和背面交替地释放出来时,由于压力场的变化,水流对绕流物体会产生一个横向交变作用力,其大小和方向均随时间发生周期性的变化,较明显的为垂直于流向的交变侧向力,即不均衡的侧向压力。该力作用在金属弹性体叶片上会产生微幅甚至大幅振荡。如果该交变力的频率与叶片自振频率相近,则可能发生卡门涡频与叶片频率的共振,激起较大振幅的振动。

为了说明叶片振动的机理,下面进行叶片受力的定性分析。如图2-37所示,绕过叶片的水流对叶片产生主升力R_y和迎面阻力R_x,叶片因主升力而做功。叶片在绕流过程中,由于叶片边界层脱流,可能会产生交替的卡门涡列,产生作用于叶片上的交变侧向力P_1,同时卡门涡列又引起流场的变化。卡门涡列引起的变化流场,会产生一个作用于叶片上的附加升力P_2。P_2总是与叶片的振动方向相反,对振动的叶片则是阻力。

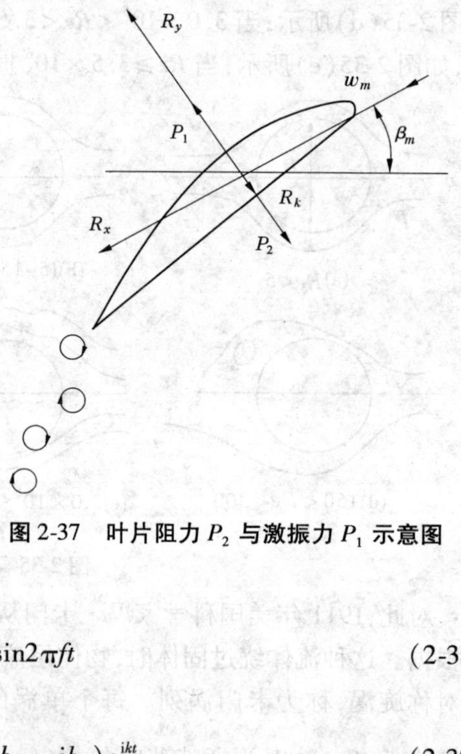

图2-37 叶片阻力P_2与激振力P_1示意图

根据流体机械流体力学理论,主升力为

$$R_y=\rho w_m\Gamma-\rho w_m\frac{\gamma}{2}\sin2\pi ft-\rho w_m\frac{\gamma}{2} \tag{2-37}$$

其中交变力部分为

$$P_1=\rho w_m\frac{\gamma}{2}\sin2\pi ft \tag{2-38}$$

流体对叶片的水动阻尼力为

$$P_2=\rho\pi w_m\dot{\omega}_{\max}a^2(b_1-\mathrm{i}b_2)\mathrm{e}^{\mathrm{i}kt} \tag{2-39}$$

式中:γ为旋涡强度;k为扭振频率;$\omega_{\max}$为扭转的最大角速度;b_1、b_2为系数;f为卡门涡频率。

当水流绕流叶片的速度w_m大于某一临界速度w_{mcr}时,会使$P_1>P_2$,则叶片振动。交变力P_1即是叶片振源(为激振力)。卡门涡列一方面绕流叶片时对叶片形成阻力P_2,另一方面又产生涡振力P_1使叶片振动变形。这种振动是由叶片本身运动且消耗能量而形成的,属于自激振动类型。

叶片因振动变形而产生弹性恢复力R_k,P_1、P_2(均周期性变化)会引起叶片弹性恢复力R_k交变(周期性变化)。R_k就有可能使叶片围绕刚度中心产生扭转振动。如果叶片刚度中心与质量重心不重合，还将使叶片产生横向弯曲振动，反之，叶片也可能由于弯曲振动再引起附加的扭转振动。

上述单独的扭转和弯曲振动，有时是衰减振动。但当扭转和弯曲振动同时产生时，若二者相位不一致，则可能导致非衰减振荡，也可能产生拍振，振动将以共振的情况持续下去。另外，也可能出现单独不衰减的扭振和弯曲振动。上述的扭转和弯曲振动过程即为叶片的水力弹性振动。属于自激振动类型，又称颤振。

有研究表明，轴流式水轮机叶片的临界颤振频率与叶片的自然扭振频率大致相近，当水流速度大于某一临界速度时就有可能发生颤振现象。

2.3.3　卡门涡列的危害及其防治

2.3.3.1　卡门涡列的危害

在水轮机的转轮叶片、活动导叶、固定导叶尾部经常会出现卡门涡列。当这些叶片具有钝尾时(圆形出水边)，就会在出水边后形成卡门涡列。当涡列的尺度合适，吸附了水中溶解的空气时，则涡列可见。

卡门涡的脉动频率为

$$f = C\frac{w_2}{\delta_2} \tag{2-40}$$

式中：w_2 为叶片出口边缘的相对流速；δ_2 为叶片出口边缘的厚度；C 为与雷诺数 Re 有关的系数，C 一般为0.2。

从式(2-40)可看出，卡门涡的脉动频率与水轮机工况(由 w_2 反映出来)和叶片出水边厚度有关。当卡门涡列的频率与绕流部件的固有频率接近时就会发生共振，剧烈的振动会使叶片产生疲劳裂纹。共振的危害如下：

(1)使绕流部件因动力响应而产生高频动应力，短时间内即发生疲劳破坏。

例如，我国黄坛口电站采用美国早期转轮 HL310－LJ－230，机组容量为8 000 kW。1958年四台机相继投入运行，经常出现振动与啸叫声，多次试验表明，振动的根本原因是叶片出水边卡门涡列频率与叶片自振频率接近时发生了共振。由于长期振动，1962年检修时发现四台转轮叶片普遍发生了严重裂纹，裂纹最长达370 mm，宽1 mm。1968年对3号机进行了振动测量，发现导叶开度在70%以上，随着开度增大振动逐渐加剧，其自振频率为122 Hz，在空气中测得叶片的自振频率为156.5 Hz。还有洪门等电站的水轮机也出现过类似问题，都是曾因在转轮叶片出水边之后，当机组带较大负荷运行时，出现强烈振动和噪声，转轮叶片很快产生裂纹破坏。

又如云南大朝山水电站在投运初期，就因卡门涡引起振动使叶片裂纹破坏。国外也曾发生多起卡门涡致使固定导叶产生裂纹的事故。

(2)使频率相近的邻近部件发生共振响应。

如丹江口、小浪底、岩滩等电站，水轮机固定导叶后的卡门涡列都曾引起导水机构明显振动，甚至造成个别剪断销破坏、连杆销移位等事故。

(3)产生很大的噪声。如大朝山电站转轮叶片发生卡门涡共振时，水轮机室内伴随有强烈的金属蜂鸣声，其噪声最高达113 dB。

2.3.3.2　卡门涡列的防治措施

(1)削弱引起卡门涡共振的转轮叶片或固定导叶出水边的厚度,并适当改变其形状,改变卡门涡的频率,以避开共振。

(2)在叶片间加支撑,以改变叶片的自振频率。

(3)在水轮机设计阶段,预测卡门涡的频率、叶片与导叶的固有频率,使其相互错开。目前这方面的预测还是有很多困难的。

据统计,卡门涡和叶片发生共振主要是由于叶片出水边较厚引起的。国外 20 世纪 30 ~ 40 年代这类问题比较多,后来通过原型、模型试验弄清了原因,减小了叶片的出水边厚度,使卡门涡频率与叶片自振频率错开。图 2-38 为我国黄坛口水轮机叶片改型前后的简图。

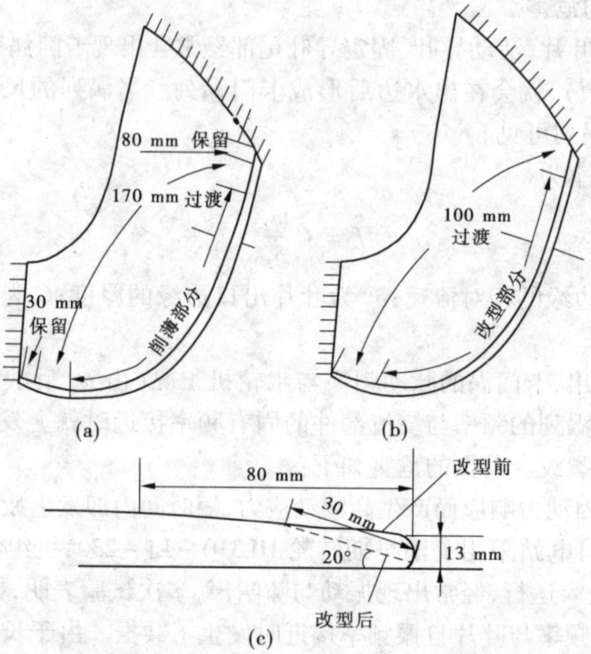

图 2-38　黄坛口水电站 HL310 - LJ - 230 叶片改型前后

固定导叶也会因卡门涡而引起横向弯曲振动和扭转振动。瑞士的洛西水电站为混流式水轮机,直径 4.85 m,机组容量为 1.84×10^4 kW,转速 128.6 r/min,水头 91.5 m。投产 8 个月后,发现四个固定导叶出水边上下根部均产生了裂纹,测试结果如图 2-39 所示。随机组出力 P 变化,出现两个应变 $\bar{\varepsilon}$ 峰值,相应振动频率 f_1 = 80 Hz, f_2 = 150 Hz,分别为固定导叶的一阶和二阶固有频率。

当固定导叶卡门涡频率与前二阶固有频率重合或接近时,将产生共振。曾针对此问题进行了强度试验,如图 2-40 所示。从图中加筋钢板的疲劳寿命曲线可看出,应力循环次数 $N=10^6$ 时,水中破坏应力值 σ_a 略低于空气中的 σ_a 值。但当应力循环次数增加至靠近 10^7 时,空气中 E36 钢材的破坏应力 σ_a 不再降低,而在水中,由于水介质中的化学作用,破坏应力将随应力循环次数增加而降低。

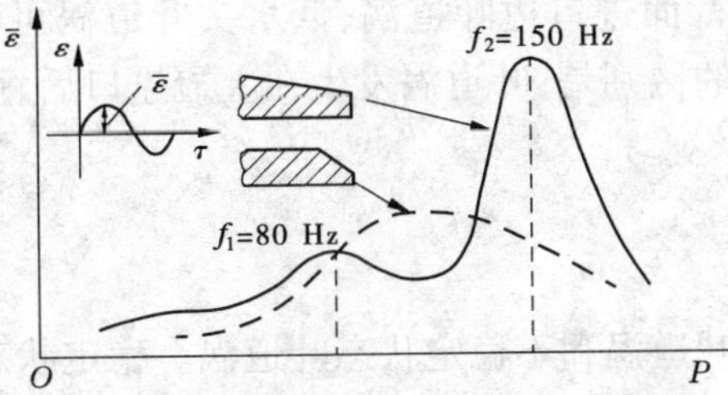

图 2-39　固定导叶改型前后应变曲线

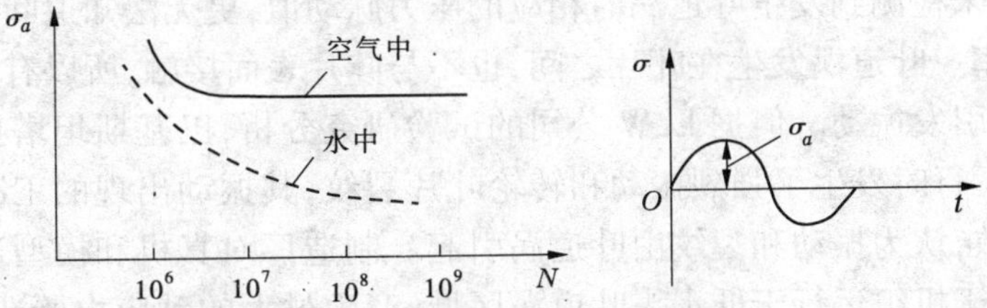

图 2-40　固定导叶破坏应力曲线

消除固定导叶卡门涡的办法与水轮机叶片相似，方法如下：

(1)将原来的矩形叶尾削去一部分，如图 2-39 所示。改变叶尾卡门涡频率并降低激扰力，使交变应力大为降低。总结已有的实践结果，大多数固定导叶修型后收到良好的效果，但因固定导叶细长，少数导叶修型后仍有振动。

(2)固定导叶间加筋板，以提高固定导叶的固有频率，使之与卡门涡激扰力频率错开。如洛西水电站在固定导叶之间加筋板后，导叶的刚度和强度均有增加，加筋板后的最大动应力幅值不超过加筋板前的 5%，收到了比较满意的效果。由于加筋板增加了水力损失，使水轮机效率降低了 0.2%。

2.4　叶道涡引起的水力不稳定

长期以来，人们对尾水管涡带和卡门涡列引起机组振动比较熟悉也比较关心，但随着国内外大型混流式水轮机的投运，不断发现除上述两种涡之外的水压力脉动，这就是叶道涡。

2.4.1　叶道涡的发生机理

混流式水轮机在偏离最优工况时，叶片进口的冲角增大，如果水流冲角过大，会导致叶片头部脱流(还会出现空化)，形成叶道涡，进而可能产生中频或高频的水压脉动。

来流在设计水头以上为正冲角，脱流发生在上冠叶片进口的背面；来流在设计水头以下是负冲角，脱流发生在上冠叶片进口的正面。叶道涡就起源于偏离最优工况后上冠进口处的脱流，分为高水头叶道涡和低水头叶道涡。叶道涡的顶部边界是上冠过流表面，下端可通向尾水管。如仅从尾水管或转轮出口进行观察，只见到两种叶道涡都是从叶道间流出的，很容易把它们看做是同一个叶道涡，实际上造成高低水头脱流的条件是不同的。

故高水头叶道涡亦可称为背面进口边叶道涡,低水头叶道涡可称为正面进口边叶道涡。与通常所称的进口边空化的区别是,叶道涡发生在上冠进口后,而进口边空化则发生在靠下环进口边之后。

2.4.2 叶道涡的危害

叶道涡分为稳定状态叶道涡和不稳定状态叶道涡。稳定状态叶道涡一般不会产生有害振动;而不稳定状态叶道涡时隐时现,产生压力脉动和不规则的水力冲击。当叶道涡发展比较严重时,可能会形成比较粗大的涡带,而且其尾部相当不稳定,噪声比较大。到目前为止,人们尚未检测到发生叶道涡时相应的压力脉动值,更无法知道叶道涡所产生压力脉动的具体频率。叶道涡发生在叶片之间,也不与叶片表面接触,所以有人认为它不会引起空化,也不会引发振动。但据 E. W 公司的试验研究分析,巴基斯坦塔贝拉水电站的水轮机在高水头运行时发生了强烈振动和转轮叶片裂纹,其振动出现的工况与叶道涡发生的工况完全一致,认为振动和裂纹由叶道涡引起。制造厂对真机和模型进行试验分析后认为,裂纹是由于机组运行于低水头叶道涡区域,产生过大的动应力所造成的。GE 公司为龚嘴水电站改造的两台水轮机运行在部分负荷时,水轮机发生了强烈噪声,后采取强迫补气而得以解决,经模型试验复试后,认为这种噪声也可能来源于叶道涡。所以,对叶道涡的危害还要给予充分的重视。

2.4.3 叶道涡发生的判断

在转轮模型试验中,叶道涡的发生一般是这样判断的:随着水轮机工况的变化,当2~3个叶片间同时开始出现可见的涡流,则认为在该工况下发生了初生叶道涡,不同工况下初生叶道涡发生点的连线称为叶道涡初生线;当所有的叶道涡间都开始出现涡流时,则认为叶道涡在该工况开始发展,不同工况下叶道涡发展点的连线即为叶道涡发展线。通常要求叶道涡发展线必须远离规定的机组运行区,而叶道涡初生线也只能在高水头小负荷工况的极小范围内存在。

2.4.4 叶道涡的预防措施

(1)优化水轮机水力设计,特别是转轮上冠处的型线和叶片头部的叶型。

(2)为了便于躲开高水头叶道涡,水轮机最优水头(设计水头)应尽可能接近最高水头。

(3)在水轮机顶盖上预留压缩空气补气孔,必要时补入压缩空气消除振动和噪声。

(4)机组尽量避开在水轮机叶道涡发生区运行。

2.5 导叶数和叶片数耦合引起的振动

在水泵水轮机转轮的动应力研究中发现,导叶尾流冲击转轮叶片所产生的脉动激振力,在不同出力时,都有一个频率为 z_0n 的峰值(n 为机组转速,z_0 为导叶数),从而引起转轮叶片上较大的动应力。这种激振力具有不同振型,又有一定的时滞和相滞,时滞和相滞

取决于导叶数 z_0 和叶片数 z_1 的组合。叶片数、导叶数和振型的关系为 $jz_0 \pm k = mz_1$（j、m 为任意整数，k 为振型节点数），转轮叶片的动应力频率为 $jz_0n/60$。

当水流通过导叶叶栅时，水流受到排挤，在圆周上形成周期性分布的不均匀流场，引发叶片数频率与转速乘积频率的压力脉动。有研究指出，江垭水轮机的导叶区曾测出过这类压力脉动，只因幅值较小而没有引起注意；岩滩水轮机转轮进口的脱流使叶片二阶频率的振动能量得以放大，是电站发电机层楼板产生强烈振动的主要原因，通过改变转轮叶片数，改进叶片头部形状，使楼板强振消除。

在常规水轮机中，虽然这种压力脉动幅值较小，但频率很高，常更容易引起共振和疲劳。对于高水头混流式水轮机，若设计不当，这种压力脉动的幅值可能会变得很大。所以，在进行大型混流式水轮机转轮可靠性设计时，这类压力脉动应给予充分重视。

2.6 过渡过程中的不稳定现象

当水轮机工况发生变化时，会产生水力过渡过程，机组往往发生各种振动。水力过渡过程包括小波动与大波动过渡过程。在小波动过渡过程中，靠水轮机调速器调节能够很快达到稳定；而在大波动过渡过程中，如机组启动、停机、负荷突然增减、突甩负荷、同步调相、事故飞逸等过程中，通过水轮机的水流状态必然更加紊乱、复杂，不但会引发水力不稳定现象，还可能在转轮等部件上产生多种高频动应力。当这种力或力矩的振动频率与机组零部件的某个自振频率相同或接近时就会发生共振，会激发出更大的力或力矩。由于过渡过程时间较短，机组振动一般属于有阻尼自由振动，当机组进入正常运行状况后，这种振动会逐渐衰减。

据报道，俄罗斯萨扬舒申斯克水电站机组启动过程中，转轮上的动应力可达 ±50 MPa，机组停机过程中的动应力数值也不小。国内一些机组也遇到了类似问题，具体如下。

2.6.1 启动过程中的不稳定现象

例如，小浪底电站的水头范围为 68 ~ 141 m，为了适应如此大的水头变幅，混流式水轮机水力设计上采取了厚大的叶片头部型线。运行初期，6#、5#机组在启动过程中，叶片产生裂纹，裂纹形态带有明显扭转破坏特征，叶片承受的动应力最高达 ±280 MPa，频率为 12.75 Hz，叶片动应力与主轴扭应变力同频（也为 12.75 Hz），叶片进水边水流产生的弹性力振动与轴系扭振自振频率发生了共振。仅经数次启动，叶片出水边与上冠相交处的高应力区即产生严重裂纹。后采取补入压缩空气的措施才得以解决。

宜兴抽水蓄能电站的水泵水轮机，第一次水泵工况启动时，发生强烈振动引起导水机构损坏。采取改变导叶开启规律的措施后，水泵才正常投入运行。

2.6.2 停机过程中的不稳定现象

例如，小浪底电站多泥沙，为延长叶片的使用寿命，出水边的设计厚度为 37 mm。6#、5#机组停机过程中，当机组转速下降到 60% ~40% 甚至到 20% 额定转速时，由叶片搅动水流所产生的卡门涡与叶片的高阶自振频率耦合而发生共振，水轮机发出大轴每转一次的规律性异常刺耳的尖叫声。叶片动应力频谱分析可见到叶片一、二阶弯振频率分别为 55 Hz 和 83 Hz。削薄叶片出水边厚度到 7 mm 时，噪声消失。

三峡左岸 ALSTOM 供货的 5#、6#机组，在进行过速试验紧急停机过程中，当导叶关闭到约 4% 开度时，机组出现强烈振动，引起剪断销破断事故。采取提高接力器第三段关闭的起始点（从 6.4% 提高到 8%），以降低导叶关到 4% 左右开度时的机组转速；延长接力器第三段关闭时间；消除控制环的跳动现象等措施后，设备运行正常。

三峡右岸 26#机组，第一次过速试验时发生了类似 5#、6#机组的情况，这是由水轮机的水力特性与第三段关闭规律不配套所致。采取上述提高接力器第三段关闭的起始点（从 6.4% 提高到 8%），以降低导叶关到 4% 左右开度时的机组转速；延长接力器第三段关闭时间两项措施后，消除了振动。

2.6.3　机组快速增加负荷过程中的不稳定现象

例如，2003 年 1 月天荒坪抽水蓄能电站 2#机组带 200 MW 负荷发电运行，当负荷快速增加到 300 MW 后不久，机组发生抬机，且维持运行约 10 min 后才自动落下，造成水轮机转轮上迷宫环磨损、发电机推力轴承盖板加强筋焊缝开裂、推力头表面出现划痕。本次事故的确切原因虽然没有查明，但机组快速增加负荷使转轮轴向水推力发生变化，在不明外因的诱发下引起转轮抬机的假设，对此事故的解释是有一定说服力的。

2.6.4　机组甩负荷过程中的不稳定现象

众所周知，甩负荷过程中水力不稳定（也包括电气因素）的原因，使机组轴系等部件的振动、摆度急剧增大，径向力、轴向力也同时发生大幅度变化。直到目前，人们只关心甩负荷过程中输水系统的压力变化和机组的转速变化，很少注意到由于水力不稳定所可能在水轮机等部件上引起的动力响应和动应力的问题。

总之，目前大巨型机组、抽水蓄能机组在电网中的作用日益重要，它们的稳定运行显得更为重要，对于上述大波动过渡过程的问题必须予以更广泛的重视，才能确保大型水轮发电机组安全、稳定运行。

2.7　水力不平衡引起的振动

若在转轮范围内，水流失去轴对称，就会产生一个不平衡的横向力作用在转轮上而引起振动。经常遇到的就是过流部件轮廓不对称，它会引起水流失去轴对称。如由于转轮加工质量不好、叶片开口和导叶开度不一致或不均匀，引起水流的不对称；转轮上冠、下环的偏心和摆度引起迷宫环间隙不对称；蜗壳设计与安装不良，造成蜗壳来流不对称；流道中有杂物，引起转轮来流不对称等。

2.7.1　蜗壳中的不均匀流场

由于结构的需要，在水轮机进水流道中有时布置一些必要的水工建筑物，如导流墩等,在某些工况下进水不均匀,造成旋涡进入蜗壳,这些分散的小旋涡有可能汇集成较大的涡带进入转轮而引起振动。低水头电站出现这种情况较多。

这种涡带属于 2.1 节中所说的中频涡带,有时和发电机机架的自振频率接近,会引起机组剧烈的共振,其频率用式(2-2)计算。

实际的蜗壳水流并不均匀,并不像理论假说的那样,尤其是混凝土蜗壳,其断面形状和包角对水流的不均匀影响很大。包曼曾对按 $v_u r = \text{const}$ 和 $v_u = \text{const}$ 两种规律设计的蜗壳问题进行了研究,沿周向和高度的流速分布都是不均匀的。图 2-41 为全包角蜗壳($\varphi = 360°$),其径向流速 v_r 的不均匀度达 20%(不均匀度用$(v_{r\max} - v_{r\min})/v_{av}$求得,$v_{av}$ 为蜗壳径向平均流速)。图中 v_u 为切向速度分量。

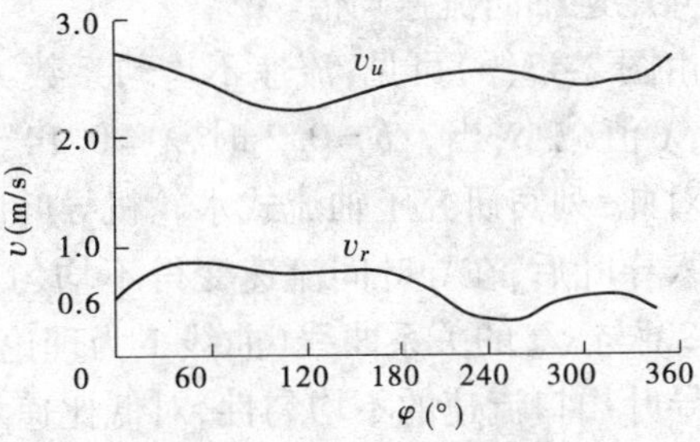

图 2-41　蜗壳出口流速分布

米哈伊洛夫对 $\varphi = 135°$蜗壳中水流规律进行了研究,如图 2-42 所示。图 2-42 (a)中从第 1 点到第 8 点蜗壳出口周向速度 v_u 尚均匀,到第 13 点周向流速等于零。从第 14 点到第 18 点周向流速为相反方向。因此,在蜗壳鼻端(如 18 点)易产生撞击进口水流,从而引起转轮振动;图 2-42(b)为蜗壳出水断面上径向流速沿高度的变化曲线。很明显,上梯形断面蜗壳的径向流速分布较下梯形断面蜗壳要均匀,另外下梯形断面蜗壳在底环处速度最大,这也是导叶底环经常磨损的原因。

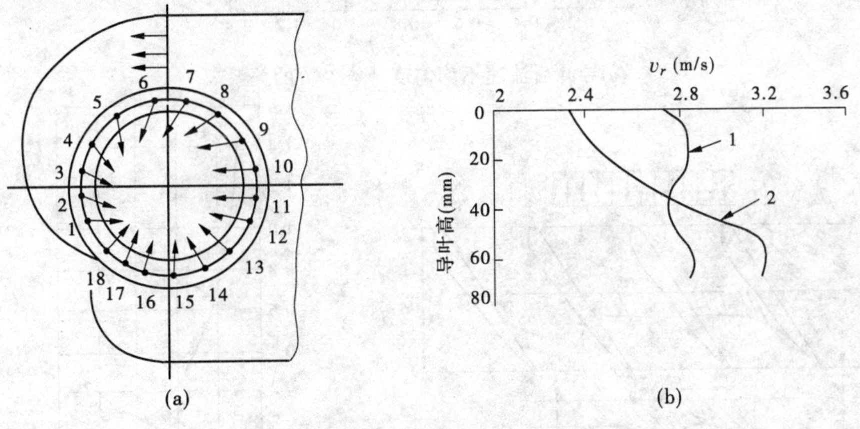

图 2-42　模型蜗壳内流速不均匀分布图

1—上梯形断面蜗壳; 2—下梯形断面蜗壳

2.7.2　导叶后的不均匀流场

导叶造成的水流不均匀,引起导叶出水边处边界层脱流,形成涡带。导叶尾迹流动如图 2-43 所示,图中 v_∞ 为导叶前来流速度(假设为均匀流), v_0 为导叶间的水流速度,t 为导叶栅距,b 为导叶高度,s 为导叶尾迹距导叶出口的距离。

导叶造成的尾迹流动不均匀度,可用流速不均匀系数 λ 表示,为

$$\lambda = \frac{\Delta v'_{r0}}{2v'_{r0av}} = \frac{v'_{r0\max} - v'_{r0\min}}{2v'_{r0av}} \tag{2-41}$$

式中:$v'_{r0\max}$、$v'_{r0\min}$ 分别为导叶尾迹最大轴向流速与最小轴向流速($\Delta v'_{r0}$ 为二者的差值);v'_{r0av} 为导叶尾迹轴向流速均值。

由图 2-43(a)可见,流速不均匀系数 λ 只与 s/b 有关。当 $s/b=0.05$ 时 $\lambda>0.5$ 随 s/b 加大,λ 值减小;当 $s/b=0.2$ 时,$\lambda=0.14$。

对此,列宾研究了轴流式水轮机导叶的叶栅中流速分布,如图 2-43 (b)所示。均匀水流进入导叶后,在导叶间流速变得不均匀,流出导叶后又逐渐趋向均匀分布,图 2-43(c)表示 2λ 与 s/t 的关系曲线(曲线 1 为理论计算值,曲线 2 为实测值)。

导叶出口流速的不均匀性,对低比速水轮机意义比较大,因为比速愈低,转轮和导叶出水边的间隙愈小。对高比速混流式和轴流式水轮机,导叶出水边与转轮进口间有一定的距离,水流在此间隙中已调整得比较均匀了,故影响较小。

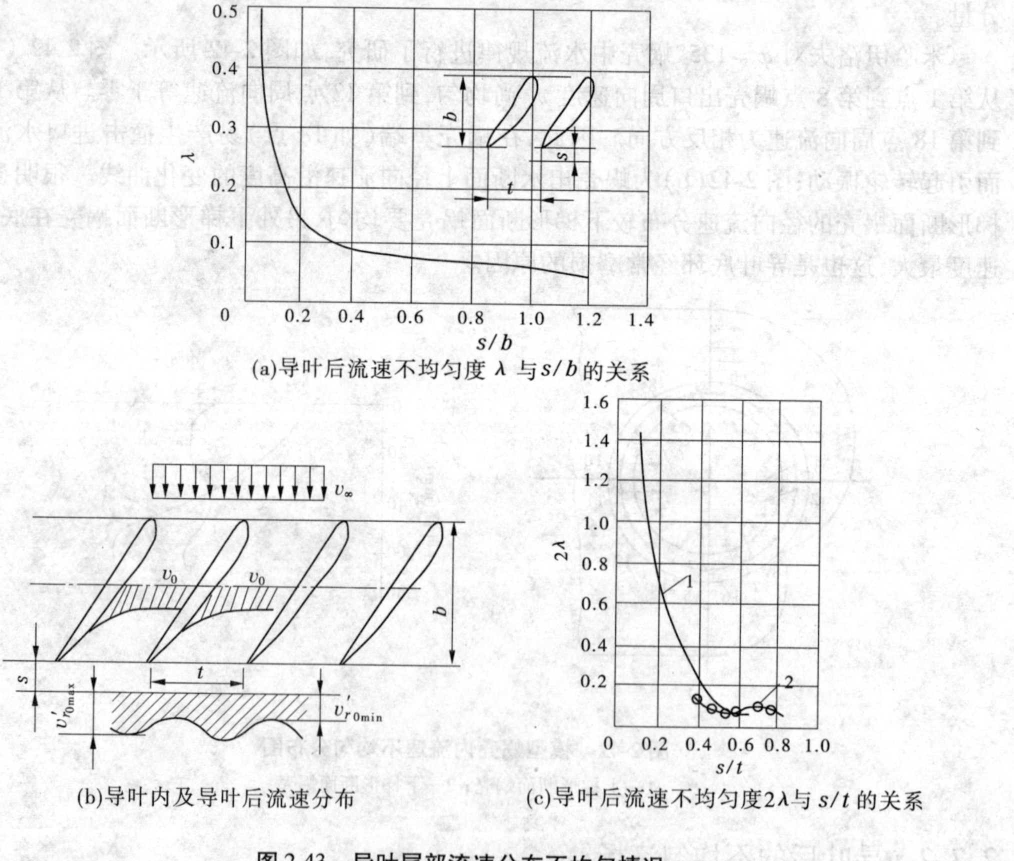

(a)导叶后流速不均匀度 λ 与 s/b 的关系

(b)导叶内及导叶后流速分布

(c)导叶后流速不均匀度 2λ 与 s/t 的关系

图 2-43　导叶尾部流速分布不均匀情况

由于导叶后的水流不均匀,作用在转轮上的水流扰动频率为

$$f = \frac{z_0 n}{60} \quad (\text{Hz}) \tag{2-42}$$

式中：z_0 为导叶数。

苏联学者研究指出，当环量沿导叶高度分布不均匀时将产生涡带，并从导叶的底部延伸到转轮中。涡带的另一端有时终结在转轮室壁上，形成空蚀坑，坑的数目和导叶个数相同，这种涡带造成了转轮进口速度及压力的不均匀。

此外，从导叶流出的涡流，在经过转轮叶片后，还可能会使叶片升力发生变化。

2.8　轴流式水轮机的叶片振动

近年来，随着机组容量和尺寸不断增大，刚度相对降低，轴流式水轮机的叶片振动问题已引起广泛的重视。由于进入叶片水流的干扰力，导叶与叶片的协联关系遭到破坏，叶片表面脱流或空化等，都会引起叶片振动，甚至引起破坏性事故。

轴流转桨式水轮机轮叶随导叶开度变化而变化，在一定导叶开度范围内，轮叶与导叶保持协联关系。但当导叶开度减小到过流量约为水轮机设计流量 1/3 以下时，轮叶不再随导叶关小而关小，而是处在定桨范围内。导叶小开度时，流经转轮室的水流，靠近轮毂的速度最大，压力低，其轮叶背面出口处真空度加大，形成一系列小旋涡和气穴。小旋涡和气穴汇集于旋转涡带中，使旋转涡带中心真空度加大。由于涡带摆动，引起叶片振动和机组振动。

另外，轮叶与导叶协联关系不正确时会引起以下问题：调速系统持续振荡过程；出力、转速振荡；转动部分扭矩和大轴变形而产生波动，使转子产生扭转振动；水轮机顶盖和发电机承重架会纵向振动；转轮叶片不再是无撞击进口，水流对叶片会产生冲击；在不断调节过程中，由于水流冲角随时变化，作用在叶片上的负荷及由此产生的叶片变形也相应变化。

再者，当环量沿导叶高度分布不均匀时将产生涡带，此涡带从导叶底部延伸到转轮中去。这种涡带形成转轮进口速度及压力分布不均，也易形成叶片振动。

另外，由于轴流式转轮叶片的工作面与背面存在着压力差，在轮叶外缘和转轮室之间的狭窄缝隙中，形成一股射流，其速度很高，而压力非常低。在转轮旋转过程中，转轮室壁的某一部分在叶片到达的瞬间处于低压，而在叶片离去后又处于高压。如此循环就形成了对转轮室壁相应部位周期性的压力波动，从而产生振动，导致疲劳破坏。这种狭缝射流引起的振动频率见式(2-2)。对于具有可拆卸段结构的转轮室，这种破坏更严重。同时狭缝射流还会使叶片外缘与转轮室壁产生间隙空蚀破坏。

除上面几节所述的水力原因引起的几种振动外，水力自激振动也不容忽视。关于水力自激振动，将在第 5 章中讨论。

本章小结

1. 水轮机过流部件中的水流运动很复杂，会产生各种水力扰动力，使机组产生交变的机械应力，引起机组振动，甚至引起功率摆动。

2. 水力振源包括两方面：一是由于过流部件中流场的速度分布不均匀所产生的压力

脉动;二是水流流过某些绕流体后,脱流的旋涡所诱发出的压力脉动成为振动的激振源。

3. 尾水管中压力脉动产生的主要原因是低频涡带,但还存在着一定的中高频压力脉动。低频涡带一般在部分负荷工况时才发生,是混流式和轴流定桨式水轮机普遍存在的振源之一。

4. 尾水管压力脉动的防治措施:优化水力设计,避开振动工况区运行,改变水流的流动和旋转状况,向尾水管涡带区补气。

5. 卡门涡列是发生在绕流物体尾部后的旋涡,是水流绕流物体表面时边界层脱流而引起的,是引起水轮机叶片、导叶和固定导叶振动的振源之一。

危害:(1)使绕流部件因动力响应而产生高频动应力,短时间内即发生疲劳破坏;(2)使频率相近的邻近部件发生共振响应。

防治措施:(1)削弱引起卡门涡共振的转轮叶片或固定导叶出水边的厚度,并适当改变其形状,改变卡门涡的频率,以避开共振;(2)在叶片间加支撑,以改变叶片的自振频率;(3)在水轮机设计阶段,预测卡门涡的频率、叶片与导叶的频率,使其相互错开。

6. 混流式水轮机偏离最优工况时叶片进口冲角增大,水流在上冠叶片进口的正面或背面发生脱流而形成旋涡,该类涡位于叶道中,故名叶道涡。

危害:发展比较严重的叶道涡有可能形成比较粗大的涡带,其尾部相当不稳定,有可能引起噪声、振动和叶片裂纹,也应引起重视。

预防措施:(1)优化水轮机水力设计,特别是转轮上冠处的型线和叶片头部的叶型;(2)为了便于躲开高水头叶道涡,水轮机最优水头应尽可能接近最高水头;(3)在水轮机顶盖上预留压缩空气补气孔,必要时补入压缩空气消除振动和噪声;(4)机组尽量避开在水轮机叶道涡发生区运行。

7. 导叶数和叶片数耦合也会引起振动。

8. 机组过渡过程中的不稳定现象主要有:启动过程中的不稳定现象,停机过程中的不稳定现象,快速增负荷过程中的不稳定现象,甩负荷过程中的不稳定现象等。

习　题

2-1　水力振源引起的振动可能有哪些危害?有哪几类水力振源?

2-2　尾水管内涡带可能有哪几种频率?

2-3　尾水管低频涡带产生的机理是什么?有哪些现象?一般在何工况下可能出现?

2-4　混流式水轮机偏离最优工况后转轮出口速度三角形如何变化?试分析对尾水管涡带的影响。

2-5　衡量尾水管中低频涡带强弱的参数有哪些?

2-6　消除尾水管中涡带的措施有哪些?举例说明。

2-7　尾水管补气有哪些方法?哪种效果比较好?哪种操作比较方便?

2-8　卡门涡列产生的机理是什么?是如何引起机组振动的?有何危害?如何防治?

2-9　什么是叶道涡?有何危害?如何防治?

2-10　卡门涡与叶道涡有何区别?它们发生的部位如何?哪些部件可能发生这两

种涡?

2-11　从导叶传出噪声,可能发生了什么问题?

2-12　转轮叶片发生裂纹,可能是哪些原因引起的?

2-13　转轮区有涡带产生,可能由哪些原因引起?

2-14　尾水管内传出噪声,引起振动,可能由哪些原因引起?

2-15　现代大型水轮机,对运行工况多有要求与限制,这样做是为了什么?

2-16　一般将水轮机运行工况分为哪几个区域?

2-17　导叶出流的不均匀流场发生的原因是什么?

2-18　机组过渡过程中的不稳定现象有哪些?有哪些危害?如何避免?

2-19　大型混流式机组可能会存在哪些水力振动问题?试举一些你所知道的例子进行分析。

第3章 水轮发电机组机械振动分析

从结构方面看,水轮发电机组由转动部件、固定部件和支承部件组成,这些部件中的任何一个存在机械缺陷时都可能引起机组振动,而这些缺陷可能在设计、制造、安装过程中产生。水轮发电机组可能产生振动的主要部件有转动部件、上机架、下机架、顶盖等。轴系振动在机组振动中占有突出地位,它有两种振动形式:弓状回旋和摆振。

3.1 概 述

水轮发电机组的旋转部件和支承结构都是按轴对称布置的,以保证机组旋转过程中的稳定性。如果由于机组的机械原因而产生干扰力,致使机组运行不稳定,那么这种振动就称为机组的机械振动。

水轮发电机组的各部件,在设计、铸造、加工、运输、安装及检修过程中,如果没有严格按照有关标准执行,就会产生许多机械方面的干扰力而致使机组振动。主要原因是水轮机和发电机的结构不良或制造、安装质量较差造成的。

在机组的制造与加工过程中,如果存在材质不均匀、制造水平与加工精度低等问题,机组可能会产生质量的不平衡,在机组运转过程中将产生周期性的干扰力,使机组产生周期性的振动,如转轮铸造时存在质量不均匀与夹渣气孔问题,会造成回转部件的振动;转轮机械加工的偏差会导致其重心不在回转轴线上。

主轴刚度设计不合理,轴线曲折、倾斜,主轴中心线安装不对正,发电机转子与励磁机转子不平衡,联轴器松动等都可能形成弓状回旋,会造成机组静、动不平衡;在安装与检修时导轴承的间隙调整不恰当,推力轴承安装不良,还有转动部件和固定部件不同心等原因,都会影响主轴正常运转。

此外,在机组运行过程中还会出现某些机械缺陷和故障,如转轮水封止水片脱落、导轴承螺丝松动使轴承间隙不等、转子磁轭固定不牢等,都会导致机组产生机械振动。还有一些机组在运行初期是稳定的,但随着运行时间的延长,转轮因空蚀或泥沙磨损而引起局部母材丢失,造成转轮质量不平衡,即使经大修补焊后还可能存在转轮质量的不平衡。

所有这些静力不平衡质量,将产生惯性离心力,对主轴系形成周期性横向弯曲力矩,使主轴弯曲变形,产生振动与噪声,使机组运行不稳定,并降低机组寿命。

机械缺陷与故障引起的振动有共同的特点,其振动频率多为转频或转频的倍数。不平衡力一般为径向水平方向,引起机组沿径向摆动,多是由于立轴机组轴线曲折、轴的弹性变形、导轴承间隙等原因引起的。

对于水力发电机组,其机械振动的机理、振动的各种特征以及对机组的影响,均与一般旋转机械的振动没有本质上的差别。值得注意的是,大中型水力发电机组一般是立轴式的,各部导轴承不承受静荷载,轴颈无静偏心,这与一般卧轴式旋转机械是不同的。

机械故障的偶然性和多样性，不像水力或电磁振动那样有一定的规律，要识别它们，还需要对机组各部件的结构、性能、加工、安装工艺等有一定的了解，此外，工程实践经验和同类电厂故障的积累也有助于迅速识别和排除故障。机械不平衡现象是较普遍存在的，尤其高水头和高转速机组的不平衡问题更显得突出，是构成机组的主要振源之一。

3.2　机组轴系的概念

3.2.1　轴系

水轮发电机组的机械部分包括两方面：转动部分（即轴系）、支承和固定部分，如图3-1所示。

所谓轴系，即机组的转动体，由主轴和安装于主轴上的各转动部件组成，主要功能是转动并传递转矩。主轴主要包括水轮机轴、发电机轴及二者之间的连接法兰等，转动部件主要包括水轮机转轮与发电机转子。

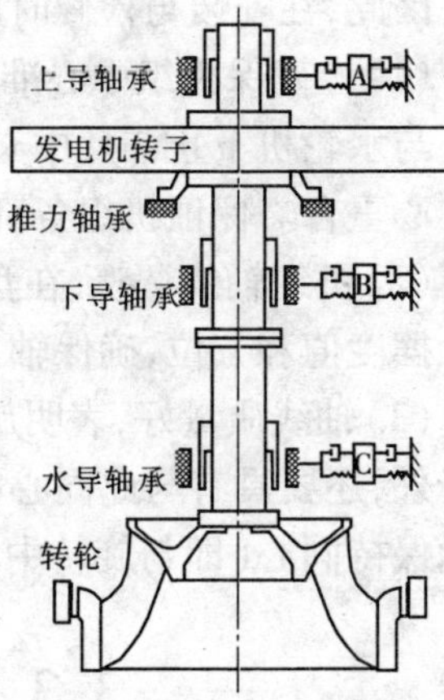

图3-1　水轮发电机组主轴系力学模型示意图

支承和固定部分，指围绕机组轴系运行的支承部件和固定部件。主要功能是限制轴系在预定位置范围内运动，承受并传递径向力和轴向力到基础。

支承部件，包括上导轴承、下导轴承、水导轴承和推力轴承。三个导轴承的主要作用是固定机组的轴线位置、承受主轴传来的径向力和振动力，推力轴承主要承受机组的轴向力。

固定部件即指机组的承重机架（上机架、下机架、推力支架、顶盖或支持盖）。

3.2.2　机组轴系的三个中心

3.2.2.1　三个中心的概念

所谓机组轴系三个中心，是指机组中心、旋转中心及主轴中心线。

机组中心，是指机组各个固定部件（即发电机定子、机组上机架和下机架、水轮机顶盖及上止漏环和下止漏环等部件）的中心连线。机组中心为机组设备安装中心。对于悬式机组，一般将发电机定子中心与水轮机上、下止漏环中心连线，作为衡量机组中心的好坏标准，即定为机组中心。

旋转中心，是指机组运行时，推力轴承的镜板平面的中心垂线。或者转动部件旋转一周时，最大摆度之间的中心点，称为机组运行的旋转中心。旋转中心是否垂直，取决于推力轴承瓦面的水平度。如果镜板平面旋转是水平的，那么机组运行的旋转中心是垂直的；反之，推力轴承镜板斜面运行，机组运行的旋转中心不垂直。

主轴中心线，是指水轮机轴与发电机轴中心的连线，简称为轴线。

3.2.2.2　对三个中心的要求

机组中心、旋转中心及主轴中心线是机组轴系稳定运行的基本要素，要求三者尽量保持在一条直线上。要想保持三个中心在一条直线上，必须保持轴系与支承部件的运行状态良好，振动量在允许范围内。机组轴系运行的三个中心，任何一个出现偏差，都会影响机组轴系运行的稳定性。

支承和固定部件对轴系运行状态有着密切影响。在运行时三部导轴承(上导、下导、水导)或二部导轴承(上导或下导、水导)间隙抗顶螺栓受力均匀与否，径向受力大小以及推力轴承瓦块受力均匀与否，支承部件的好坏，轴向水推力大小都会影响到轴系旋转中心与机组中心的重合；机组的承重机架是承受机组转动部件重量及轴向水推力的重要固定部件，它们的状态不但涉及机架受电磁力干扰而引起的受力变化，而且又涉及由于设计制造方面所导致的机架刚度不足，固有频率降低，诱发运行机组产生共振。

因此，在安装与检修时应注意：

(1)应确保机组中心准确可靠。使机组各个固定部件中心(含发电机定子中心、轴承中心与水轮机下止漏环中心)在同一垂线上(即公差范围内的同心)，保证旋转中心与机组中心重合。保证机组各部位气隙、间隙均匀，减少水轮机水力干扰和发电机电气干扰。

(2)机组轴线调整，在盘车计算时，要准确定位机组的旋转中心，确定好轴系运行的最大摆度值和方位，确保轴系运行的垂直度和直线度。

(3)轴线质量好，表明旋转体自身达到合格的标准，但是机组轴系运行时，除旋转体本身外，还要具有与此同心的支承体(即导轴承)，也就是要与立式机组三部(或两部)导轴承保持同心(即与旋转中心重合或平行)。

3.3　机组轴线不正或对中不良

机组轴线不正或对中不良包括：发电机上端轴和转子中心体不同心；转子中心体和发电机轴不同心；水轮机轴和发电机轴的轴心不成一条直线；转轴弯曲、偏心，或轴线曲折；发电机定、转子不同心；推力轴承滑动面与转轴不垂直；转子与轴承承载后的变形；水轮机上、下止漏环不同心等。

机组轴线不正的主要表现形式是轴线与推力轴承底平面不垂直。由于机组转子的总轴向力不通过推力轴承中心，就产生一个偏心力矩。随着转子的旋转，偏心力矩也同时旋转，使各支柱螺栓受脉动力，其脉动频率与转速频率相同，从而产生推力轴承各支柱螺栓的轴向振动，转子也就随之产生振摆。

轴线不正也是引起径向振动的原因。其特征为机组在空载低转速运行时，机组便有明显振动。

当大轴在法兰处对接不好，大轴有折线时，若导轴承影响大轴自由旋转，将迫使大轴弯曲，而将此弹性力传给导轴承和支承结构，从而引起机组振动；若励磁机轴和发电机大轴有倾斜，则励磁机转子重心与机组转轴不一致，将引起推力轴承的激扰力。

但对于混流式水轮机，在出力增加时，作用在转轮上的轴向水压力也加大，往往使机组振动有所减弱，这是轴向水压力增加，致使大轴折线拉直的缘故。

在旋转机械中最理想的是机组中心、旋转中心及轴线三者重合，最不理想的是机组中心、旋转中心与轴线不重合的状态，介于二者之间的是旋转中心与机组中心重合。机组轴线不正会产生不平衡离心力，增大转子弓状回旋半径，引起迷宫环中较强的压力脉动，有时还会引起自激振动。有的电厂运行检修经验表明，有些不对中的情况会产生两倍频的附加径向力和摆度，还会有一个转频的附加轴向力作用在推力轴承上。

机组轴线不正或对中不良引起的振动，主要特点有：

(1)振幅与机组出力无关，在空载下也振动。

(2)振幅对转速不敏感，通常在60%～100%额定转速范围内振幅都比较大。

(3)转轴的径向振动最为明显。

(4)振动频率为转频和倍转频，其主频为转频。

预防措施：①提高制造精度和制造质量；②提高安装水平，消除机组轴线、发电机定子和转子、水轮机上下止漏环对中不良，轴线曲折、偏心，推力轴承垂直度不好等缺陷。

3.4　转动部件质量不平衡与转子的弓状回旋

水轮机发电机组转动部件(即轴系)质量不平衡，会产生弓状回旋，是造成机组振动的常见原因之一。

3.4.1　转动部件质量不平衡

机组转动部件存在的质量不平衡可分为静态不平衡和动态不平衡两类。

静态不平衡，是指机组转动部件在制造加工过程中因材质不均匀、毛坯缺陷、加工质量不好，或在安装与检修阶段，安装装配时存在各种偏差，转动部分重心不在中心线上(如轴线曲折，轴线与推力镜板不垂直，镜板和推力轴承不水平，各种轴承不同心、不平衡等)，在静态时其重心偏离旋转中心，形成一个质量偏心。

动态不平衡，是指机组转动过程中存在质量偏心或不平衡力偶，或原本质量不偏心但运行一段时间后，由于振动使零部件磨损、松动、位移、脱落等造成质量不平衡，在机组旋转时质量偏心会产生不平衡离心惯性力。例如，由于发电机转子磁轭紧量不足，运行中磁轭径向外移而造成的质量不平衡；对于转速高而转子又长的机组，在转子垂直平面上还可能出现不平衡力偶。

不平衡离心惯性力的方向随机组旋转速度而变化。在频谱图上，旋转的频率与幅值变化，往往是不平衡力引起的。

当质量偏心部件旋转时产生的不平衡离心惯性力，会引起转子弓状回旋，增加轴承磨损，降低机械效率，形成转子和轴承的振动，甚至引发破坏性事故。因此，为了避免产生这些不良后果，在制造加工与安装检修过程中，必须严格控制转动部件的不平衡质量在合理的误差范围内。若存在或出现质量不平衡，需要采取相应的配重措施来消除。

存在质量偏心的部件，常见的有水轮机转轮和发电机转子。水轮机转轮一般在出厂前或检修后进行静平衡配重试验，发电机转子一般在试运行前进行动平衡配重试验。究竟如何配重，将在3.13节中介绍。

3.4.2　转子的弓状回旋

转子一般是机组中尺寸最大和最重的部件之一，如果在其制造、安装与检修过程中存在质量不平衡，旋转时会产生强大的离心力，将会使转子部分产生所谓的弓状回旋，如图3-2(a)所示，图中 s 点为转子的质量偏心点，e 为转子的质量偏心距。注意，弓状回旋是一种横向振动，振动时转子中心绕某一固定点 O 做圆周运动，其半径 r 即为转子的径向振幅或摆度。

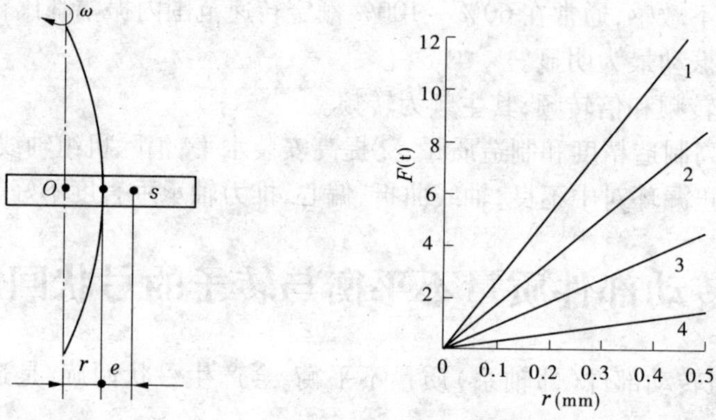

(a)弓状回旋示意图　　(b)转子弓状回旋半径与附加离心力的关系

图3-2　转子的弓状回旋

当转动角速度 ω 很小时，转子弓状回旋的半径 r(即挠度)也很小；随着 ω 的升高，r 也明显增大；当 ω 接近临界角速度时，r 剧烈增大，产生共振；当 ω 超过临界角速度很多时，r 值则又明显减小。

在其他条件不变时，发电机导轴承间隙的大小直接决定着转子弓状回旋的半径，基本上是间隙有多大，摆度幅值就有可能多大。如图3-2(b)所示，为几个电站的弓状回旋半径与附加离心力的关系，图中曲线1为渔子溪电站机组(转速为500 r/min，转子重87 t)，曲线2为红林电站机组(转速为375 r/min，转子重31 t)，曲线3为刘家峡电站机组(转速为125 r/min，转子重560 t)，曲线4为葛洲坝电站机组(转速为54.6 r/min，转子重864 t)。导轴承间隙增大，临界转速降低，如渔子溪由1 100 r/min到576 r/min，葛洲坝由276 r/min到162 r/min。导轴承间隙增大，大多是在机组运行一段时间后出现的，主要原因：一是径向不平衡力较大，二是轴瓦支持部件的设计不够合理。

为避免出现危险的共振现象，应使机组运行转速低于临界转速。一般大中型机组转动部分的临界转速设计值都大于该机组25%的飞逸转速值，而某些高速小型机组，其额定转速有可能超过转动部分临界转速，这些机组在开、停机操作时，应尽快升速、减速，避免机组在共振区停留时间过长。

关于临界转速(或临界角速度)的概念与计算见3.11节。

水轮发电机组大轴的弓状回旋，多数是由于转动部分质量不均衡引起的，对高速机组影响较大。这类振动主要有以下特点：

(1)振幅与机组出力无关，在空载下也振动。

(2)振幅随转速的增高而增大,且大致与转速的平方成正比。

(3)径向振幅最大,轴向较小。

(4)振动频率为转频和倍转频,其主频为转频。

主要预防措施有:

(1)对于每一个可能引起质量不平衡的部件(如发电机的励磁引线等),在设计方面采取配重措施。

(2)设计方面采取可靠措施,以防止磁轭不均匀产生的径向外移。

(3)提高发电机转子磁轭堆积和磁极挂装的安装质量,尽可能减小发电机转子的静态不平衡质量。

(4)采用先进的检测仪器和平衡重配置软件,进行现场平衡试验,消除机组转动部分的质量不平衡。对于高速、长转子机组应根据机组上下导轴承的摆度值,在转子的上部和(或)下部的不同方位配重。如广西龙滩水电站 700 MW 机组,就采取这种措施消除了转动部分的质量不平衡,保证了机组稳定运行。

有时机组因机械原因引起的振动很复杂,必须找出主因,采取综合治理措施逐步消除。如石门水电站 3#机组制造缺陷较多,振动和摆度大,难以正常投运。安装时进行了动平衡试验,取得了一定效果,但下机架振动和法兰摆度仍很大,运行约 3 000 h 后出现过下导轴承烧瓦而引起轴线变化。试验分析认为,振动主要由机械不平衡引起,可能是轴线曲折倾斜、转子质量不平衡引起的。通过转轮静平衡试验、叶片测量与修型、机组动平衡处理、轴线调整和推力轴承与导轴承调整等工作,有效地改善了振动状况,如法兰摆度由 0.4 mm 降至 0.2 mm,下机架振动由 0.07 mm 降至 0.03 mm。

此外,轴的热不平衡对弓状回旋也有影响(多发生在轴偏摩情况下)。当轴的横断面上沿圆周温度分布不均匀时,轴将产生不均匀膨胀而发生弯曲。轴的弯曲一方面要加大轴的弓状回旋半径,从而使离心力进一步加大;另一方面将使机械不平衡力和电磁不平衡力增大。

3.5 转子的振摆

转子的振摆主要表现为大轴摆度增大,轴向支承纵向振动增大,见图 3-3。摆振时,轴中心没有圆周运动,但整个转子在垂直平面中绕一平衡位置来回摆动。

图 3-3　转子振摆

转动振摆的主要原因是转子的总轴向力(转动部分重量和轴向水推力)的重心没有通过推力轴承的中心,使推力轴承支柱因受力不均而产生不均匀的轴向变形,在转子旋转时,总轴向力也随着旋转,各轴承支柱的压缩变形也随着变化,镜板摩擦而产生晃动,承重机架纵向振动增大,大轴摆度增大。振摆频率与转速频率相同。

当大轴中心找正不正确,轴线有折弯时,导轴承中心与机组中心不同心,以及水轮机偏离最优工况而产生脉动水推力时,转子的振摆更为严重。

一般振摆是很小的,但当其频率与轴向支承的固有频率相同时,转子振摆变得很严重。

3.6 转子抖动

在运行中,当导轴承松动,刚性不足,导轴承间隙过大或过小,运行不稳而润滑又不良时,导轴承和转轴间就会发生干摩擦,引起转轴产生反向回旋作用,即产生横向振动力,其方向和轴的旋转方向相反,频率相同,造成转轴产生"抖动"现象。

图 3-4 中,A 表示轴承,B 表示转轴,转轴顺时针转动,由于存在摆度或某种干扰力,使轴偏离轴承中心位置。轴在旋转时冲击轴承,在轴和轴承上形成一对摩擦力 F 和 F',其中 F 是作用在轴上的力,F' 是作用在轴承上的力,二者大小相等,方向相反。力 F 可以用一个通过转轴中心 o',而与 F 大小相等方向相同且平行的力 F_2 和力 F_1(r 是转轴的半径)来代替。由 F、F_1 组成的力偶与转轴旋转方向相反,起到摩擦阻力矩的作用,对振动无影响;而 F_2 是对轴的一个横向冲击力,使轴产生横向振动。F_2 的方向随轴在轴承中的位置而变化,而对轴承中心 o 来说,总是做与转轴旋转方向相反的反向移动,这样就形成了反向进动式回转振动。由于干摩擦情况不一定是连续的,作用在轴上的力 F_2 就成为断续冲击,每冲击一次,转轴就有一个以转轴固有频率的衰减振动。此时,我们测出的转轴振动就是以转速频率的振动和以转轴固有频率的振动的合成振动。

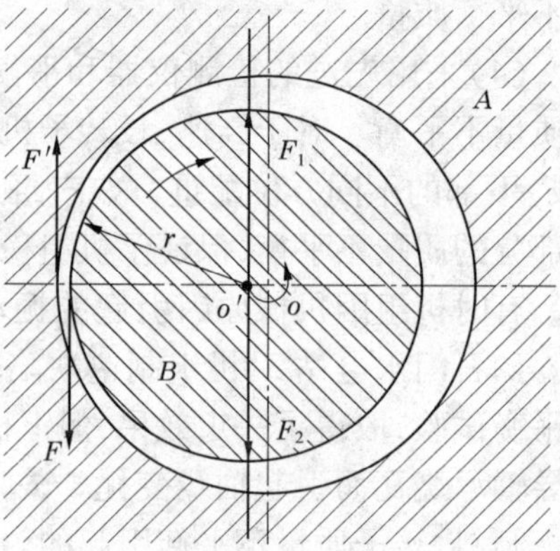

图 3-4　导轴承干摩擦引起的力

导轴承轴瓦间隙的大小直接影响轴系摆度的大小。导轴承间隙过小,会把转轴的振动传给支座和基础;导轴承间隙过大,转轴振动大。轴承间隙过大、主轴过细、轴的刚度不够所引起的振动,其特征为机组振幅随机组负荷变化较明显。导轴承间隙增大后,轴系统的自振频率(临界转速)降低。在不同方位上轴瓦的间隙一般是有差别的,其差值不宜太大;否则也会引起某些振动。

导轴承轴瓦间隙增大的主要原因:一是径向不平衡力较大,导轴承受载过大;二是轴瓦的支承结构设计不合适,在不平衡力作用下产生较大的弹性或永久变形或变位。

要消除导轴瓦间隙过大,一是改善导轴瓦的支承结构,提高其支承能力;二是做好轴系的动、静平衡,以减轻导轴承的受载情况。

例如,小山水电站由于导轴承刚度低、转子不圆和定转子偏心等原因,导致转子磁轭结构焊缝开裂、磁极键点焊六处开裂、上导瓦松动、导轴瓦间隙过大、水导瓦磨损严重、转子圆度不理想等问题,造成机组摆度严重超标。后经重新测定轴线并加以调整,测量转子圆度,调整磁极键厚度和在其背部加垫导轴承抗重螺钉数量等,问题才得以解决。

又如,盐锅峡水电站 4#机组并网运行中曾发生水导轴承烧瓦事故,10#机试运行中也发生过水导、上导摆度增大和烧瓦事故。主要是轴承结构刚度和加工安装精度不够、机械变形大、瓦块偏心值偏小等原因造成的,轴瓦抗重螺栓头球面弧度和材质硬度不满足要求,吊出转子,提高其圆度,做动平衡试验,维修后运行稳定。

3.7 导轴承缺陷或间隙调整不当

导轴承缺陷或间隙调整不当主要包括:导轴承互不同心,在迷宫环和密封装置中发生摩擦,橡胶轴瓦弹性变形过大等。

导轴承轴瓦间隙设计或调整不当,轴承支架刚度不足,在运行中某些零部件松动,都会造成机组振动、摆度增大。此时的振动主频为转频,且振动在空载、低转速下就会发生。对于大型高速卧式机组,当轴承设计不合理时,由于外来扰动力的作用,还可能发生油膜涡动和油膜振荡现象,使机组振动突然急剧增大,但这种情况在立式机组上很少发生。

大型水轮发电机组的转轴尺寸巨大,例如:五强溪水电站机组轴颈直径在2 m以上,而三峡水电站水轮机的轴颈直径更达到4 m。安装调整时,轴承轴颈和轴瓦支架的温度是相同的,投入运行后,与热油直接接触的轴颈温度会明显高于轴承支架,两者的热膨胀量就会明显不同。为了使机组运行时轴承的间隙最为合理,设计上一般会给出一个数值较大一些的冷态调整间隙。如果设计预测不准,冷态间隙给得过大或过小,就可能造成轴承运行不良,引起机组振动、摆度增加。五强溪水电站初期运行时,水轮机导轴承就曾出现过这种情况,设计提供的冷态间隙过大,导轴承处的振动和摆度值总是偏大。后逐步减小了冷态间隙,导轴承处的振、摆值即趋于正常。

这类振动的特点:机组运行一段时间后,振动情况将发生变化;主频为转频,且振动在空载、低转速下就会发生。

预防措施:借鉴先行机组经验,选择合适的冷态间隙。

3.8 机组轴系与支承结构刚度不足

机械原因引起振动的干扰力实际上是旋转横向力和脉动轴向力,当转轴上存在这些力时,必然引起轴承在相应方向的振动,并把这些力传递到基础建筑物上,使基础建筑物受到交变力或脉动力的影响。反过来,基础建筑物的振动,也会通过轴承对转轴的振动产生影响。所以,转轴、支承和基础建筑物的振动是互相关联的。现有规程把易于测量的支承振动振幅值作为判断振动状态的标准。但这个标准也有缺点,因为转轴、支承和基础建筑物的振动不可能完全等同,起破坏作用的主要指标也不可能完全相同。例如,对转轴来说,起破坏作用的主要指标可用双振幅表示,而对基础建筑物的危害,主要是交变力的大小,应反映在振动加速度方面。

机组支承结构的静刚度不足,在外力作用下会产生较大的变形,而动刚度不足,在不平衡力或力矩作用下会产生较大的振动。国内外不少电站都曾发生过因为承重机架、机座、铁芯、磁轭等刚度不足,使机组固有频率降低,从而引发机组振动的故障。

这类振动特性主要有:①振幅随转速升高而增大;②振幅与刚度系数成反比;③发电

机定子振动较为明显;④振动频率为机组转频。

预防措施:大型机组的支承结构在设计上应有足够的静、动刚度,以确保机组的稳定运行,切忌为节省材料、降低成本而减小大型机组支承结构的安全裕度。

3.9 水轮机轴密封调整不当

水轮机的径向盘根密封,如果调整不当,四周紧量不均,或者水轮机径向盘根密封润滑不良,则会造成转轴横断面四周受热不均,热膨胀导致转轴弯曲,而发生严重振动。

振动特点:振幅通常随转速的上升和出力的增加而增大,振动主频为转频。

预防措施:仔细安装调整,使密封四周间隙均匀,受力一致。有的机组还可采用无接触式的密封结构。

3.10 推力头松动和镜板不平

推力头是推力轴承关键而重要的零件之一,要求它与轴颈配合后不允许有任何的松动产生。推力头松动后将严重威胁机组运行的稳定性。

推力头松动是指推力头内孔和轴颈存在间隙。当推力头松动时,机组振动和摆度的特点是:机组运行时的动态轴线姿态会发生突然变化,机组的振动和摆度忽大忽小,呈不稳定状态,而且推力头松动也会给机组盘车带来困难。

如我国广东某电站,三台机组在首次装配时均将推力头经过预热进行套装,而在检修时均取消了这一工序。运行时间增长,松动情况越来越严重。其中以3#机组最为突出,上机架水平振动大至0.095 mm(要求≤0.06 mm),励磁机火花严重,机组被迫停机检修。

镜板不平,主要是加工和安装上的缺陷造成的,其特征为摆度波形上有明显的2倍频。

3.11 主轴系的临界转速

当主轴系的转速频率与其自振频率相等时,轴系将产生强烈的振动,此时的转速称为轴系的临界转速。

轴系的临界转速是水轮发电机组稳定性的重要参数,是机组设计中必须考虑的最重要的技术参数之一。几乎所有机器都要避免工作转速接近临界转速。工作转速低于临界转速是水轮发电机组应该遵循的一般原则。为了提高机组的稳定性,设计要求必须保证临界转速高于飞逸转速的25%以上,故对临界转速的计算以及影响因素定量分析显得日益重要。

对于抽水蓄能机组,其额定转速普遍高于常规的混流式、轴流式机组,发电与抽水工况的交替运行,需频繁地启停机,因而机组受到的各种干扰较常规机组复杂。为了提高机组的稳定性,使转轴具有较强的刚性,轴系临界转速不仅要高于工作转速,而且要高于飞逸转速。

根据轴上载荷布置情况，简化为 n 个集中质量，即具有 n 个自由度，固有频率也有 n 阶。据第 1 章 1.5.2 节的知识，对于 n 个自由度系统，可求出 n 个固有频率 λ_1、λ_2、…、λ_n（或固有角速度 $\omega_1=2\pi\lambda_1$、$\omega_2=2\pi\lambda_2$、…、$\omega_n=2\pi\lambda_n$），机组相应的临界转速为 $n_1=\frac{30}{\pi}\lambda_1$、$n_2=\frac{30}{\pi}\lambda_2$、…、$n_n=\frac{30}{\pi}\lambda_n$（下标 n 为阶数），单位为 r/min。

将 n_1、n_2、…、n_n 与机组正常工作转速进行比较，若工作转速与临界转速接近，即转速在小于和大于临界转速的 25%～30% 内，认为工作转速落入共振区，这种状况在机组运行中是绝对不允许的，即便是飞逸转速也应避开共振区。

水力机组轴系一般简化为 3～4 个集中质量，求得第一阶或第二阶临界转速就足以满足计算的精度要求。水轮机轴的转速大多在第一阶临界转速以下，称为刚性轴。为了确保机组稳定运行，工作转速不要落入共振区。

轴系临界转速的计算早期采用经典算法，后采用传递矩阵法。目前随着 ANSYS 等大型商业软件用于设计和工程计算领域，用有限单元法建立转子的动力学模型来计算转轴的临界转速成为可能，并且有利于动力学参数修改。

关于计算临界转速的方法，下面分两种情况进行讨论。

3.11.1　简化为单个集中质量的卧式机组临界转速

对于卧式机组，当机组集中质量较大，轴的质量相对较小时，可忽略轴的质量，可把轴的分布质量集中在重心位置上，或加在集中质量上。一般水轮机发电机转子质量特别大，其他如转轮、联轴器质量均较小，可以忽略。这样轴系简化为单自由度系统，可计算第一阶临界转速。

这里给出一种单自由度的近似估算公式

$$n_1=\frac{K\left(\frac{d_1}{L}\right)^2}{\sqrt{\frac{M}{L}}}\quad(\mathrm{r/min})\tag{3-1}$$

式中：d_1 为轴的最大直径，mm；L 为两支承点间距，m；M 为转子质量，kg；K 为跨距系数，$K=7.5\sim8.1$，跨距较大时，取较小 K 值。

如某卧式机组主轴最大直径 $d_1=450$ mm，除去中间支点后支承间距 $L=4.8$ m，发电机转子质量 68 000 kg，其他集中质量均为 7 500 kg，按式（3-1）估算并取 $K=7.5$，得 $n_1=553.8$ r/min。

3.11.2　简化为多个集中质量的立式机组临界转速

机组轴系上如有 n 个集中质量，若轴本身的质量相对集中质量较小，则可忽略。若轴较重，其质量不容忽略，则应分成 n 段，分别加在 n 个集中质量上，确定这 n 个集中质量时，它包含有静负荷和动负荷两部分：轴上各零件质量，由传动或驱动机构所引起的径向力为静负荷，叶轮平衡后的剩余不平衡产生的离心力为动负荷。若动负荷相对于静负荷的值很小，常常忽略不计。n 个集中质量就有 n 个自由度、n 阶自振频率、n 阶振型。水轮发电机组一般计算第一阶至第二阶振动频率即可。

阶数较多时可用简化的有限单元法或矩阵迭代法等。在要求解出的阶数较多以及对轴的结构型式进行优选比较时，用计算机求解较方便。

实际的水轮发电机组振动机理非常复杂，水力、机械、电气等多方面因素相互作用，动介质（包括流体、电磁场、油膜或密封液体膜）、固体结构、机组轴系构成耦合的庞大体系，许多作用可能呈非线性。因此，采用的任何理论方法和建立的数值模型与实际情况都只能是近似的。

为了全面分析影响机组临界转速的因素，下面建立轴系的耦合动态方程，用有限单元法计算主轴系的临界转速，分析临界转速与电磁参数、机械参数和水力参数间的关系。以某立式机组主轴系为例，其简化模型见图 3-5。其主要部件有发电机转子、主轴、水轮机转轮、导轴承（上导、下导、水导）和推力轴承 6 大部件。该系统可简化为 6 个自由度的非线性系统。图中主轴系的节点 1 设在上导轴承的中心点处，节点 2 设在发电机转子几何中心处，节点 3 设在下导轴承的中心点处，节点 4 设在法兰的几何中心上，节点 5 设在水导轴承的中心点处，节点 6 设在转轮的几何中心处。

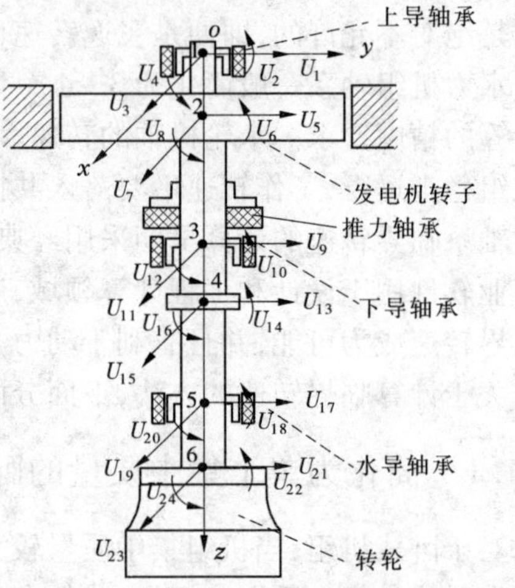

图 3-5　混流式水轮发电机组轴系简化模型

3.11.2.1　主轴系统振动方程

由拉格朗日运动方程可推得，主轴系统振动方程为

$$\frac{\mathrm{d}}{\mathrm{d}t}\left(\frac{\partial \boldsymbol{T}}{\partial \dot{\boldsymbol{U}}}\right) - \frac{\partial \boldsymbol{T}}{\partial \boldsymbol{U}} + \frac{\partial \boldsymbol{N}}{\partial \boldsymbol{U}} = \boldsymbol{P}_1 + \boldsymbol{P}_2 + \boldsymbol{P}_3 + \boldsymbol{P} \tag{3-2}$$

式(3-2)中各符号意义如下：

(1) $\boldsymbol{U} = (U_1, U_2, U_3, \cdots, U_{24})^{\mathrm{T}}$，为水轮发电机组主轴系统各节点处的位移向量，如图 3-5所示；

(2) $\boldsymbol{T}$ 为主轴系的动能；

(3) $\boldsymbol{N}$ 为主轴系的势能（包括主轴系的弹性势能和发电机气隙的磁场能）；

(4) $\boldsymbol{P}_1$ 为导轴承的油膜力

$$\boldsymbol{P}_1 = -\boldsymbol{K}_{P1}\boldsymbol{U} - \boldsymbol{C}_{P1}\dot{\boldsymbol{U}} \tag{3-3}$$

式中：$\boldsymbol{K}_{P1}$、$\boldsymbol{C}_{P1}$ 都是与滑动轴承结构参数和润滑油黏度有关的油膜动态特性系数矩阵。

(5) $\boldsymbol{P}_2$ 为水力不平衡力

$$\boldsymbol{P}_2 = -\boldsymbol{K}_{P2}\boldsymbol{U} \tag{3-4}$$

式中：$\boldsymbol{K}_{P2}$ 为与水力参数和机械参数有关的系数矩阵，为液固耦合项。

(6) $\boldsymbol{P}_3$ 为作用在水轮机转轮上的流体阻力

$$\boldsymbol{P}_3 = -\boldsymbol{M}_P\ddot{\boldsymbol{U}} - \boldsymbol{C}_{P2}\dot{\boldsymbol{U}} \tag{3-5}$$

式中：$\boldsymbol{M}_P$、$\boldsymbol{C}_{P2}$ 均为与水力参数、转轮结构参数和运动参数有关的系数矩阵，为液固耦合项。

(7) $\boldsymbol{P}$ 为外加载荷的广义力列阵。

将上述各量的具体表达式代入式(3-2)，并忽略阻尼的影响（详细推导过程很复杂，这里略去），得到主轴系统振动方程为

$$(\boldsymbol{M}+\boldsymbol{M}_P)\ddot{\boldsymbol{U}}+\boldsymbol{J}\dot{\boldsymbol{U}}(\boldsymbol{K}_{P1}+\boldsymbol{K}_{P2}+\boldsymbol{K}+\boldsymbol{K}_{01})\boldsymbol{U}=\boldsymbol{P} \tag{3-6}$$

式中：$\boldsymbol{M}$ 为主轴系统的质量矩阵；$\boldsymbol{J}$ 为主轴系的转动惯量矩阵；$\boldsymbol{K}$ 为与主轴系统弹性势能相关的刚度矩阵；$\boldsymbol{K}_{01}$ 为与发电机气隙磁场能相关的刚度矩阵，是考虑发电机气隙磁场能的影响引入的，它不仅与发电机轴的结构参数有关，而且还与电磁参数有关，为机电耦合项。

式(3-6)是混流式水轮发电机组主轴系统耦合动态方程，该方程是非线性矩阵方程。

3.11.2.2　临界转速的计算

令式(3-6)中的外扰力 $\boldsymbol{P}=0$，可得其特征方程为

$$(\boldsymbol{M}+\boldsymbol{M}_P)\ddot{\boldsymbol{U}}+\boldsymbol{J}\dot{\boldsymbol{U}}(\boldsymbol{K}_{P1}+\boldsymbol{K}_{P2}+\boldsymbol{K}+\boldsymbol{K}_{01})\boldsymbol{U}=0 \tag{3-7}$$

因式(3-6)是非线性的，可用有限单元法编程计算多阶固有频率 λ_1、λ_2、…、λ_n，之后将其化为临界转速 $n_1=\frac{30}{\pi}\lambda_1$、$n_2=\frac{30}{\pi}\lambda_2$、…、$n_n=\frac{30}{\pi}\lambda_n$。

主轴系统动态方程式(3-7)中不仅包含机械参数，而且包含电磁参数和水力参数，这些参数都会对主轴系统的临界转速产生影响，尤其是对第一阶临界转速。

有研究表明，改变机械参数对临界转速影响较大，当主轴内径增大时第一阶临界转速降低，可见在考虑经济性的同时，考虑轴系稳定性非常重要；当电磁刚度增大时第一阶临界转速减小；改变水力参数对第一阶临界转速的影响较小。

3.11.2.3　主轴系的共振计算

当式(3-6)中的外扰力 $\boldsymbol{P}\neq0$ 时，当外扰力 $\boldsymbol{P}$ 的频率与 λ_1、λ_2、…、λ_n 中的任何一个频率相等或接近时，就会引起共振，使机组轴系振动幅值增大。解这类方程比较复杂，这里仅给出计算流程图，如图 3-6所示。

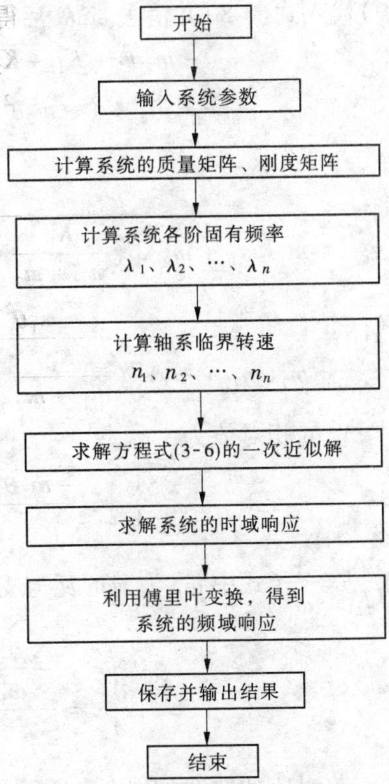

图 3-6　主轴系动态特性计算流程图

3.12　推力轴承的垂直振动分析

研究推力轴承的垂直振动时，把“镜板—扇形瓦”简化为弹性系统，如图 3-7 所示，扇形瓦 m_1 与镜板 m_2 之间的弹性介质的弹性系数用 K_2 表示，扇形瓦安放在弹性基础上，该基础的弹性系数为 K_1，设所有扇形瓦工作时油压相同，不考虑振动的衰减，在镜板上作用有交变的干扰力 $P\sin\theta t$，其简化质量的微分方程有

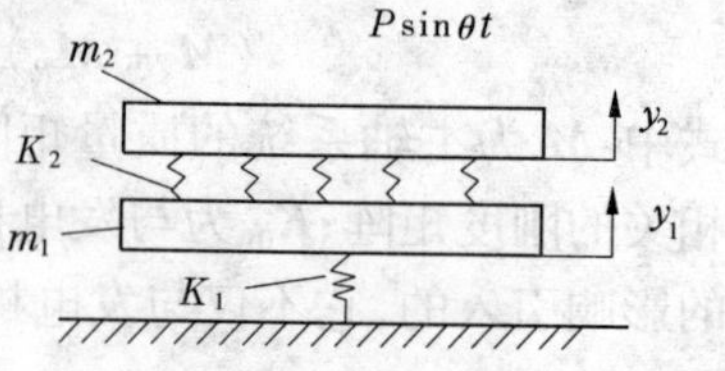

图 3-7　推力轴承“镜板—扇形瓦”弹性系统

$$\left.\begin{aligned} m_1\ddot{y}_1 + K_1 y_1 - K_2(y_2 - y_1) &= 0 \\ m_2\ddot{y}_2 + K_2(y_2 - y_1) &= P\sin\theta t \end{aligned}\right\} \tag{3-8}$$

式中：P 为作用在一个扇形瓦上力的幅值；θ 为外干扰力的频率；t 为时间；y_1 为扇形瓦质量中心的垂直位移；y_2 为镜板质量中心的垂直位移；m_1 为扇形瓦与支柱的质量；m_2 为转子与镜板的质量。

式(3-8)描述的振动为无阻尼强迫振动，设该微分方程的解为

$$\left.\begin{aligned} y_1 &= A_1\sin\theta t \\ y_2 &= A_2\sin\theta t \end{aligned}\right\} \tag{3-9}$$

式中：A_1 为扇形瓦的强迫振动振幅；A_2 为镜板的强迫振动振幅。

将式(3-9)代入式(3-8)并消去 $\sin\theta t$ 后得到两个代数方程，为

$$\left.\begin{aligned} (-m_1\theta^2 + K_1 + K_2)A_1 - K_2A_2 &= 0 \\ -K_2A_2 + (-m_2\theta^2 + K_2)A_2 &= P \end{aligned}\right\} \tag{3-10}$$

解得

$$A_1 = \frac{K_2P}{m_1(m_1+m_2)\left[\left(\dfrac{K_1}{m_1+m_2}-\theta^2\right)\left(\dfrac{K_2}{m_2}-\theta^2\right)-\dfrac{m_2}{m_1+m_2}\theta^4\right]}$$

$$A_2 = \frac{(-m_1\theta^2+K_1+K_2)P}{m_1(m_1+m_2)\left[\left(\dfrac{K_1}{m_1+m_2}-\theta^2\right)\left(\dfrac{K_2}{m_2}-\theta^2\right)-\dfrac{m_2}{m_1+m_2}\theta^4\right]}$$

振幅 A_2 与 A_1 的相对值为

$$\frac{A_2}{A_1} = \frac{-m_1\theta^2 + K_1 + K_2}{K_2} \tag{3-11}$$

令 $\dfrac{K_2}{K_1}=K$，$\dfrac{m_1}{K_1}=\dfrac{1}{\omega_1^2}$（式中 ω_1 为扇形瓦与支柱的固有频率），则

$$\frac{A_2}{A_1} = \frac{-\dfrac{\theta^2}{\omega_1^2}+1+K}{K} \tag{3-12}$$

式(3-12)中 $\dfrac{A_2}{A_1}\sim\dfrac{\theta}{\omega_1}$ 对应的曲线如图 3-8 所示。由图可看出：

(1)当 $K=\infty$ 时,液体为不可压缩介质,$\frac{A_2}{A_1}=1$,镜板垂直振动完全传递给扇形瓦块,振动系统犹如一个整体,虽然镜板间有时也可能存在不均匀摩擦,但没有破坏危险。

(2)当 $\frac{\theta}{\omega_1}>1$ 时,干扰力频率大于固有频率,$\frac{A_2}{A_1}$可能得到负值,这时振动的振幅处于反相状态,在某些振幅下将发生镜板与扇形瓦碰击,油膜被破坏,形成干摩擦或半干摩擦,损坏推力轴承。

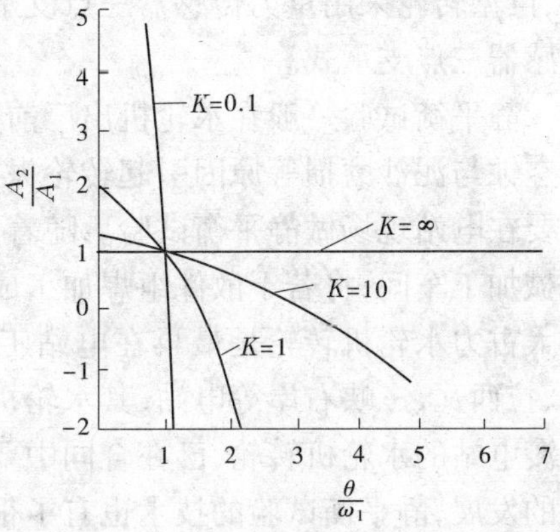

图 3-8　"镜板—扇形瓦"系统 $\frac{A_2}{A_1}\sim\frac{\theta}{\omega_1}$ 关系

(3) K 值由 $\infty\to10\to1\to0.1$,曲线由水平变成垂直,对应某一个 $\frac{\theta}{\omega_1}$ 的 $\frac{A_2}{A_1}$ 值范围较大,而且出现负值的机会增多,镜板与扇形瓦振幅可能不同相,特别在重载时油膜破坏、镜板与扇形瓦接触并迅速发热造成破坏。

(4)推力轴承中含有杂质和空气使润滑油成为可压缩的弹性体,也就相当于弹性系数 $K\neq\infty$ 的情况,容易造成镜板与扇形瓦表面间的接触振动。

由以上简化的推力轴承工作系统看到:转子具有垂直振动时,将通过镜板传递给扇形瓦,也可能激发油膜的自激振荡而产生合成振动,使油膜破裂、推力轴承发热烧损,对机组危害颇大。同时,垂直振动对承重机架的影响很大,应合理选定机架刚度。

3.13　静平衡与动平衡

发电机转子、水轮机转轮及大轴是水轮发电机组中尺寸比较大并且较重的转动部件,它们的设计、制造、安装质量的好坏,对机组运行稳定性有着至关重要的影响。在机组安装与运行前,应消除或减轻因质量不平衡引起的机组振动因素。下面着重讨论水轮机转轮的静平衡试验与发电机转子的动平衡试验。

3.13.1　水轮机转轮的静平衡试验

用静平衡试验的方法,可以验证水轮机转轮重心是否与转轮几何中心重合,并可用加配重(或减重)的办法来消除质量偏心。

静平衡试验装置主要有支承式和悬吊式两大类,其中支承式是最常采用的方法。支承式又包括球面刚性支承式、球面静压支承式、重力传感器三点支承式等多种。

小型转轮通常可由加工工艺来保证其质量均匀;中等转轮(从数吨到数十吨)一般于机加工之后要进行质量补偿,工程上也设计了多种质量平衡测量装置;大型与巨型转轮(从上百吨到数百吨),其偏心质量的测量是十分麻烦的,测量装置有采用刚性支承式、静压支承式、重力传感器三点支承式称重等。总之,大中型转轮采用球面刚性支承式的较多,巨型转轮采用重力传感器三点支承式的较多。如小浪底、龙滩等电站采用的就是重力传感器三点支承式。

静平衡试验一般在水轮机出厂前交付使用时进行。有些电站运行一段时间后发现,因空蚀与泥沙磨损等原因引起转轮失重,造成新的质量不平衡,在机组检修补焊后有时也需要在电站现场做静平衡试验。随着大型与巨型机组制造技术的提高,在电站现场设计机械加工车间,将若干散件组焊加工成整体转轮,之后也需要在现场做静平衡试验。如美国大古力水轮机转轮是最早在电站工地组焊加工后做静平衡试验的;国内的小浪底、龙滩、拉西瓦、三峡右岸等电站,其水轮机转轮均是在现场组焊后做静平衡试验的;在建的溪洛渡电站的水轮机转轮,已在合同中要求现场加工组焊后做静平衡试验。随着水轮机技术的发展,静平衡试验的技术也有了很大变化。

大中型立轴混流式和轴流式水轮机的转轮,常采用球面支承式进行立式静平衡试验。支承球体置于底座的平衡底板上。根据静力学原理,这种支承在球面上的转轮,只有当其平衡时,轴线才处于垂直状态,否则转轮将向重心一侧倾斜,以求保持重心处于通过球体中心的垂线上。下面主要介绍最常用的球面刚性支承式静平衡试验方法。

3.13.1.1 静平衡装置

如图 3-9、图 3-10 所示,支承结构由混凝土支墩、平衡底板座、平衡底板、平衡球面体、定心板、平衡托架等主要部分组成。锻造的平衡底板经过淬火,上部磨光后放在平衡底板座上,并将平衡底板座固定于混凝土支墩上。锻制的球(或部分球面)支承于平衡底板上,平衡球面体由固定在转轮上的支架握持。为了能将被平衡系统的重心调整到适当高度,设置调整螺杆和螺母,平衡球就装在调整螺杆下端的定心板或平衡板上。为保证平衡球的球心位于转轮几何中心线上,平衡托架,定心板的内、外圆需精细加工,严格控制其圆度、光洁度和配合间隙。

平衡球和平衡底板要用锻钢加工,经淬火后再研磨,以保证足够的硬度、圆度、平直度和粗糙度。

球和平衡底板在转轮放上去后的接触应力为

$$\sigma = 0.388\sqrt[3]{\frac{GE^2}{R^2}} \tag{3-13}$$

式中:σ 为接触应力,N/cm^2;R 为平衡球面的曲率半径,cm;G 为被测平衡系统的重量,N;E 为钢的弹性模量,$E = 21.6 \times 10^6\ N/cm^2$。

为使接触应力不超过许用接触应力,也不至于产生过大的压缩变形,平衡球(或球计算面)的半径不应太小,可由式(3-13)计算

$$R = \sqrt{\frac{0.338^3 GE^2}{[\sigma]^3}} \quad (cm) \tag{3-14}$$

式中:$[\sigma]$ 为球和平衡板的许用接触应力,若取 $[\sigma] = 500\ 000\ N/cm^2$,则式(3-14)可简化为 $R = \sqrt{G/500}$;若取 $[\sigma] = 300\ 000\ N/cm^2$,则式(3-14)可简化为 $R = \sqrt{G/200}$。

对于中小型水轮机转轮,采用全球球面的钢球,其直径可取 90 ~ 100 mm;对于大型水轮机转轮,当钢球直径超过 150 ~ 200 mm 时,则该钢球可用部分球面体来代替。

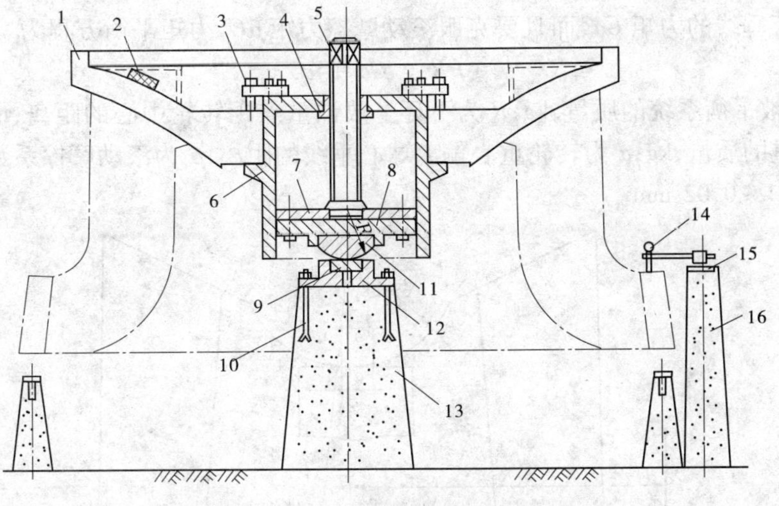

图3-9　混流式水轮机转轮静平衡试验装置

1—转轮;2—加配重块位置;3—压板;4—螺杆套;5—调整螺杆;6—平衡托架;7—定心板;
8—平衡板;9—平衡底板;10—基础螺栓;11—平衡球;12—平衡底板座;13—混凝土墩;
14—千分表架;15—测量底板;16—测量支墩

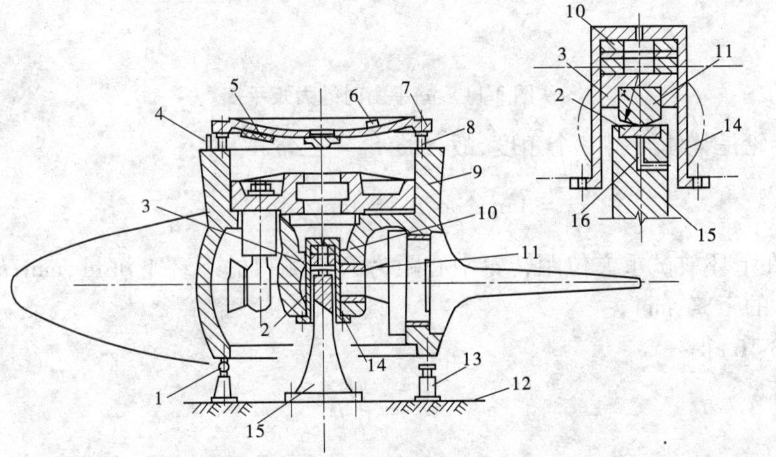

图3-10　轴流式水轮机转轮静平衡试验装置

1—测量用千分表;2—平衡底板;3—定心板;4—方形水平仪;5—配重块位置;
6—静平衡时所加配重块;7—下端盖;8—组合螺钉;9—转轮;10—垫环;11—平衡球;
12—基础平台;13—千斤顶;14—平衡托架;15—支墩;16—排气孔

为防止试验时转轮发生倾覆事故,在进行静平衡试验时,必须在转轮下对称设置几个防倾覆的方木。为了防止焊接配重时烧坏球面接触面,在施焊前,必须用四周设置的千斤顶同时顶起转轮,使球面与平衡底板脱开。

3.13.1.2　静平衡装置的灵敏度

将转轮稳定地放在平衡装置上,假若在下环距转轮中心 R 的地方放一试重 P,则转轮会倾斜一角度$\angle oo°o_1$，下环会下沉一个H值(见图3-11)。此力矩PR不但要克服转轮重心偏离球心垂线的力矩Ga，而且要克服滚动摩擦力矩μG，力矩平衡方程为

$$PR = Ga + \mu G \tag{3-15}$$

式中：G为被平衡系统的质量，kg；R为下环上放试重点距转轮中心的距离，mm；P为在下环上放试重的质量，kg；a为转轮重心偏离球心垂线的距离；μ为滚动摩擦系数，对钢与钢，一般为0.01～0.02 mm。

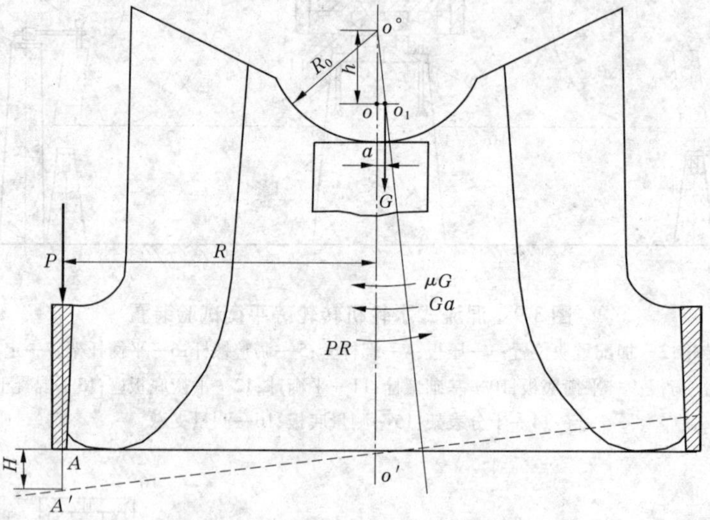

图3-11　静平衡时的力矩平衡

由于转轮是整体倾斜一个角度，故$\angle oo°o_1 = \angle Ao'A'$

$$\frac{H}{R} = \tan\angle oo°o_1 = \tan\angle Ao'A' = \frac{a}{h} \tag{3-16}$$

式中：H为在下环放试重方位距转轮中心距为R点测得的下环下沉量，mm；h为平衡球心与转轮重心的距离，mm。

由式(3-16)得

$$a = \frac{H}{R}h \tag{3-17}$$

代入式(3-15)，则有

$$PR = G\frac{H}{R}h + \mu G \tag{3-18}$$

式(3-18)就是静平衡试验的基本方程。由方程可知，被平衡系统的重心与支持球的球心的距离h愈小，能使系统失去平衡而倾斜的力愈小，即平衡装置的灵敏度愈高。或者说当试重为一定量时，h愈小，则下环下沉量H就越大，使平衡试验具有足够的精度。但是，当$h=0$时，平衡系统处于随遇平衡状态，不可能进行静平衡试验，当$h<0$时，即被平衡系统的重心高于支持球的球心，系统处于不平衡状态，会发生转轮倾覆。为了提高静平衡试验的灵敏度，又要保证试验的安全，h值应该调整到表3-1的范围内。

但是，转轮等被平衡系统的重心位置很难用理论办法准确计算，必须用试验办法找出

球心与重心的距离,并据此调球心位置,使 h 值符合表 3-1 的要求。试验办法是先将被平衡系统通过平衡球放置于平衡底板上,此时可将球心位置调高一些。试验时在下环 R 处装百分表,待被平衡系统稳定后将百分表调零,在下环处放置试重 P,待系统重新稳定后读出该点的下沉量,由式(3-18)算出 h 值,为

$$h = \frac{(PR - \mu G)R}{GH} \tag{3-19}$$

将式(3-19)求出的值与表 3-1 中相应的值比较,通过调整螺杆或增加垫环的办法使值减小到符合表 3-1 中的要求。

表 3-1　转轮立式静平衡灵敏度

被平衡转轮质量(t)	h 值(mm)	
	最大	最小
5 以下	40	20
5 ~ 10	50	30
10 ~ 50	60	40
50 ~ 100	80	50
100 ~ 200	100	70

3.13.1.3　平衡工具带来的误差

因制造上的原因,平衡工具——球面支承中心不在转轮几何中心线上,就会给静平衡工作带来很大误差。这种球面支承中心与转轮几何中心线的偏差在现场用一般方法很难检查出来,且难以处理纠正。除在平衡装置的平衡球、定心板、平衡板、平衡托架等零件的加工中,尽量保证其同心度外,在现场可用旋转对称平衡法来消除球心与转轮几何中心偏差带来的误差。由于平衡工具的误差,则静平衡试验得出的结果是转轮本身不平衡和平衡工具误差二者的矢量和。如图 3-12 所示,当平衡工具与转轮的相对位置固定后,平衡试验所求得的配重大小和配重安装方位用 OA 表示;然后解除平衡托架与转轮的连接,连同托架内的零件旋转 180°角后与转轮连接,再次做平衡试验,得出配重的大小及安装方位用矢量 OB 表示。连 AB,取 AB 中点 C,则 OC 就代表转轮所需要的配重大小及安装方位。而 CA 和 CB 代表平衡托架及内部零件中心误差在 0°、180°时相对静平衡试验所带来的误差。

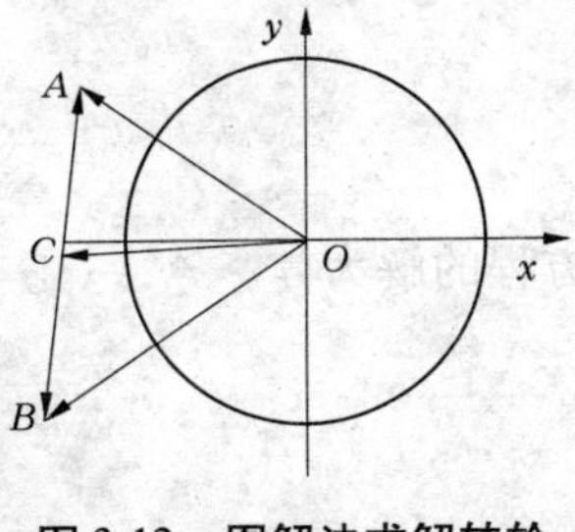

图 3-12　图解法求解转轮的实际配重

3.13.1.4　平衡试验工艺过程

1)平衡试验前的准备工作

试验前,工具及场地都准备好。包括两个精度为 0.02 mm/m 的框形水平仪,两块与框形水平仪底面形状尺寸相同及重量相等的平衡块;平衡底座稳定地放在平台上,准备 4 ~ 8只千斤顶,千斤顶总工作能力大于被平衡系统总重量;准备好防止转轮倾覆的方箱或方木;其他如磅秤、电焊机、砂轮机等准备好。

转轮的装配如图 3-9、图 3-10 所示，应具备平衡条件。

平衡工具的每个零件都要仔细清理检查，平衡工具本身找平衡，组合螺栓及螺母、垫圈要配重。调整螺杆和平衡托架同心，托架与转轮配合的内圆同心。将这些零件装配起来，装配精度对静平衡精度有很大影响，一定要认真从事。

布置好装配平台，将平衡底座牢固地安放在平台上，安装平衡底板座和平衡底板。平衡底板用高硬度碳钢制成，表面磨光（故也称镜板）。平衡底板水平误差不得超过 0.02 mm/m。在平衡底板表面加适当汽轮机油，为防止其流走，可在周围涂一圈黄油。用吊车将装配好平衡工具的转轮吊到工作位置，轻轻放到千斤顶上。调整螺杆，使平衡球心高于转轮重心，然后缓慢落下千斤顶，使平衡球轻轻落在平衡底板上。

2）灵敏度 h 的检查

在转轮下环上分别放置质量为 1 kg、2 kg、3 kg 的试重 P，则在相同位置用百分表测出下环下沉量 H_1、H_2、H_3 值，分别用式（3-19）计算相应的 h 值。如果三次计算出的 h 值基本相同，则用其中一个值与表 3-1 比较并调整螺杆，使 h 值符合规定。若三次计算出的 h 值差别较大，则说明计算中所用的 μ 值不尽合理。在实践中，按式（3-19）计算，三次计算结果往往相差超过 10%，其原因是 μ 值取值不当。因为滚动摩擦对静平衡的影响是复杂的，它的方向永远与转轮倾斜运动方向相反，转轮加试重后会摆动几次才稳定下来，摩擦力矩的方向不可能永远同 PR 方向相反。所以可把 μ 值也当成一个未知数。为了求出 h 和 μ 值，可利用上述三次加试重的测量数据中的两次加试重的测量数据，列联立方程式为

$$\left.\begin{aligned} P_1R &= G\frac{H_1}{R}h + \mu G \\ P_2R &= G\frac{H_2}{R}h + \mu G \end{aligned}\right\} \tag{3-20}$$

该方程的解为

$$\left.\begin{aligned} h &= \frac{(P_1 - P_2)R^2}{(H_1 - H_2)G} \\ \mu &= \frac{(P_2H_1 - P_1H_2)R}{(H_1 - H_2)G} \end{aligned}\right\} \tag{3-21}$$

然后用第三个试验结果进行校核。这种办法得出的 h 值误差较小，可根据这个结果再调整至符合表 3-1 中的规定。

3）转轮的初平衡

如图 3-13 所示，在转轮的下环 x、y 两个方位（半径相同）平稳地放置框形水平仪，为克服水平仪自重的影响，在对称位置放置与水平仪等底面、等重量的平衡块。根据水平仪的水平读数，在转轮轻的一侧放置平衡配重，使转轮的轴线垂直（即水平仪读数为零）。平衡配重的大小、方位可根据水平仪读数计算，有

$$H = \sqrt{(\delta_x R)^2 + (\delta_y R)^2} = R\sqrt{\delta_x^2 + \delta_y^2} \tag{3-22}$$

$$P_0 = \frac{hH + \mu R}{R^2}G \tag{3-23}$$

$$\alpha = \operatorname{arccot}\frac{\delta_x}{\delta_y} \tag{3-24}$$

式中：H 为要使水平仪指示为零，转轮轻的一侧下环应下沉的高度，cm；P_0 为平衡配重的质量，kg；δ_x、δ_y 为在 x、y 轴线上水平仪测出的不水平度（注意读数的正负方向）；α 为平衡配重在转轮上的安放角度（$+x$ 方向为零度，并注意所在象限）；G 为转轮及平衡工具的总质量，kg；R 为水平仪、百分表和平衡配重安放半径，cm；h、μ 为前述的计算结果。

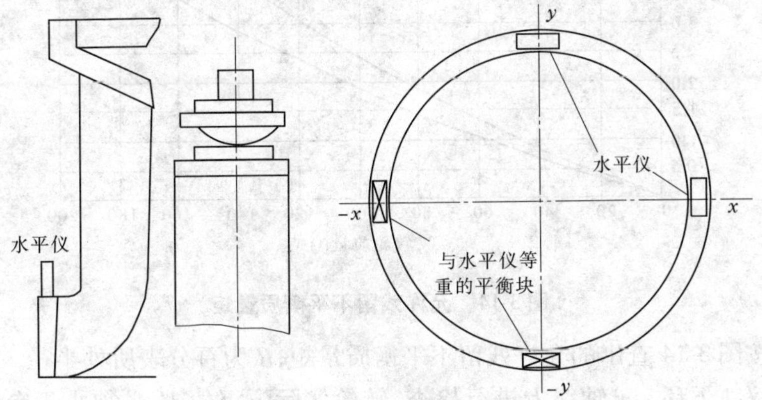

图 3-13　水平仪放在转轮上

按计算出的 P 和 α 值放置其平衡配重，并适当调整其大小及方位，至两框形水平仪气泡居中为止，记录此次求出的配重大小和方位 P_1、α_1。将平衡托架连同内面的零件旋转 180°，拿下第一次试验的配重 P_1，再次进行平衡试验，得出使两框形水平仪气泡居中时的配重大小及方位 P_2、α_2。用图 3-12 的方法求出转轮本身不平衡所需要配重 P 及方位 α，将平衡工具误差所需要配重暂时放在下环上。因转轮所需要配重的实际安放位置不在下环上，多数焊在转轮上冠和减压板之间的空间内，故实际配重的质量为

$$P' = \frac{R}{R'}P \tag{3-25}$$

式中：P、R 分别为在下环处的计算配重、水平仪放置半径；P'、R' 分别为在上冠上的实际配重值及安放半径。

按计算值来确定配重的安放方位。由于配重多用电焊焊接在转轮上，故在配重称重时，应把焊条焊接金属量计算进去。施焊时，应顶起转轮，以免焊接电流烧坏平衡球接触点。

4）精平衡

转轮初平衡的平衡配重安放定位后，需再次进行平衡工作，此时平衡工具带来的误差还需增加配重，该配重应放在下环上，用水平仪测下环上平面的水平度，仍在较轻一侧加配重，直至残留不平衡质量矩满足要求为止。

静平衡精度，用不平衡质量矩表示，一般在转轮加工图纸中标明残留不平衡质量矩的允许值。转轮质量若在图纸中没有标明，则可查图 3-14 中的曲线。建议转速较低的机组按曲线 1 查取，转速较高的机组按曲线 2 查取。

根据允许残留不平衡质量矩，计算在下环处允许最大下沉值

$$H_0 = \frac{(PR - \mu G)R}{Gh} \tag{3-26}$$

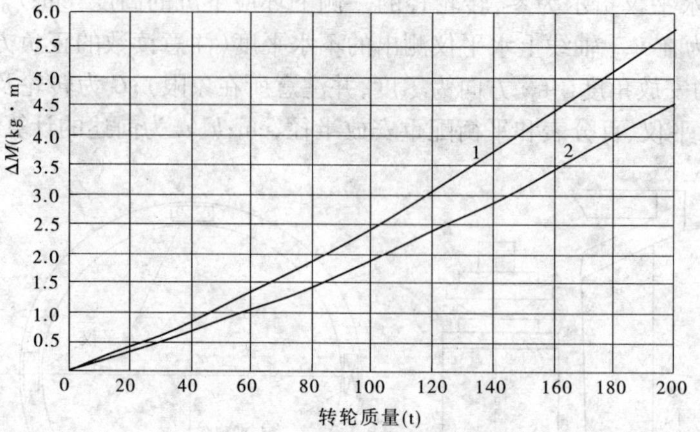

图3-14　允许残留不平衡质量矩

式中：PR 为按图3-14查出的允许残留不平衡质量矩；R 为百分表所处半径。

用水平仪在下环 x、y 轴线上进行检查，转轮实际下沉值 H' 必须小于允许下沉值 H_0（即 $H' < H_0$）。下环实际下沉值为

$$H' = R\sqrt{\delta_x^2 + \delta_y^2} \tag{3-27}$$

精平衡后，按计算将配重焊接在转轮上，并再次精平衡检查，直至 $H' < H$ 为止。

3.13.2　发电机转子的动平衡试验

发电机转子质量不平衡，是水轮发电机组振动的重要原因之一。转子不但尺寸大、质量大，有很多零件是在现场组装而成，而且现场组装工艺很难保证其平衡。在试运行前，不可能如水轮机转轮那样进行静平衡工作，故只有在机组启动试运行阶段，发现确由转子质量不平衡而引起机组振动超标时，才需进行平衡试验。

发电机转子平衡试验是发电机在额定转速下旋转时进行的试验，故俗称动平衡试验。

对于圆盘形转子（$l/D < 0.3$）和圆柱形转子（$l/D \geq 0.3$），由于质量不平衡，重心偏离旋转中心，在额定转速下旋转时，产生的不平衡离心力为

$$P = \frac{G}{g}e\omega^2 \tag{3-28}$$

式中：e 为转子重心的偏心矩；ω 为转子的旋转角速度；G 为转子的质量。

圆柱形转子在旋转时，不但出现不平衡离心力，还会出现不平衡离心力偶。不平衡离心力和离心力偶组成作用在导轴承上的旋转作用力，引起导轴承和轴承支架产生横向振动。

动平衡试验，就是人为地改变转子的不平衡性，测量机组振动的变化，从而计算出转子存在的质量不平衡，用平衡配重的办法使转子重心趋于旋转中心，减小转子旋转时所产生的不平衡离心力和离心力偶，从而减小质量不平衡引起的振动。首先是在不加任何试验荷重的情况下测量机组在空载额定转速时的轴承横向振动值；其次是将试验荷重加在转子圆周半径为 R，方位角分别为0°、120°、240°三处，启动机组达到主额定转速，分别测

量轴承横向振动 μ_1、μ_2、μ_3；再次是通过这三次振动幅值，加上未加试验荷重时测得的轴承横向振动 μ_0 共四次振动幅值，可以计算出使转子达到平衡所需平衡配重的大小及安装方位；最后是按计算值将平衡配重加在转子上，并再次启动机组测振，检验平衡效果，直至使振动幅值小于规程允许值为止。

3.13.2.1　试验荷重的选择及基本假定

1）试验荷重的选择

加装试验荷重是人为地改变转子不平衡情况，故试验荷重要有足够的重量，但试验荷重加在转子上，在转子旋转时它产生离心力，该离心力不能太大，否则引起机组过大振动，造成轴承损伤。根据经验得出，试验荷重的大小可按在额定转速下试验荷重所产生离心力的允许值来确定。

（1）试验荷重产生的离心力，约为其附近导轴承上的负载，该负载为转子质量的 0.5%～2.5%，即

$$m_0 R\omega^2 = (0.005 \sim 0.025)Mg$$

则

$$m_0 = (0.005 \sim 0.025)\frac{Mg}{R\omega^2} = (4.5 \sim 22.5)\frac{Mg}{\pi^2 R n_r^2} \tag{3-29}$$

式中：m_0 为试验荷重的质量，kg；M 为转子质量，kg；g 为重力加速度，9.80 m/s^2；R 为试验荷重在转子上的固定半径，m；n_r 为机组额定转速，r/min。式中的系数，对低速机组取小值，对高速机组取大值。

（2）使试验荷重产生的离心力约为转子原实际最大离心力的一半。而实际最大离心力在试验前是未知的，可大致按每增加转子重量的 1% 的离心力，轴承双振幅增加 0.01 mm 的关系来决定试验荷重的大小，有

$$m_0 = 450\frac{\mu_0 M}{R n_r^2} \tag{3-30}$$

式中：μ_0 为机组未加试验荷重前所测机组导轴承处振动的双振幅值，1/100 mm。

2）基本假设

在额定转速下，转子上所发生的不平衡离心力与转子的偏心质量矩是成正比的。不平衡离心力使导轴承及支架产生横向振动。在振幅较小时，振幅的大小与不平衡离心力的大小成正比。即

$$\mu_0 : \mu_1 : \mu_2 : \mu_3 = P_0 : P_1 : P_2 : P_3 \tag{3-31}$$

式中：μ_0 为未加试验荷重时，由于 P_0 的作用，导轴承机架上产生的横向振动双振幅，mm；P_0 为转子原来存在的质量不平衡所产生的不平衡离心力；P_1、P_2、P_3 为试验荷重分别安放在转子 0°、120°、240°三个位置时，原质量不平衡所产生的离心力与试验荷重所产生离心力的合力；μ_1、μ_2、μ_3 为在不平衡离心力的合力为 P_1、P_2、P_3 时，导轴承支架横向振动的双振幅，mm。

由式（3-28）、式（3-31）可知，导轴承支架横向振动的双振幅的大小与转子上不平衡质量矩的大小成正比。

3.13.2.2　动平衡的三次试加重法

1)试验的基本过程及力的矢量关系

三次试加重法是我国水电站对发电机转子进行动平衡试验的常用方法。即在机组无励磁额定转速空转时,测机组导轴承支架中心体横向振动,若振动过大并判定是因转子质量不平衡而引起时,则做动平衡试验。三次试加重法是分三次将试验荷重分别固定在转子同半径互成120°的圆周上,分别测出加试验荷重后的振动。利用这四次所测振动双振幅值μ_0、μ_1、μ_2、μ_3,可利用作图法和计算法求出应加平衡配重的大小及固定方位。

为了理解作图法和计算法的原理,需要介绍一下动平衡试验时力的矢量图。在上述试验过程中,当不带试验荷重时,由于转子质量不平衡而产生的离心力P_0,引起机组振动双振幅μ_0。而将试验荷重m_0依次放在转子半径为R的圆周三个互隔120°的点上,在转子以额定转速旋转时,就分别产生大小为$m_0R\omega^2$而方向互成120°的离心力R_1、R_2、R_3(图3-15中以R_1、R_2、R_3表示三个离心力),它们分别与P_0合成而有P_1、P_2、P_3三个合力,P_1、P_2、P_3便分别引起振动μ_1、μ_2、μ_3。鉴于不平衡离心力与振幅大小之间的比例关系,合力图也可以表示振幅值的合成(振幅和相位构成振动的矢量)。OO'、OA'、OB'、OC'分别代表双振幅μ_0、μ_1、μ_2、μ_3及各自的相位,OA'、OB'、OC'实际上是单纯由试验荷重放在不同方位上产生的离心力R_1、R_2、R_3所引起的大小相同、相位不同的振动幅值μ_P。由于通过试验可以测出μ_0、μ_1、μ_2、μ_3,若设法据此计算出μ_P,则按比例关系可算出转子上的质量不平衡的大小和所处方位,平衡配重的大小和安放方位即可确定。

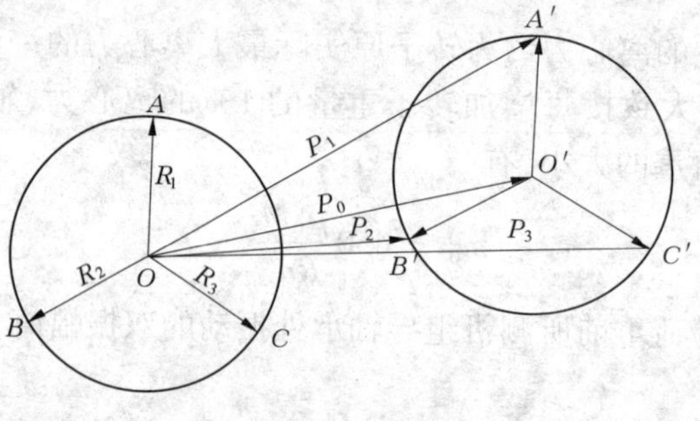

图3-15　动平衡试验时力的矢量关系

2)作图法求平衡配重的大小及方位

作图法步骤如下(见图3-16):

(1)以所测的振动双振幅值μ_1、μ_2、μ_3为依据,按同一长度比值k(如用10 mm长度的线段代表0.01 mm的双振幅值)放大,以这些长度为半径作同心圆。

(2)在最大圆上任取一点A作基点,以最大圆半径为弦长,在大圆上画弧得两点D、D'。

(3)以D、D'为圆心,以最小圆半径为半径画弧,交于中圆于B、B'、B_1、B'_1。

(4)以A为圆心,以AB或AB'为半径画弧,交小圆于C及C'两点。

(5)连A、B、C三点得$\triangle ABC$,连A、B'、C'得$\triangle AB'C'$。

(6)根据所测振动μ_1、μ_2、μ_3对应加试验荷重的方位,在上述两三角形中选取所对应

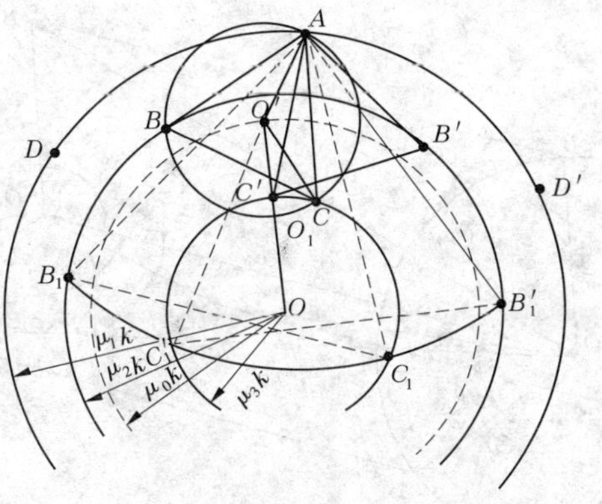

图 3-16　作图法求配重图

的一个。例如:所测振动 μ_1、μ_2、μ_3 对应在转子上加试验荷重的排列方向为顺时针,则应选三角形三顶点 ABC 为顺时针即 $\triangle AB'C'$。若转子上加试重的顺序为逆时针,则取 $\triangle ABC$。

(7)在所选取的等边三角形(如 $\triangle ABC$)中,作三个边的垂直平分线,三条垂直平分线即为三角形的中心 O',此点应在以 μ_0 为半径(按放大比值 k)的圆上或其附近。

(8)连 OO',由 OO' 可换算得到转子原有不平衡所引起振动的双幅值。

(9)以 O' 为圆心,以 $O'A$ 为半径作圆,其圆周与 OO' 的交点 O_1 就是转子上应加平衡配重的方位。连 $O'C$,则平衡配重所加的方位,是三次试重中引起最小振动幅值的加重点向引起中等振动幅值的加重点旋转 $\angle CO'O_1$ 角度的位置。

(10)需加平衡配重的质量为

$$m = \frac{OO'}{O'A} m_0 \tag{3-32}$$

式中:m_0 为试验荷重的质量,kg;m 为平衡配重的质量,kg;OO'、$O'A$ 为图中相应线段的长度。

(11)假设在第(7)步中,O' 不在以 μ_0 为半径的圆上或其附近,则取消 $\triangle ABC$ 或 $\triangle AB'C'$。以 A 为圆心,以 AB_1 或 AB_1' 为半径画弧交小圆周于 C_1、C_1',连 A、B_1、C_1 或 A、B_1'、C_1' 得 $\triangle AB_1C_1$、$\triangle AB_1'C_1'$。按第(6)步在 $\triangle AB_1C_1$、$\triangle AB_1'C_1'$ 中选取顺序方向与加试重顺序方向一致的三角形,并按第(7)、(8)、(9)、(10)步进行求解。

3)计算法求配重的大小及方位

根据前述的动平衡原理及相互间的关系,可利用三角形余弦定理计算平衡配重的质量及配重应安放的方位。

如图 3-17 所示,假定 μ_0 与 μ_{p1} 之间的夹角为 θ,则有

$$\angle A'O'O = 180° - \theta$$

$$\angle B'O'O = 360° - (180° - \theta) - 120° = 60° + \theta$$

$$\angle C'O'O = 180° - \theta - 120° = 60° - \theta$$

根据余弦定理有

$$\mu_1^2 = \mu_0^2 + \mu_P^2 - 2\mu_0\mu_P\cos(180° - \theta)$$

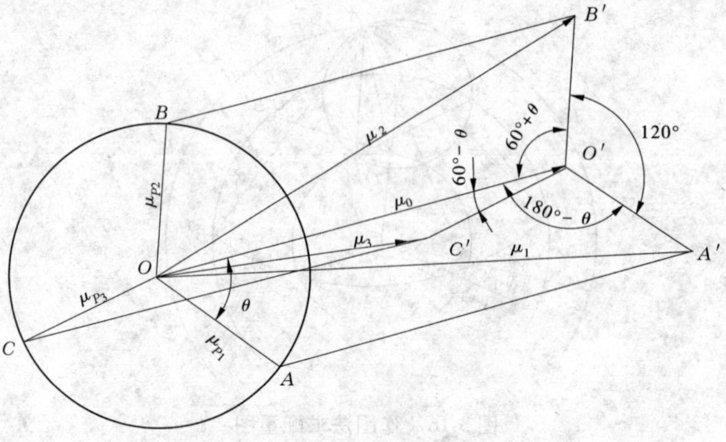

图 3-17　三次试加重后振动值与原振动值间的关系

$$= \mu_0^2 + \mu_P^2 + 2\mu_0\mu_P\cos\theta$$

$$\begin{aligned}
\mu_2^2 &= \mu_0^2 + \mu_P^2 - 2\mu_0\mu_P\cos(60° + \theta) \\
&= \mu_0^2 + \mu_P^2 - 2\mu_0\mu_P(\cos\theta\cos60° - \sin\theta\sin60°) \\
&= \mu_0^2 + \mu_P^2 - \mu_0\mu_P\cos\theta + \sqrt{3}\mu_0\mu_P\sin\theta \\
\mu_3^2 &= \mu_0^2 + \mu_P^2 - 2\mu_0\mu_P\cos(60° - \theta) \\
&= \mu_0^2 + \mu_P^2 - 2\mu_0\mu_P(\cos\theta\cos60° + \sin\theta\sin60°) \\
&= \mu_0^2 + \mu_P^2 - \mu_0\mu_P\cos\theta - \sqrt{3}\mu_0\mu_P\sin\theta
\end{aligned}$$

将以上三式两边相加，得 $\mu_1^2 + \mu_2^2 + \mu_3^2 = 3\mu_0^2 + 3\mu_P^2$，则

$$\mu_P = \frac{1}{\sqrt{3}}\sqrt{\mu_1^2 + \mu_2^2 + \mu_3^2 - 3\mu_0^2}$$

$$= 0.578\sqrt{\mu_1^2 + \mu_2^2 + \mu_3^2 - 3\mu_0^2} \tag{3-33}$$

式中：μ_1、μ_2、μ_3 为每次加试重后所测得振幅的双振幅值，mm；μ_0 为未加试重时所测机组振动双振幅值，mm；μ_P 为试验荷重所产生离心力引起支架振动的双振幅值，mm。

需要的平衡配重质量为

$$m = \frac{\mu_0}{\mu_P}m_0 \tag{3-34}$$

式中：m 为平衡配重的质量，kg；m_0 为试验荷重的质量，kg。

平衡配重的固定方位为

$$\theta = \arccos\frac{\mu_1^2 - \mu_0^2 - \mu_P^2}{2\mu_0\mu_P} \tag{3-35}$$

$$\alpha = 180° - (120° + \theta) = 60° - \theta \tag{3-36}$$

式中：θ 为原有不平衡质量位置与产生最大振动的装试验荷重点的夹角；α 为平衡配重的固定角，它是从产生最小振动的装试验荷重点向产生中等振动的装试验荷重点偏转的角度。

平衡配重在转子上的安放位置应是半径为 R（试验荷重的安放半径），从产生最小振动的加试重点向产生中间振动的加试重点转一 α 角的方位。

若平衡配重在转子上的安放半径与试验荷重安放半径不同,则平衡配重实际为安放半径 R' 修正平衡配重的大小。有

$$m' = \frac{R}{R'}m \tag{3-37}$$

式中:R' 为平衡配重实际安放半径;m' 为在半径 R' 处应有的平衡配重质量。

若在 α 方位不便于安放平衡配重时,则可在规定位置的两边各装一配重,使两配重所产生离心力的合力与计算平衡配重的离心力相同。

3.13.2.3　动平衡的一次试重法

一次试重法同三次试重法基本原理相同,区别在于振动测量时不仅测量振动的振幅,而且同时测量振动的相位。其试验重与三次试重法一样。

1) 试验的基本过程和测量方法

机组启动后,在空载无励磁额定转速下,测量导轴承支架的横向振动的时域曲线(见图 3-18),按比例测算出双振幅值 μ_1 及相位角 φ_1。若振幅超过允许值,或振幅虽未超过允许值但仍需减小振动时,认为此时产生振动的主要原因是转子质量不平衡,则要进行动平衡试验。将试验荷重(其大小同前述)装在转子上,记录安装半径 R 和方位角 φ_0,再次启动机组,在同工况下测量导轴承支架的横向振动的时域曲线,按比例测算出双振幅值 μ_2 和相位角 φ_2。这样可根据振动测量的四个数据 μ_1、φ_1、μ_2、φ_2 及试验荷重质量 m_0,试验荷重安放半径 R 和方位角 φ_0,计算出应装平衡配重的大小及安放位置。

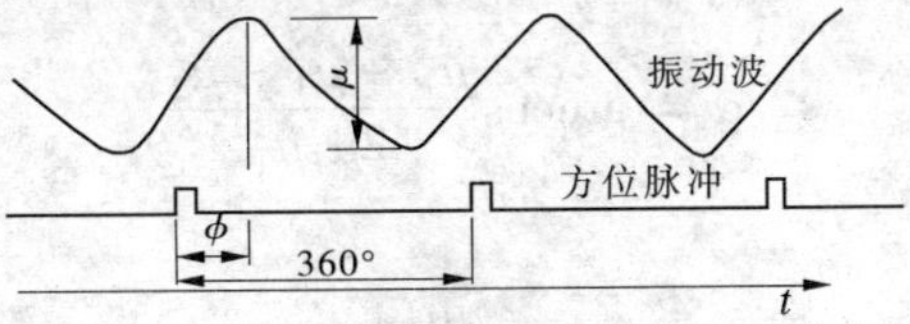

图 3-18　振动的时域曲线图

振动的时域曲线(即振动的波形图)的测量记录需用电测法,用示波器记录。同时在转子某一方位装设同步信号装置,使转子每转到此处时发一同步信号,由示波器记录下来,并定义该点为转子零度方位。两同步信号之间的相位差为 360°,即可按比例测算出波峰时的相位角 φ_0。

2) 计算平衡配重的大小及安放方位

根据测量所得数据,可用作图法或计算法求出平衡配重。

一次试重法的矢量图如图 3-19 所示,坐标原点代表转子中心,OA 代表空载测振的 μ_1、φ_1,加试重后测振数据 μ_2、φ_2 由 OB 代表,而 $AB = OA - OB$ 是试验荷重对振动的影响。按图 3-19 的方法作图,连 A、B 两点得 AB 的长度,平衡配重的大小为

$$m = \frac{OA}{AB}m_0 \tag{3-38}$$

平衡配重在转子上的安放角 φ 为

$$\varphi = \varphi_0 + \alpha \tag{3-39}$$

式中:α 为在图 3-19 中标明的角度。

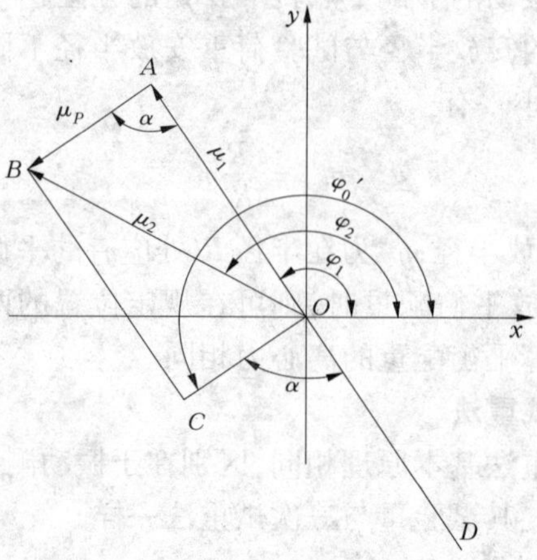

图 3-19 $\mu_2=\mu_1+\mu_P$ 矢量图

如图中由 OC 至 OD 是逆时针旋转，α 的符号为正，若 OC 至 OD 是顺时针旋转，则 α 的符号为负。

图 3-19 也可利用余弦定理进行计算，有

$$AB^2 = OA^2 + OB^2 - 2OA \times OB\cos(\varphi_2 - \varphi_1)$$

因 AB、OA、OB 分别代表 μ_P、μ_1、μ_2，则有

$$\mu_P = \sqrt{\mu_1^2 + \mu_2^2 - 2\mu_1\mu_2\cos(\varphi_2 - \varphi_1)} \tag{3-40}$$

$$\alpha = \arccos\frac{\mu_P^2 + \mu_1^2 - \mu_2^2}{2\mu_P\mu_1} \tag{3-41}$$

平衡配重的大小为

$$m = \frac{\mu_1}{\mu_P}m_0 \tag{3-42}$$

平衡配重的安放角为

$$\varphi = \varphi_0 + \alpha \tag{3-43}$$

应当指出，上述几种动平衡试验和平衡配重的计算方法，都是在机组振动纯粹是转子质量不平衡引起这个认识的基础上进行的，只要实际情况与这一认识相符，且试验测量精确、计算正确，这几种方法所得结果应是一致的，效果是好的。但在实际中，机组振动原因是多方面的，其他原因引起的振动与转子质量不平衡引起的振动相合成，会给动平衡工作带来误差。

对于高转速机组，发电机转子直径较小而磁轭高度较大。当磁轭高度与转子直径之比大于 1/3 时，就视为圆柱形转子。此时转子的质量不平衡，在转子旋转时不但产生不平衡离心力，而且产生不平衡离心力偶，使上、下两机架产生振动，振动相位不相同。在这种情况下仅按上述圆盘形转子的动平衡试验和计算方法，不能完全解决质量不平衡引起的振动问题。此时应分别在转子上、下两端面装设试验荷重。试验时的测量应同时测上、下机架的水平振动幅值和相位角，应分别计算出转子上、下两端面应加平衡配重的大小和各自的方位角。

3.13.3 配重试验实例

某水电站总装机容量 120 MW，安装 2 台单机容量为 60 MW 的立轴混流式水轮发电机组。1#机组水轮机型号：HLF161A0－LJ－400，发电机型号：SF60－38/9070，额定转速：157.9 r/min。该机组于 2008 年 4 月开始并网发电，上导的摆度值从刚投入运行时的 300 μm 左右逐步上升到一级报警值 500 μm 左右并越来越频繁，甚至出现二级报警 600 μm，上导摆度曾经达到了 785 μm，有必要采取措施查找机组异常振动的原因并消除。

3.13.3.1 现场试验

电站在 2009 年 1 月做现场试验，希望通过试验，分析判断并消除机组产生异常振动的原因，确保机组的安全运行，主要是做变转速试验和变励磁试验。变转速试验是为了测量机组的质量不平衡影响情况，试验时从能稳得住的最低转速开始，每上升大于 10% 额定转速为一个测量点，一直升到 100% 额定转速；变励磁试验是为了测量机组的电磁拉力影响情况，试验时从励磁电压为零开始，每大于 10% 额定励磁电压为一点，一直加到 100% 额定励磁电压。做试验时机组各部位测点分布情况见图 3-20。

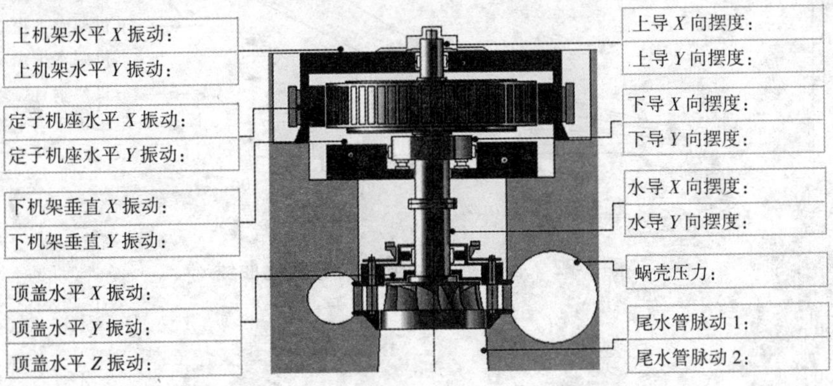

图 3-20 试验时机组各部位测点分布情况

1）变转速试验

将机组转速分别稳定在额定转速 n_r 的 25%、50%、75%、100% 下，每个工况点稳定 3～5 min，记录机组在升速过程中各测点的振动测试数据分布情况，见图 3-21 和图 3-22。由曲线变化趋势分析可得，各部位测点的振动幅值 A 随机组转速 n 的增加有增大的趋势，上、下机架水平振动幅值与转速平方 n^2 基本成比例增加，见图 3-23，额定转速工况时下机架水平振动达到了 58 μm。可见，机组存在一定的动不平衡力。

2）变励磁试验

将机组励磁电压分别稳定在额定励磁电压 u_r 的 25%、50%、75%、100% 下，每个工况点稳定 3～5 min，记录机组在升速过程中各测点的振动情况，见图 3-24 和图 3-25。由曲线变化趋势分析可得，励磁电压增大对机组各测点部位的振动（摆度）幅值基本没有影响。

3.13.3.2 振动故障处理与分析

通过对变转速试验和变励磁试验各测点的数据分析可知，机组上导摆度持续增大的

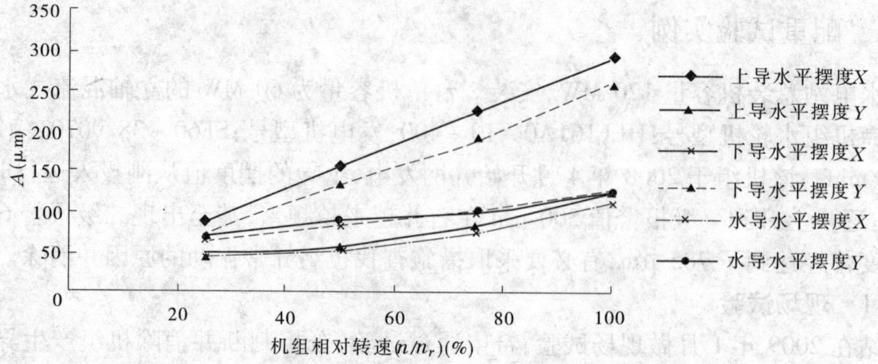

图 3-21　各测点摆度值随转速变化曲线

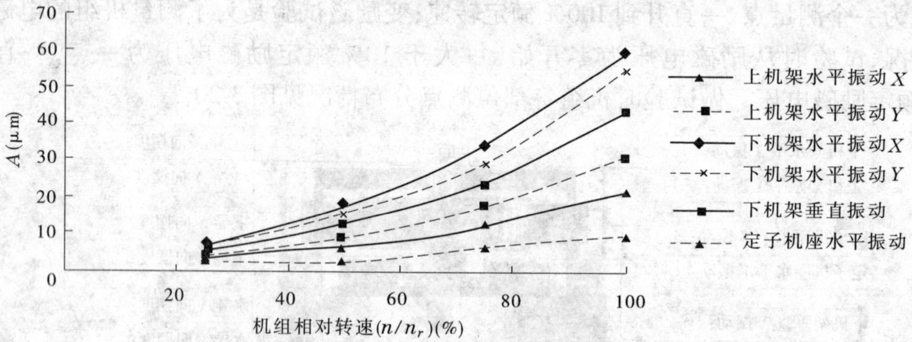

图 3-22　各测点振动值随转速变化曲线

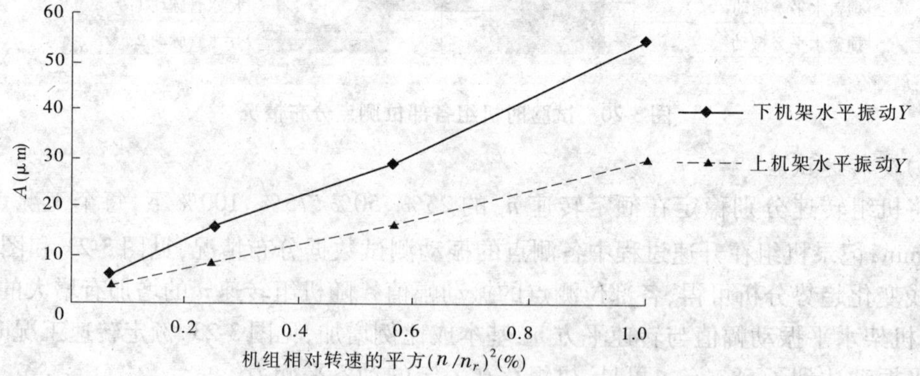

图 3-23　机架水平振动幅值随机组转速平方变化曲线

原因很可能是机组存在动不平衡情况。在机组检修时，将上导轴承进行拆卸，按要求拆卸后检查发现，在不受任何外力约束的情况下，上导 3#、4#瓦片之间的间隙最大为 0.76 mm；之后拆卸其余导轴承盖板，进行电气盘车，经过初步计算，上导摆度超标，最大为 39 mm，按国际标准要求为 10.8 mm 左右，针对上导摆度大的情况，通过分析认为机组振摆超标问题的原因是：1#水轮发电机组存在质量不平衡，需要做动平衡处理。

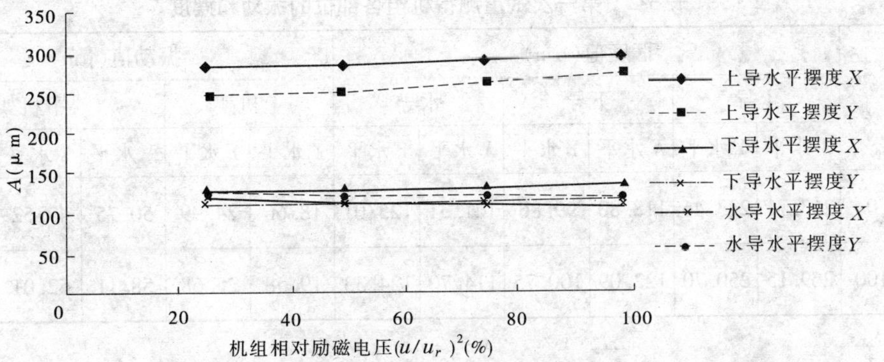

图3-24　各测点摆度值随励磁电压变化曲线

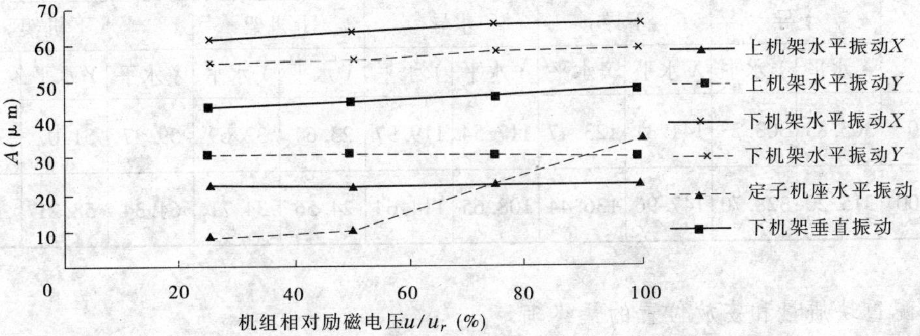

图3-25　各测点振动值随励磁电压变化曲线

1)试重块质量的选择

动平衡处理时,所用试重块质量估算时考虑的是:按照试加重块所产生的离心力为转子质量的0.5%~2.5%适当选择,配重质量 $m_0=12\sim59$ kg,根据经验试取40 kg做试验。

2)试重试验

由于发电机转子直径和高度的比值小于3,可以采用一点试重法。第一次试重时,机组停机,按照在100%额定励磁电压工况下测得的上、下机架水平振动和各导摆度值综合分析得到的试加重块安放位置在6#盘车点,将试重块在转子支臂上下均匀分配。在转子支臂上焊M30螺杆,试重块串在螺杆上再点焊。在焊螺杆时找准位置,安装后试重块紧靠转子支臂外端,机组在运行过程中,试重块的离心力在转子支臂上,螺杆不受试重块离心力造成的剪切力。

安装以后开机,缓慢增加机组的转速并对机组各部位的振动进行监测,在判断振动对机组无危害后再增加机组的转速到100%额定转速。把机组工况分别稳定在100%额定转速和100%额定励磁工况,测量机组各部位的振动和摆度,根据振动与摆度情况(见表3-2),决定第二次试重的方位在4#盘车点。

第二次试重时机组停机,将试重块移到需要的方位,试重块在转子支臂上下均匀分配,重复第一次试重过程,测得各机组各部位的振动和摆度见表3-3。

表 3-2　第一次试重测得机组各部位的振动和摆度

n/n_r (%)	u/u_r (%)	摆度值(μm)						振动值(μm)				
		上导		下导		水导		上机架		下机架		
		X 水平	Y 水平	X 水平	Y 水平	X 水平	Y 水平	X 水平	Y 水平	X 水平	Y 水平	垂直
0	0	263.71	223.46	118.80	99.86	121.31	125.01	18.66	24.99	50.75	47.52	36.40
100	100	269.15	250.70	122.09	100.75	114.70	124.33	19.58	25.68	58.11	52.01	40.82

表 3-3　第二次试重测得机组各部位的振动和摆度

n/n_r (%)	u/u_r (%)	摆度值(μm)						振动值(μm)				
		上导		下导		水导		上机架		下机架		
		X 水平	Y 水平	X 水平	Y 水平	X 水平	Y 水平	X 水平	Y 水平	X 水平	Y 水平	垂直
0	0	305.83	303.23	141.31	123.47	117.54	119.97	23.64	32.69	59.37	51.07	41.49
100	100	315.20	328.70	147.96	136.44	108.65	114.64	24.56	34.71	64.34	58.21	48.69

3)配重块质量和安放位置的最终确定

原试重块质量为 40 kg,在 100% 额定励磁电压工况下,上导 X 方向的摆度幅值从原始数据的 294.38 μm 下降到第一次试重时的 269.15 μm,下降了 25.23 μm,最终的试重块质量估算公式如下:

$$p_1 = p_2 \frac{\mu_1}{\mu_2} \tag{3-44}$$

式中:p_1 为最终配重块的质量,kg;p_2 为原试重块的质量,kg;μ_1 为配重后最终希望上导摆度的降低值,μm;μ_2 为原试重后上导摆度的降低值,μm。将 $p_2 = 40$ kg、$\mu_1 = 110$ μm、$\mu_2 = 25.23$ μm 代入式(3-44)可得 $p_1 = 174.39$ kg,实际配重 180 kg。

由表 3-2 和表 3-3 的数据分析,第二次试验时,试重块安放在 4#盘车点,使各测点的摆度和振动加剧,在试重块安放在 6#盘车点的第一次试验使各测点的摆度和振动较好,因此在确定了最后的配重块质量为 180 kg 后,考虑在 6#盘车点附近做最终的振动处理试验。在 6#偏 7#盘车点 20°加配重块 180 kg,测量机组各部位的摆度和振动值。

3.13.3.3　振动处理后效果验证与分析

在转子 6#偏 7#盘车点 20°加配重块 180 kg 后,将机组工况点分别稳定在 100% 额定转速、100% 额定励磁电压、10 MW、40 MW 和 56 MW,机组各部位的测点情况见表 3-4。

表 3-4 表明,通过动平衡处理,在 100% 额定转速、100% 额定励磁电压下,上、下导摆度特别是上导 Y 方向的摆度幅值变化最大,由原始值 271.66 μm 下降为 90.05 μm,减少了 181.61 μm。机架水平振动也有明显改善,处理后上机架水平振动降低为 20 μm,下机架水平振动降低为 30 μm。

表3-4 1#机组动平衡处理后试验数据

u/u_r (%)	机组出力(MW)	摆度值(μm)						振动值(μm)				
		上导		下导		水导		上机架		下机架		
		X水平	Y水平	X水平	Y水平	X水平	Y水平	X水平	Y水平	X水平	Y水平	垂直
0	0	223.05	211.15	119.42	107.98	140.88	143.88	13.25	18.59	42.08	39.20	28.38
100	0	175.22	90.05	89.89	63.44	123.32	130.58	13.24	13.39	27.15	21.45	23.90
100	10	170.86	83.27	88.55	67.22	120.75	128.29	13.28	14.31	26.41	20.59	24.63
100	40	159.79	95.58	87.92	70.87	99.80	107.81	11.53	12.67	22.73	16.33	17.12
100	56	154.16	99.72	89.83	71.42	80.67	96.30	11.09	12.38	22.27	15.59	14.88

本章小结

1. 水轮发电机组的各部件,在设计、铸造、加工、运输、安装及检修过程中,会产生许多机械方面的干扰力而致使机组振动。主要是水轮机和发电机的结构不良或制造、安装质量较差造成的。

2. 轴系指机组的转动体,由主轴和安装于其上的各转动部件组成,主要功能是转动并传递转矩。围绕机组轴系运行的支承部件和固定部件,主要功能是限制轴系在预定位置范围内运动,承受并传递径向力和轴向力到基础。

3. 轴系三个中心,即机组中心、旋转中心、轴线。三者重合是最理想的状态。

4. 机组振动的机械原因有:机组轴线不正或对中不良,转动部分质量不平衡,转子的振摆,转子抖动,机组轴系与支承结构刚度不足,导轴承缺陷或间隙调整不当,轴密封调整不当等。

5. 临界转速,即主轴系的转速频率与其自振频率相等时的转速。在该转速下轴系将产生强烈的振动。工作转速低于临界转速是水轮发电机组应该遵循的一般原则。

6. 机组转动部件质量不平衡,有静态不平衡和动态不平衡两类。静态不平衡是指机组转动部件因材质不均匀、毛坯缺陷、加工质量不好、安装装配时转动部分重心不在中心线上等,在静态时其重心偏离旋转中心,形成一个质量偏心;动态不平衡是指质量偏心部件,或原本质量不偏心但运行一段时间后,由于振动使零部件松动、位移等而造成质量不平衡,在机组旋转时质量偏心会产生不平衡离心惯性力。

存在质量偏心的部件,常见的有水轮机转轮和发电机转子。水轮机转轮一般在出厂前或检修后进行静平衡配重试验,发电机转子一般在试运行前进行动平衡配重试验。

7. 转轮静平衡试验装置,主要有支承式和悬吊式两大类。支承式又包括球面刚性支承式、球面静压支承式、重力传感器三点支承式等多种。大中型立轴混流式和轴流式水轮机的转轮,常采用球面支承式进行立式静平衡试验配重。

8. 动平衡试验,就是人为地改变转子的不平衡性,测量机组振动的变化,计算转子质量不平衡，用平衡配重的办法使转子重心趋于旋转中心，减小转子旋转时所产生的不平衡离心力和离心力偶，从而减小质量不平衡引起的振动。动平衡试验包括一次试重法和三次试重法。

习　题

3-1　轴系定义与功能是什么？各包括哪些部件？

3-2　何谓机组轴系三个中心？对三个中心有何要求？在安装与检修时应注意什么？

3-3　机组轴线不正包括哪些方面？引起的振动有何特点？有何预防措施？

3-4　机组转动部件质量不平衡分为哪几类？常见的哪些部件可能存在质量不平衡？

3-5　什么叫静态不平衡？如何消除？

3-6　什么叫动态不平衡？如何消除？

3-7　转子弓状回旋可能是何原因引起的？该振动有哪些特点？有哪些预防措施？

3-8　转子振摆的主要表现有哪些？

3-9　什么是转子抖动？可能由哪些原因引起？

3-10　机组轴系与支承结构刚度不足引起的振动有哪些特征？如何预防？

3-11　导轴承缺陷或间隙调整不当是指哪些方面？该种原因引起的振动有何特点？

3-12　轴密封调整不当主要是指什么？由此引起的振动有何特点？有哪些预防措施？

3-13　什么是主轴系的临界转速？有哪些计算方法？

3-14　什么叫静平衡？静平衡试验装置有哪几类？什么部件需要做静平衡试验？做静平衡试验时需要防止发生什么危险？静平衡试验的具体步骤有哪些？一般配重块固定在什么位置？

3-15　什么叫动平衡？什么部件需要做动平衡试验？有哪些试验方法？一般配重块固定在什么位置？

第 4 章　水轮发电机组电磁振动分析

4.1　电磁振动产生的原因及危害

在发电机将水轮机的旋转机械能转换为电能的过程中，由于设计、制造、安装或参数配合不当，可能会引起电磁振动。由机组电磁方面的原因而产生的干扰力引起的振动，致使机组运行不稳定，这种振动就称为机组的电磁振动。其中干扰力主要是指电磁力不平衡。电磁力不平衡主要指沿发电机转子四周磁拉力不对称的情况。

机组产生电磁振动的主要原因有：

(1)转子不圆，转子旋转中心与几何中心不一致。

(2)发电机转动部分因受不平衡力(这些不平衡力主要有周期性的不平衡磁拉力分量，定、转子不均匀气隙所引起的作用力，转子线圈短路时引起的力和发电机在不对称工况下运行时产生的力)的作用产生的机组振动，其振动特征为：振动随励磁电流增大而增大，且上机架处振动较为明显。

(3)当一个磁极因短路而引起磁动势减小时，和它相对应的那个磁极的磁动势并没有变，因而出现一个跟转子一起旋转的辐向不平衡磁拉力，引起转子振动，其振动特征为：振动随定子电流增大而增大，振级与电流几乎呈线性关系，且上机架处振动最为明显。

(4)因定子铁芯组合缝松动或定子铁芯松动所引起的机组振动，其特征为振动随机组转速变化较明显，且当机组带上一定负荷后，其振幅又随时间增长而减小。对因定子铁芯组合缝松动所引起的振动还有一特征：其振动频率一般为电流频率的 2 倍。

(5)定子绕组固定不良，在较高电磁负荷作用下使绕组及机组产生振动。其振动特点为振动随转速、负荷运行工况变化而变化，上机架处振动亦较为明显，但不会出现带上某一负荷后其振动随时间增长而减小的情况。

电磁振动产生的危害：水轮发电机单机容量正向超大型发展，机组安全稳定运行更显得重要，而振动问题是干扰机组运行状态和发电性能的原因之一。不平衡磁拉力引起机组电磁振动对机组的运行产生较大的影响，会导致系统产生振动和噪声，加快轴承磨损，缩短维修周期，在严重情况下甚至可能会造成转子定子接触，导致机组无法正常运行，甚至可能发生重大事故。因此，研究不平衡磁拉力对转子系统振动的影响无论是对机组的设计还是状态维护，都是十分必要的。

4.2　电磁振动的分类

水轮发电机组电磁振动，按振动的频率可分为转频振动和极频振动两类。

4.2.1　转频振动

转频振动的频率等于转频或其整倍数，即

$$f_1 = k\frac{n}{60} \quad (\text{Hz})(k = 1,2,3,\cdots) \tag{4-1}$$

式中：n 为机组转速，r/min，机组转频为 $n/60$ Hz。

转频振动是大尺寸水轮发电机的主要振源之一。由于定子内腔和转子外圆之间的气隙不均匀，在定子和转子间会产生不均衡磁拉力，如图 4-1 中的 F，从而对转子和定子形成转频激扰力。

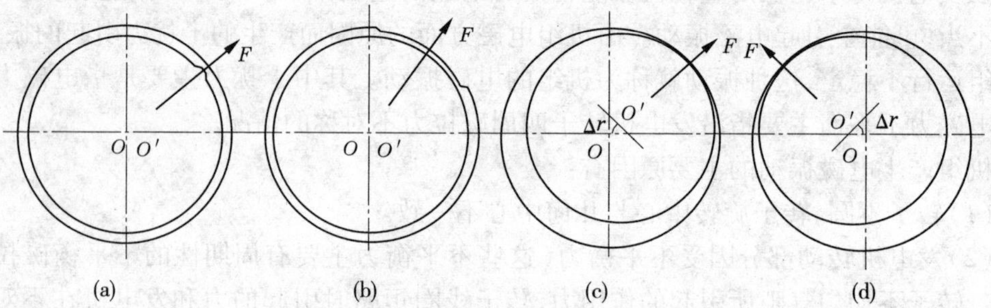

图 4-1　水轮发电机不均衡磁拉力 F 作用图

气隙是定、转子之间的间隙，以空气为介质。它是磁场的通路（即能量转换的通路），可引起磁路和磁阻的变化。引起气隙不均匀的主要原因有：

（1）转子外圆不圆，如有的磁极突出，如图 4-1（a）所示。

（2）定子内腔不圆，如分块定子，某一块向内突出，如图 4-1（b）所示。

（3）定子内腔和转子外缘均为圆形，但转子和定子非同心，如图 4-1（c）所示（图中 Δr 为转子中心偏心值）。

（4）转子动、静不平衡，如图 4-1（d）所示（图中 Δr 为转子质量偏心值）。

（5）转子各磁极电气参数相差较大等。

定子和转子间的气隙不等，往往是由上述原因综合作用造成的，常以其中一种或两种原因为主。气隙不均匀，可分为静态气隙不均匀与动态气隙不均匀两种。

4.2.1.1　静态气隙不均匀

发电机定子或转子不圆，或定、转子不同心，都可能造成发电机气隙不均匀。当发电机转子磁极固定良好，在运行中没有窜动时，最小气隙在空间的位置是固定的，此时的气隙不均匀即为静态气隙不均匀。静态气隙不均匀将导致发电机气隙磁场不均匀，在定子上产生相对静止的单边磁拉力，在转子上产生周期性交变磁拉力，从而引起发电机振动。

由此原因引起的振动有以下特征：

（1）振幅随励磁电流的增大而增大，随发电机出力增大而增大。

（2）振幅随气隙不均匀度的增大而增大。

（3）造成发电机导轴承过负荷，引起导轴承振动，并造成上机架振动。

（4）定子振动频率表现为转/极频或倍转/极频。

例如，盐锅峡 10#发电机，在投运初期，曾因发电机气隙不均匀而产生振动，经检查发现定、转了间隙虽符合安装规程要求，但大、小间隙分别集中在与中心线相对的一侧，造成较大的气隙静态不均匀，引起发电机振动。在对气隙进行处理后振动就消除了。还有水口 1#发电机、铜街子 1#发电机等都曾出现过类似的问题。

4.2.1.2　动态气隙不均匀

发电机转子磁极在运行中出现松动、热变形或其他原因造成气隙在运行中的不均匀，就称为动态气隙不均匀。此时，最小气隙的位置是旋转的。

由此原因引起的振动与静态气隙特征基本相同，但转子上有转频振动产生。

4.2.1.3　预防措施

(1)精心设计，避免发电机转子磁极在运行中出现松动。

(2)适当提高对定、转子圆度和同心度的要求。

(3)精心安装，研究并提高现行水轮发电机安装标准的有关质量要求。

4.2.2　极频振动

极频振动的频率为

$$f_2 = \frac{3\,000k}{60} = 50k(\mathrm{Hz})(k = 1,2,3,\cdots) \tag{4-2}$$

产生极频振动的主要原因如下。

4.2.2.1　定子分数槽造成的次谐波磁势

这种次谐波磁势的振动幅值随负载电流增大而增大。定子每极每相的下线槽数可分为整数槽数($q=3,4,5,\cdots$)和分数槽数($1\frac{1}{2}\leqslant q\leqslant 5\frac{1}{2}$)。分数槽数可改善电动势波形，在水轮发电机方面得到广泛的应用。定子采用分数槽绕组时，除主波和高次谐波磁势外，还有一系列次谐波磁势。在某些情况下，电枢磁势的次谐波和主极磁场的作用，可能使定子铁芯产生显著的振动。过去大型水轮发电机通常采用双层绕组，此时次谐波磁势的含量较小，与机电参数发生共振的概率很小。近年来在大型水轮发电机上开始采用水冷技术，此时，为减少定子绕组的水冷接头数，某些机组采用单层分数绕组。此外，由于大型水轮发电机组的极限容量主要受转子圆周的线速度限制，一般不超过 220 m/s，因此磁极数较多。

当采用分数槽绕组时，某些发电机的磁势和力波谱可能很宽，定子分数槽绕组产生的磁势中除主波外，还有一系列极对数不能被主波极对数整除的分数次谐波。这种次谐波与主极磁场相互作用，会产生一系列波数小于主极数的行波，从而使发电机产生多种频率的振动。某些谐波可能引起定子共振或倍频共振，从而引起定子铁芯和其他部件产生明显甚至剧烈的振动。在这种状态下长期运行，会使定子线圈和其他结构部件受到损伤，甚至发生重大事故。

次谐波振动有以下特征：

(1)振幅随定子电流的增大而增大；

(2)上机架的振动比较明显；

(3)振动主频为二倍极频(100 Hz)。

例如,四川玉堂1 MW水轮发电机组投运初期,曾发生强烈的次谐波振动,后采取定子加固、改变绕组接线方式、转子增设阻尼绕组等综合措施,才消除了振动。三峡右岸18#机运行初期,定子机座和上机架也发生主要由次谐波引起的二倍极频振动,在改变绕组接线后才消除了振动。

预防措施:

(1)发电机定子采用分数组绕组时,要进行次谐波振动、噪声分析及核算。

(2)优化分数槽定子的接线方式,尽量减小次谐波的量级。

(3)使定子和上机架的固有频率尽可能多地避开二倍极频。

4.2.2.2　定子并联支路内环流产生的磁势

定子各相沿圆周分布有很多线圈,它们并联在一起构成支路,把支路再组合起来(串联或并联)构成绕组。并联支路有两种布置方式,一种是分布布置,如图4-2(a)所示;另一种是集中布置,如图4-2(b)所示。水轮发电机通常采用集中布置方式。

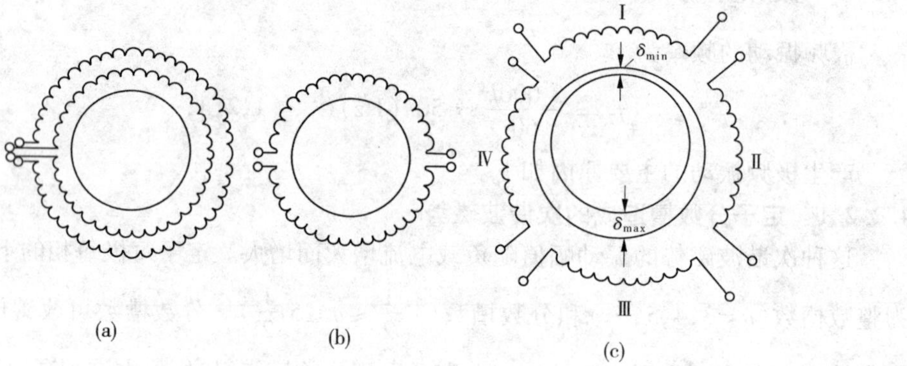

图4-2　定子并联支路

集中布置的优点是,若定子和转子间气隙不均匀,如图4-2(c)所示,则各支路内感应电动势不一样,支路之间就有环流通过,环流所产生的磁场将力图使气隙不均匀磁场恢复平衡。因此,使局部不均衡磁拉力降低,铁芯局部过热也不严重。

但是,采用支路集中布置时,由于定子和转子间的气隙不均匀,在支路中所引起的环流将产生一系列不对称的次谐波磁势(整数槽组也是如此),与定子分数槽次谐波类似,也能引起极频振动(振动主频100 Hz),使铁芯振动加大。

4.2.2.3　负序电流引起的反转磁势

运行中的发电机不可避免地会存在三相负荷不对称的情况。还有当定子单相接地、两相间短路时,也会造成定子三相负荷不对称现象。当发生这些情况时,发电机三相绕组中的不平衡电流会在三相绕组中产生负序电流,引起负序旋转磁场(即与正常电流的相序相反的电流,它产生一个极对数与主磁极相同而旋转方向相反的磁场),它与主磁场叠加产生一个空间阶数j为零(即$j=0$)的磁场。当负序磁场正对发电机纵轴时,由于气隙较小,则定、转子间的作用力较大;反之,当负序磁场正对发电机横轴时,由于气隙较大,则定、转子间的作用力较小。这样,负序磁场使定、转子间的作用力时大时小,引起定子铁芯作驻波式振动，造成定子机座和转子的振动。负序电流对任何发电机都是存在的，但是，只有在共振的情况下，才能引起显著的振动。

该种振动有以下特征：

(1)振幅与负序电流的大小成正比。

(2)振幅随负荷增加而增大。

(3)振动主频为二倍极频。

(4)定子铁芯的振动呈驻波式椭圆振动。

减小负序电流的措施：

(1)定子设阻尼绕组以减弱负序电流的作用。当负序旋转磁场切割转子时，阻尼绕组因为电阻和漏电抗很小，又安装在极靴表面，将会产生较大的感应电流而显著地削弱负序磁场，从而减小负序电流。

(2)在电力系统的设计、运行方面采取措施以减小负序电流。方法很多，可根据各电站实际情况选择合适的方法。

4.2.2.4　定子不圆，机座合缝不好

水轮发电机的定子由于加工、组装等各种因素，稍呈扁圆形，气隙就可能出现振动幅值为 ΔA_j 的 j 次谐波的附加磁导和磁场。附加磁场与主波磁场相互作用将产生谐和振动，其振动主频为二倍极频(100 Hz)。

4.2.2.5　定子铁芯冲片松动及定子铁芯瓢曲

若发电机定子铁芯压紧力不足，运行一段时间后，在电磁力的作用下，可能会出现铁芯冲片松动。定子铁芯冲片松动常发生在铁芯的齿部、端部和合缝处。若设计上没有对定子铁芯和机座进行热变形处理，铁芯热膨胀受到定子机座的约束，则定子铁芯就会产生瓢曲。发电机运行时，在电磁力作用下，定子铁芯冲片和铁芯瓢曲都可能导致发电机振动、噪声和铁芯温度升高。

该种振动有以下特征：

(1)振幅与励磁电流大小有关。

(2)伴随产生明显的电磁噪声。

(3)振动主频为二倍极频。

(4)上机架振动比较明显。

国内外有多个水电站都曾发生过该类问题，不同程度地引起发电机振动、噪声和铁芯温度升高。例如，漫湾水电站发电机曾发生过该种振动，后采取加大铁芯压力、重新压紧铁芯等措施，振动才得以减轻。

预防措施：

(1)合理设计定子铁芯及其固定结构，提高定子铁芯的整体性和刚度，选择高质量的冲片、冲片漆、拉紧螺杆等材料。

(2)综合考虑发电机定子铁芯结构与铁芯长度，以及发电机运行后各种原因引起的定子铁芯收缩等因素，借鉴已运行的大型水轮发电机的经验，合理选择定子铁芯的压紧力。

(3)铁芯堆叠时，采用分段热压，保证加热温度、加热时间和压紧力。

(4)定子铁芯和定子机座间采用浮动式径向连接结构,避免机组运行时两者的热膨胀差造成铁芯瓢曲。

4.2.2.6 网机耦合引发的发电机扭振

发电机出口突然短路,会在定子端部绕组之间,定子端部绕组与转子端部之间,以及定子绕组与定子铁芯之间,产生很大的电磁力,此外,还会在发电机轴上作用很大的电磁力矩,这些力和力矩都可能使发电机产生剧烈的振动。

近年来,由于高压电网的普及和大功率发电机的投产,国内外发生过多起电网突然短路使发电机产生扭振的事故。如2001年巴西—巴拉圭的440 kV线路发生短路,电网振荡,引起伊泰普电站18台水轮发电机组中的13台剧烈扭振,而被迫停机。

该种振动有以下特征:

(1)突然发生,破坏性强。

(2)噪声变化剧烈。

(3)振动形式为扭振。

(4)振动主频率为极频或二倍频。

预防措施:

对各种异常情况下的网机关系进行分析,并进行网机耦合仿真计算,根据分析与计算结果采取必要措施。

4.3 磁拉力的计算

当发电机正常运行时,转子是在均匀磁场中转动,转子径向各点所受的磁拉力是均匀的。若定子和转子间的间隙不等、转子质量不平衡、大轴不直及水力不平衡等就会引起气隙不均匀而产生不均匀磁拉力。不均匀磁拉力方向一般与偏心方向相同,因而使偏心加大,当挠度达到一定程度时,大轴的弹性恢复力等于不平衡力以达到动态平衡。

磁拉力对转子振动的影响主要表现如下:

(1)均匀磁拉力对转子的自振特性影响不大,而不平衡磁拉力对转子的自振特性影响较大。不平衡磁拉力的作用相当于在轴的刚度上增加了一个负刚度,其结果会使固有频率降低。

(2)存在不平衡磁拉力时,自振频率随励磁电流增加而降低,当励磁电流进入饱和区时,励磁电流再增加,自振频率也不再减小了,即励磁电流为某一确定限值时,自振频率为最小。

(3)当机组不平衡磁拉力较大时,将转子拉向定子,减小了导轴承中油膜厚度,也改变了轴承特性,因此轴承的动力特性应与转子每一偏心的动态特性同时进行分析。在分析的案例中发现,不平等磁拉力可能导致自振频率下降22%之多,不容忽视。

以往在研究机组振动时,把磁拉力简化为转子、定子相对偏心距的线性函数。磁拉力的计算方法可分为解析法和数值法,解析法又有线性分析和非线性分析。下面对解析法作一简要介绍。

4.3.1　磁拉力的线性分析

计算气隙不均匀产生的电磁拉力的传统方法是利用经验公式，根据结构形式不同而得出。多年来，不平衡磁拉力简化成与偏心率（转子与定子的相对偏心距）成正比的线性关系。在最小间隙处定子与转子间产生不均衡磁拉力，可近似地表示为

$$F = \beta\pi DL\left(\frac{B}{5\ 000}\right)^2 \frac{e}{\delta} \quad (10\ \mathrm{N}) \tag{4-3}$$

式中：D、L 分别为转子直径和高度，式(4-3)中的长度单位均为 cm；B 为磁通量密度（10^{-4} T）；β 为系数，它与发电机类型、磁场分布、槽、阻尼和绕组结构等有关，一般 $\beta = 0.2 \sim 0.5$；δ 为转子与定子间的正常间隙；e 为偏心率，$e = \delta - \delta_{\min}$，$\delta_{\min}$ 为转子定子间的最小间隙。

例如，于 1965 年投入运行的苏联布贺塔尔明电站发电机为悬式，1969 年进行机组大修时发现，在发电机导轴承处大轴撞击加剧，引起上、下机架振动明显加剧。进而发现下机架的基础托架遭破坏，上机架支腿处筋条横向焊缝开裂。

检修时首先修复了上、下机架，又进行了下述工作：楔固转子轮缘，修整定子和转子铁芯，调整机组的导轴承，加强上、下机架的刚度等。

在综合检修后的一段时间内机组振动情况有所改善，但机组运行一段时间后，振动又加剧，为避开机组振动，机组只能在 6 万 ~7 万 kW 狭窄工况内运行。

对机组振动测试结果进行频谱分析发现，其占主要部分频率（主频率）为 2.5 Hz，恰好是机组转频（机组的正常转速 $n = 150$ r/min）。振动随励磁电流增大而直线加大，当励磁电流达 150 A 时，振幅达最大值。在定子铁芯和定子机壳的振动组成中，还有 10 Hz 的振动成分。这一振动在上机架表现明显。例如机组出力为 2 万 kW 时，频率为 10 Hz 的上机架振动位移达 100 μm。

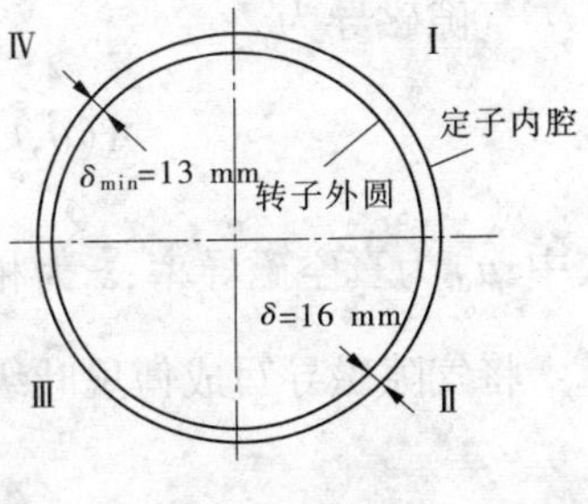

图 4-3　不均衡磁拉力发生示意图

如图 4-3 所示，由于转子第 20 ~23 号磁极向外突出，第Ⅳ块定子向内腔突出，则大轴每转一周，定子和转子之间有一次最小间隙相遇，若正常间隙为 $\delta = 1.6$ cm，最小间隙为 $\delta_{\min} = 1.3$ cm，则气隙相对偏差值 $e = \delta - \delta_{\min} = 0.3$ cm。在检修时虽然进行了如上所述的工作，但转子和定子铁芯的振动仍较大，这说明气隙不均匀而引起的不均衡磁拉力是机组振动的主要原因。解决的办法是，将定子分块Ⅳ向外移，并缩回转子磁极突出部分（或减少突出磁极的线圈数，也可降低磁极高度）。由于改造转子机械部件费时又影响运行，最后采取减少突出磁极的线圈数，收到了比较好的效果。

4.3.2　磁拉力的非线性分析

实际上不平衡磁拉力与转子偏心、激磁电流等有密切的非线性关系，引起不平衡磁拉力的原因较多，机理复杂，而线性模型有时会造成较大误差，因而人们希望建立电磁拉力的非线性近似公式，下面进行讨论。

4.3.2.1　磁拉力的经验公式

不平衡磁拉力的非线性解析表达式已经有很多人进行研究，但采用的假设和简化方法各不相同，得到的磁拉力表达式形式也不尽相同，具有不同的适用环境。如在数值分析基础上建立的近似计算公式为

$$F = \frac{LDB^2}{16K_\delta}(k_1 e + k_2 e^3) \times 10^3 \tag{4-4}$$

式中：K_δ 为卡氏系数；k_1、k_2 为系数，一般取 $k_1 = 0.8 \sim 1$，$k_2 = 0.9 \sim 1.5$；其他参数含义同式(4-3)。

4.3.2.2　磁拉力的磁密公式

图 4-4 为水轮发电机转子任一截面的偏心示意图。其中 $x_s o_s y_s$ 是以定子内圆中心 o_s 为原点的固定坐标系，o_r 为转子的几何中心，c 为转子质量中心，R_s 为定子内圆半径，R_r 为转子外圆半径。o_s 和 o_r 之间的偏心为 e，可以为静态偏心、动态偏心或两者同时存在。由于动态偏心在机组运行前无法准确确定，危害性更大，因此动态偏心是考虑的重点。当 e 为动态偏心时，o_r 以涡动转速 ω_r 绕 o_s 涡动，最小气隙的位置随转子的旋转而变化，同时转子以转速 Ω 绕 o_r 旋转。此时 θ_r 为时间的函数，可以表示为 $\theta_r = \omega_r t + \theta_0$，其中 θ_0 为最小气隙位置的初始相位角。

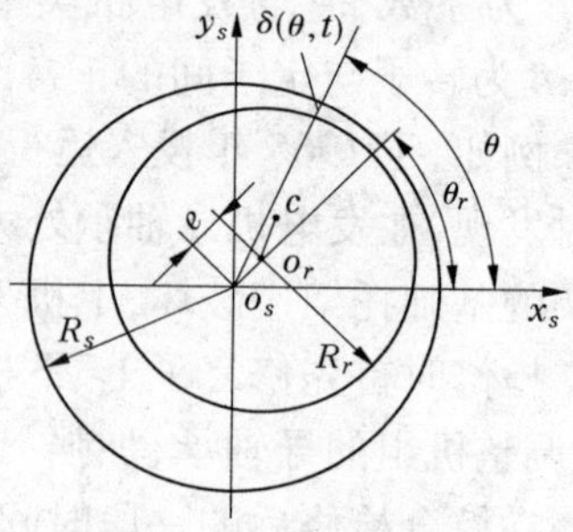

图 4-4　水轮发电机转子偏心示意图

设偏心沿转子长度方向不变，则偏心转子的气隙可以近似表示为

$$\delta(\theta,t) \approx \delta_0 - e\cos(\theta - \theta_r) \tag{4-5}$$

式中：δ_0 为平均气隙长度，$\delta_0 = R_s - R_r$；θ 为定子坐标系中的角位置。

气隙磁导为

$$\Lambda(\theta,t) = \frac{\mu_0}{\delta(\theta,t)} = \frac{\mu_0}{\delta_0[1 - \varepsilon\cos(\theta - \theta_r)]} \tag{4-6}$$

式中：μ_0 为真空磁导率；ε 为相对偏心，$\varepsilon = \frac{e}{\delta_0}$。

将气隙磁导写成傅里叶级数的形式，有

$$\Lambda(\theta,t) = \sum_{n=0}^{\infty} \Lambda_n \cos[\lambda(\theta - \theta_r)] \tag{4-7}$$

式中：傅里叶系数 Λ_n 为

$$\Lambda_n = \begin{cases} \dfrac{\mu_0}{\delta_0}\dfrac{1}{\sqrt{1-\varepsilon^2}}(n = 0) \\ 2\dfrac{\mu_0}{\delta_0}\dfrac{1}{\sqrt{1-\varepsilon^2}}\left(\dfrac{1-\sqrt{1-\varepsilon^2}}{\varepsilon}\right)^n (n > 0) \end{cases} \tag{4-8}$$

气隙磁动势以基波为主，考虑定子负载时，在定子坐标系中基波合成磁动势可表示为

$$F(\theta,t) = F_{sm}\cos(p\theta - \omega_e t) + F_{rm}\cos(p\theta - \omega_e t - \Phi_0) \tag{4-9}$$

式中：F_{sm}、F_{rm} 分别为定子、转子的基波磁动势幅值；p 为极对数；ω_e 为电角频率；Φ_0 为定

转子磁动势相位角。

将式(4-9)进一步整理可得

$$F(\theta,t) = F_m\cos(p\theta - \omega_e t - \Phi_m) \tag{4-10}$$

式中：$F_m = \sqrt{(F_{sm} + F_{rm}\cos\Phi_0)^2 + (F_{rm}\sin\Phi_0)^2}$；$\Phi_m = \operatorname{arccot}\left(\dfrac{F_{rm}\sin\Phi_0}{F_{sm} + F_{rm}\cos\Phi_0}\right)$

电磁力通过在转子表面的麦克斯韦应力积分获得，即

$$\begin{cases} F_{ex} = \dfrac{R_r L}{2\mu_0}\displaystyle\int_0^{2\pi} F^2(\theta,t)\Lambda^2(\theta,t)\cos\theta \mathrm{d}\theta \\ F_{ey} = \dfrac{R_r L}{2\mu_0}\displaystyle\int_0^{2\pi} F^2(\theta,t)\Lambda^2(\theta,t)\sin\theta \mathrm{d}\theta \end{cases} \tag{4-11}$$

式中：L 为转子高度；其他符号含义同前。

由于水轮发电机磁极对数较多，高阶谐波磁场对电磁力的计算影响较小，因此仅考虑气隙磁导的前两项，同时考虑 $\varepsilon < 1$，略去高阶小量，则由式(4-7)、式(4-10)、式(4-11)得到电磁力为

$$\begin{cases} F_{ex} = \alpha k_{en}\delta_0(\varepsilon + 5\varepsilon^3/4)\cos\theta_r \\ F_{ey} = \alpha k_{en}\delta_0(\varepsilon + 5\varepsilon^3/4)\sin\theta_r \end{cases} \tag{4-12}$$

式中：α 为电磁刚度变化系数，用以表示水轮发电机在运转过程中，由于电磁参数的变化导致的电磁刚度的改变；k_{en} 为额定工况下的电磁刚度，$k_{en} = \pi\mu_0 R_r L F_m^2/(2\delta_0^3)$。

4.3.3　电磁振动的响应分析

这里以磁拉力的磁密度计算为例，通过分析动态偏心条件下的磁拉力，利用电磁刚度系数描述电磁系统的变化，进而对水轮发电机转子机电耦联振动的幅频特性进行探讨。

4.3.3.1　转子运动方程

水轮发电机转子系统用弹性支承的刚性转子模拟。为方便分析，不考虑回转效应，并认为转子和轴承是各向同性的。以固定坐标系为参考，考虑电磁力和转子不平衡激励的转子运动方程为

$$\begin{cases} m\ddot{x} + c\dot{x} + k_b x = mr\Omega^2\cos\Omega t + F_{ex} \\ m\ddot{y} + c\dot{y} + k_b y = mr\Omega^2\sin\Omega t + F_{ey} \end{cases} \tag{4-13}$$

式中：m 为转子质量；c 为阻尼；k_b 为支承刚度；r 为质量偏心距。

由图 4-4 可得振动位移和偏心 $O_r(x,y)$ 有如下关系：

$$\begin{cases} x = e\cos\theta_r = \delta_0\varepsilon\cos\theta_r \\ y = e\sin\theta_r = \delta_0\varepsilon\sin\theta_r \end{cases} \tag{4-14}$$

引入量纲变换：$X = x/\delta_0$，$\dot{X} = \mathrm{d}X/\mathrm{d}\tau$，$\ddot{X} = \mathrm{d}^2X/\mathrm{d}^2\tau$；$Y = y/\delta_0$；$\dot{Y} = \mathrm{d}Y/\mathrm{d}\tau$；$\ddot{Y} = \mathrm{d}^2Y/\mathrm{d}^2\tau$；$\bar{r} = r/\delta_0$；$\omega_n = \sqrt{k_b/m}$；$\zeta = c/(2m\omega_n)$；$s = \Omega/\omega_n$；$\tau = \omega_n t$；$K_n = k_{en}/k_b$。

则由式(4-12)～式(4-14)可得量纲——运动方程为

$$\begin{cases} \ddot{X} + 2\zeta\dot{X} + X - \alpha K_n(X + 5X^3/4 + 5XY^2/4) = \bar{r}s^2\cos s\tau \\ \ddot{Y} + 2\zeta\dot{Y} + Y - \alpha K_n(Y + 5Y^3/4 + 5X^2Y/4) = \bar{r}s^2\sin s\tau \end{cases} \tag{4-15}$$

从式(4-15)可看出,转子的运动方程为含三次非线性项和耦合项的非线性方程组。

4.3.3.2　稳态响应分析

考虑方程的对称性,采用复变函数方法进行简化。令 $Z=X+\mathrm{i}Y$,则其共轭复数为 $\overline{Z}=X-\mathrm{i}Y$,式(4-15)变为

$$\ddot{Z}+2\zeta\dot{Z}+Z-\alpha K_n(Z+5\overline{Z}Z^2/4)=\bar{r}s^2\exp(\mathrm{i}st) \tag{4-16}$$

设稳态解为 $Z=A\exp[\mathrm{i}(st+\beta)]$,代入式(4-16)整理,得到幅频方程为

$$25\alpha^2K_n^2A^6+40\alpha K_n(\alpha K_n-1+s^2)A^4+$$
$$16[4\zeta^2s^2+(1-s^2)^2+\alpha^2K_n^2-2\alpha K_n(1-s^2)]A^2-16\bar{r}^2s^4=0 \tag{4-17}$$

相频方程为

$$\tan\beta=\frac{2\zeta s}{s^2-1+\alpha k_n(1+5A^2/4)} \tag{4-18}$$

4.3.3.3　数值计算与结果分析

以某电站水轮发电机为例,其基本参数为:$k_{en}=4.9\times10^8$ N/m,$k_b=7\times10^8$ N/m,$\delta_0=50$ mm。数值计算结果如图 4-5 ~ 图 4-7 所示,图中虚线线段表示振幅不会在对应的频率段发生。

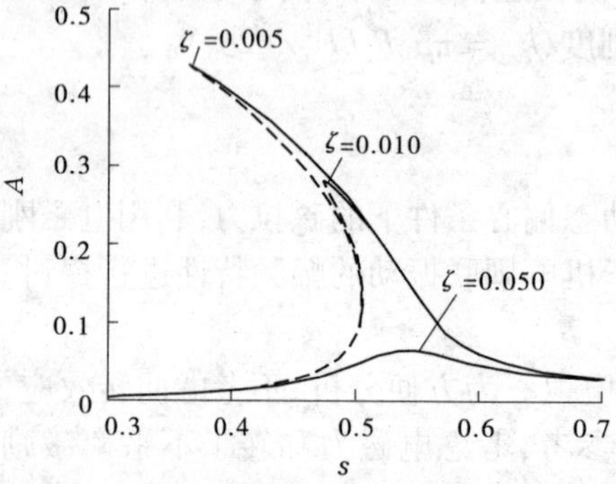

图 4-5　不同阻尼的转子幅频曲线

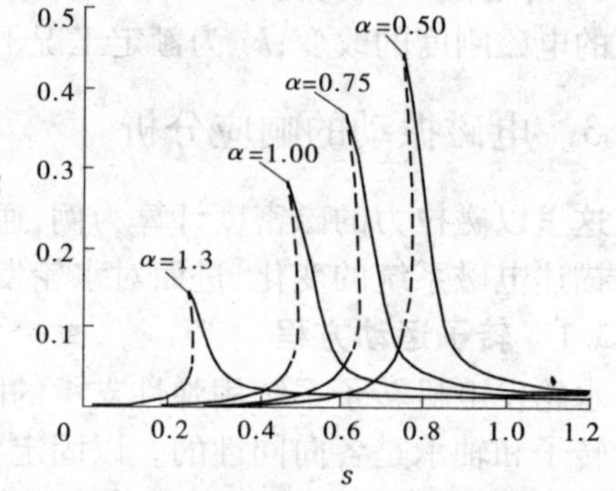

图 4-6　电磁刚度对转子稳态响应的影响

图 4-5 给出了不同阻尼条件下的转子幅频曲线。图中电磁刚度变化系数 $\alpha=1$,相对质量偏心 $\bar{r}=0.012$。由于转子的运动方程具有负非线性刚度项,故幅频曲线将向左弯曲,系统具有明显的软特性。随着阻尼的增大,响应的幅值逐渐减小。在阻尼较小时,幅值出现跳跃现象,当阻尼较大时,跳跃现象消失。因此,增加阻尼可以抑制振动,减小系统共振的振幅和共振区,增加转子的稳定性。

图 4-6 显示了电磁刚度系数取不同值时的转子稳态响应特性,图中采用的参数为 $\zeta=0.01$,$\bar{r}=0.012$。可以看出,电磁刚度系数的增大,使共振区左移,共振频率降低,共振峰值减小,但幅频曲线的跳跃现象增强,软特性更加明显。

图 4-7 表明了质量偏心 $\bar{r}$ 对转子稳态响应的影响,图中参数为 $\zeta=0.010$,$\alpha=1$。可以看出,随着转子质量偏心的减小,转子共振响应幅值逐渐减小,共振曲线的跳跃现象不断减弱。质量偏心较小时,跳跃现象消失。比较图 4-5 和图 4-7 中的幅频曲线可以看出,两

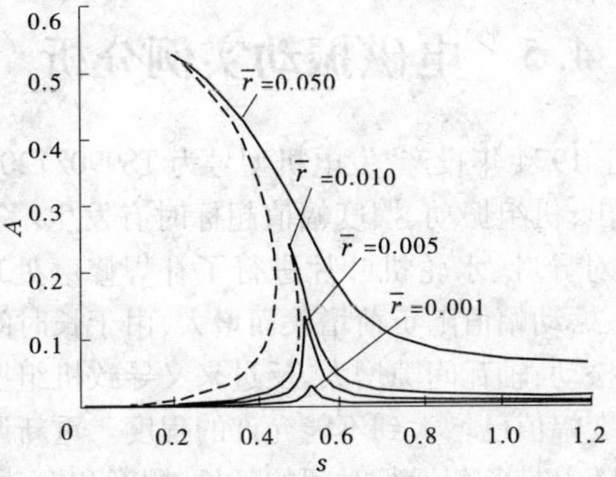

图 4-7　质量偏心对转子稳态响应的影响

者的变化趋势相近,共振频率相同,且不随参数变化而改变。

4.4　防止不平衡磁拉力的措施

根据不平衡磁拉力的机理和现场处理经验,减小和消除磁拉力的措施主要有:

(1)提高制造和安装质量。提高定子、端盖、轴承、转子四大件的加工正确性和配合情况,减小定子与转子间的相对偏心。对于已经出现的转子不圆情况,更换转子线圈,调整磁极的胶木垫,使磁极和轮辐紧密接触,对松动的磁极线圈加绝缘垫片紧固。

(2)轴线调整。机组轴线调整不良,既引起轴系的弓状回转,又导致两个导轴承的振动,也使转子周围气隙分布不均,可能增大不平衡磁拉力。因此,采用传统的机械盘车法,通过在副轴与转子法兰加工面之间加垫,或对推力头加垫刮削法。

(3)并联定子极。定子极的并联也可以减小不均匀间隙产生的不平衡磁拉力,原理是气隙大于正常值处回路中的电感低于气隙小于正常值处,因为所有的回路接于同一电位,对着大间隙处的电流微大于位于小间隙处的电流,因而产生减小磁力波和磁密扭曲的效果。

(4)抱瓦方法。在定、转子通电前,用导瓦将转轴抱住,这样转轴在初始不平衡磁拉力的作用下就不会产生径向移动,避免了恶性循环而形成的数值很大的不平衡磁拉力。实践验证,采用抱瓦法来限制数值很大的不平衡磁拉力,是完全可行的,效果是好的。

(5)幅相影响系数动平衡法。以转子上、下两个平面为加重的平衡面,进行转子的动平衡。不加重时,测得上、下机架振动矢量。然后分别在转子上、下平面加试重,测得上、下机架的振动矢量。设定在上、下两个平面应加的平衡质量,列矢量方程组,求解得到上、下两个平面应加的平衡块重量和方位。当只以转子上、下两个圆盘平面中的一个面或某一固定平面为加重的平衡面,进行转子的动平衡时,则只需要测量上机架或下机架的振动,并简化方程组为一个方程,求解即可得到应加的平衡块重量和方位。

4.5　电磁振动实例分析

三门峡水电站4#机于1974年投产，发电机型号为TS990/120－60。机组在运行过程中，异常振动问题比较突出，机组振动、摆度幅值超标时有发生。2006年11月至2007年3月对4#机进行大修时，对导叶、水轮机叶片进行了补焊修磨处理，更换了导叶密封。4月初开始运行，发现摆度、振动幅值随负荷增大而增大，由于长时间在较大摆度下运行，致使上、下导轴瓦支柱螺栓松动，轴瓦间隙增大，反过来又导致机组摆度和振动幅值再扩大，如此恶性循环，振动和摆度幅值已增大到不能允许的程度。重新调整导轴瓦间隙后，振动和摆度幅值有所减小，但随着带负荷运行时间的延长，摆度和振动幅值又逐渐加大。

为查找机组异常振动的原因，先后进行了变转速试验、变励磁试验和变负荷试验。各项试验具体内容如下：

(1)变转速试验：依次在100%、80%、60%、80%、100%、110%额定转速下进行，每种转速下稳定运行5 min，主要分析机械因素(动不平衡)对机组的影响。试验时发电机转子不加励磁，机组以上述不同转速运行稳定后测量机组各部位的振动、大轴摆度。

(2)变励磁试验：试验时机组以额定转速运行调整励磁电流，分别取发电机空载额定电压对应的励磁电流为0、100%，实测励磁电压变化，每工况稳定运行5 min，主要分析电磁因素(磁不平衡)对机组的影响。

(3)变负荷试验：机组从并网后空载运行开始，负荷每增加10 MW为一测次，逐步增至测试水头下最大负荷，每工况稳定运行5 min。此项试验，机组在额定转速和额定励磁工况下运行，主要用来查明水力因素对机组稳定性的影响。

机组大修后，对其进行了稳定性测试。测试时上游水位为315.03 m，下游水位为279.05 m，毛水头35.98 m。对测试数据进行整理，可得到不同工况下各导轴承处的大轴摆度、上机架及顶盖的振动情况。图4-8(a)为机组大修后上导摆度、上机架横向振动幅值A_s随机组转速平方n^2的变化曲线，表明机组振动与机组的转速平方比例关系不明显，且空转工况下机组振动、大轴摆度均处于较小范围内，故机组存在轻微的动平衡问题，但对机组稳定运行影响不大。图4-8(b)为机组空载运行时振动、摆度随励磁电压变化趋势图，该图表明机组的振动、摆度随励磁电压的变化明显，上机架横向振动和上导摆度分别为70.43 μm、414.84 μm(励磁电流为518.3 A)，机组振动随励磁电流增大而直线加大，当励磁电流达518.3 A时，振幅达最大值。因此，电磁拉力是影响机组稳定运行的主要因素。

试验结果分析及处理：

(1)大修后变转速试验表明，机组振动与机组的转速平方比例关系比较明显，但空转工况下机组振动、大轴摆度均处于较小范围内(上机架水平振动小于65 μm，上导、水导处大轴摆度小于90 μm)。对机组稳定运行影响不大。

(2)电磁拉力是影响机组稳定运行的主要因素。频谱分析结果表明，机组摆度、振动分量中以转频为主。经分析认为引起不平衡磁拉力的主要原因是定子内腔和转子外圆之间的气隙不均匀。

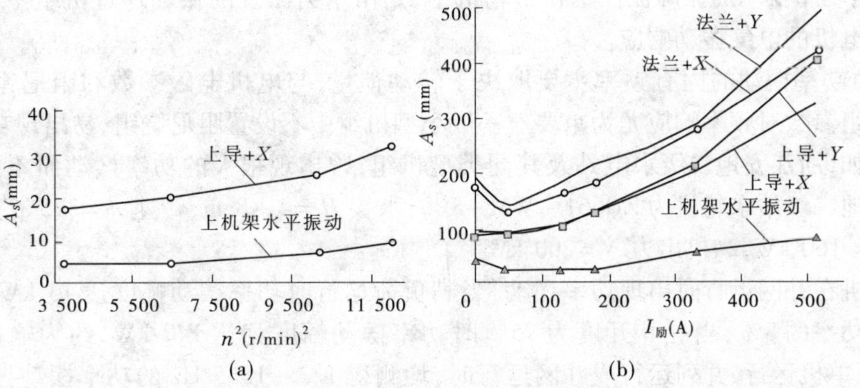

图 4-8　上导摆度、上机架与法兰横向振动幅值变化曲线

不论何种原因引起的定子和转子间气隙不均匀,处理起来都需要较长时间。鉴于检修工期限制等原因,可利用配重处理的方法削弱不平衡磁拉力的影响,综合改善机组稳定状况。

根据在空转、加 100% 励磁及带负荷工况下的上导 + Y 摆度数据,确定加配重块位置为键相片顺时针 135°。目前键相片在 58 号磁极处(在轴 7 号偏 6 号约 10°处)。据此可推算出配重块应在 35 号磁极处。由于 35 号磁极位于两个支臂间(支臂分别位于 31 号和 41 号磁极处)。故决定将配重块加在 30 号、31 号磁极处支臂上。

三门峡水电站 4#机组转子直径 D 与转子高度值 L 之比约为 7.75,为盘形转子,故可以考虑采用一点配重法。所用试重块质量为 $m_0 = 48 \sim 240$ kg。

2003 年 4#机组曾经用相同的方法配重,配重块位于 21 号磁极距大轴 3.1 m 处,原配重 230 kg,机组上导摆度由 290 μm 降至 140 μm,配重块质量按下式计算:

$$m_1 = m_2 \frac{\Delta\mu_1}{\Delta\mu_2} \tag{4-19}$$

式中:m_1 为试重块质量,kg;m_2 为原配重块质量,kg;$\Delta\mu_1$ 为试重后希望上导摆度的降低值,μm;$\Delta\mu_2$ 为原配重后实测的上导摆度降低值,μm。

把 $m_1 = 230$ kg、$\Delta\mu_1 = 156$ μm、$\Delta\mu_2 = 50$ μm 代入式(4-19)得 $m_2 = 73.7$ kg,实际配重 82 kg,经过配重处理后,机组各测试参数都有所降低,运行状况明显好转。

4.6　机组功率摆动

水轮发电机在电网并列运行或与其他机组并列运行时,本身就是一个"机—电"振荡系统,并有其固有频率。若水轮机在非最优工况运行时,将产生电功率摆动,这种现象在小型轴流定桨式机组上常常出现。

功率摆动是指机组功率往复变化。这种功率摆动的特点有:

(1)由于机、电互相作用而产生电气的功率摆动,由电站功率表可以直接观察到,当功率摆动幅度较大时在转速表上也可以观察到。

(2)功率摆动的振源往往是在水轮机中,是由水力激发的振动通过机组零部件传递而产生电机的电气振动响应。

(3)功率摆动的固有频率主要取决于转动惯量,与电机电磁参数和阻尼系数有关。阻尼绕组参数对频率响应尤为重要。一般小型机组中不设置阻尼绕组,易出现功率摆动。

例如,浙江安地二级水电站及其同类型机组,曾出现很大的功率摆动而不能正常运行。安地二级站水轮机为 ZD661 - WM - 100,水头 $H=4\sim8$ m,转速 $n=375$ r/min,1#机出力 $N=160$ kW,2#机出力 $N=200$ kW。

1#机在并网运行时出现功率摆动,当满负荷运行时功率摆动幅度达 13 kW 左右,约为输出功率的 8%;当导叶开度为 75% 时功率摆动幅度竟达 140 kW,约为输出功率的 127%。单机运行、并列运行或并网运行时,均测得 1.3 ~ 1.65 Hz 的功率摆动振频,当出现大振幅时功率摆动频率为 1.65 Hz,两台机并列运行不并网,此时功率摆动幅度较小,为 30 ~ 60 kW。安地电站尾水管压力脉动实测结果如下:

(1)尾水管压力脉动频率与水轮发电机功率摆动的频率很接近,在 75% 负荷、导叶开度为 117 mm 时测得的参数示波图如图 4-9 所示。图中曲线①为水轮发电机功率振荡示波曲线,频率约为 1.65 Hz;曲线②表示尾水管压力脉动 $f\approx1.65$ Hz;竖直的细线是时标,每一个间隔表示 1 s。

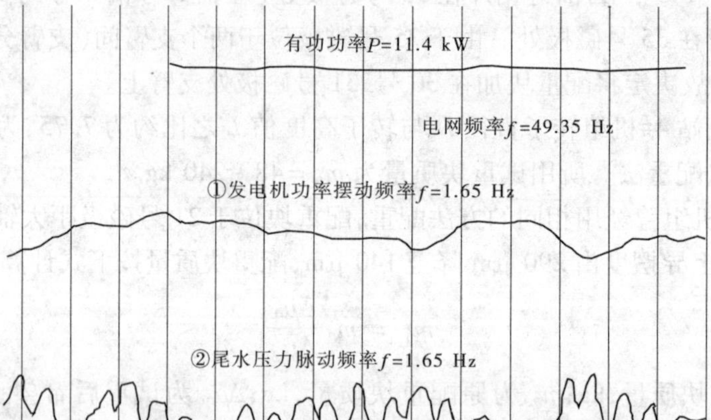

图 4-9 安地二级 75% 负荷工况 No404 示波图

(2)只要运行工况相同,导叶开度、机组转速、水头相同,无论单机运行、双机并列运行或并网运行,都出现相同的水压力脉动;当工况不相同时,尾水管压力脉动及振幅也不相同。详见表 4-1。

从表 4-1 中 208 号示波图测得的数据可看出,开度为 117 mm、工况为 75% 负荷时功率摆动幅度最大为 130.4 kW,约是 1#机当时出力的 127%。根据表 4-1 作出功率摆动振幅—工况曲线(见图 4-10),同时绘出 75% 负荷工况的尾水管压力脉动幅频曲线(见图 4-11),可更加直观地看出当 75% 负荷工况时功率摆动幅值最大。功率摆动振幅—负荷曲线及幅频曲线也更形象地表示出 75% 负荷工况时,频率在 1.6 ~ 1.7 Hz 时发生了共振。

表 4-1　安地二级站 1#机振动实测值

示波器编号	工况(相对负荷)(%)	开度(mm)	输出功率(kW)	功率摆度频率(Hz)	功率摆度幅度(kW)	尾水压力脉动频率(Hz)	尾水压力脉动幅度(万 Pa)	电网频率(Hz)
203	0	70	0	1.0	37.9	不规则	不规则	49.10
109	0	70	0	1.125	29.8	未拍	未拍	49.70
204	25	87	44.2	1.50	77.8	2.0	0.162	49.10
210	25	87	42.04	1.75	37.9	1.9	0.171	49.13
205	30	104	77.8	1.75	63.04	1.8	0.209	49.15
209	50	104	82	1.70	52.6	1.7	1.171	49.13
206	75	117	109	1.665	120	1.665	0.152	49.15
208	75	117	101	1.65	130.4	1.65	0.152	49.13
507	75	117	90.4	1.65	90.4	1.65	0.07	48.65
107	100	162	167	1.9	12.7	不规则	不规则	49.2
610	100	164.8	162	1.75	9.28	不规则	不规则	48.68

图 4-12 为 100% 开度时的尾水管压力脉动振幅—频率曲线，曲线平直，无共振。

要解决功率摆动，对上述问题可以采取以下方法：

①改变转子的惯量，以改变机电系统的固有频率；

②增设阻尼绕组，以增加阻尼系数，减小功率摆动幅值。

以上两种办法在已运行机组中难以做到，但在机组设计选型时，可以预先进行核算，避免共振。

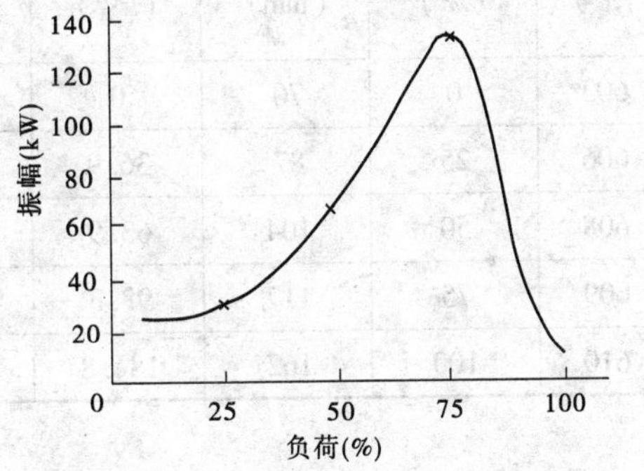

图 4-10　功率摆动振幅—工况曲线

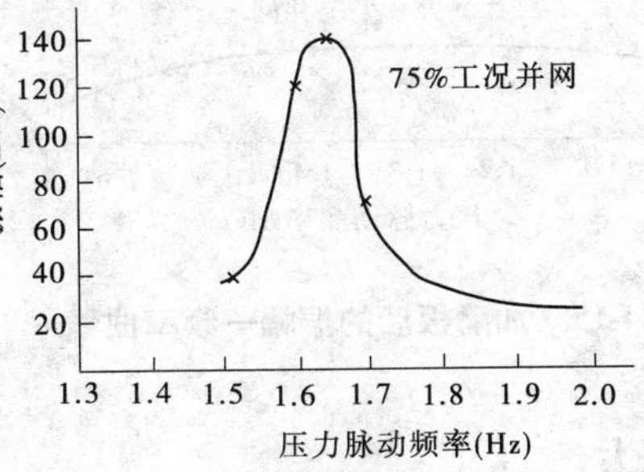

图 4-11　75% 负荷工况尾水压力脉动振幅—频率曲线

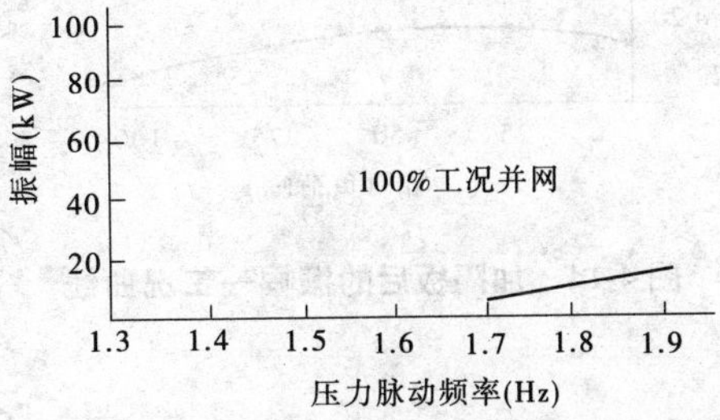

图 4-12　100% 负荷工况尾水压力脉动振幅—频率曲线

③消除干扰源或改变干扰源的振动频率，也就是要消除及减小尾水管涡带，或者改变尾水管频率，破坏产生共振的条件。由于安地二级站机组已加工安装完毕，采取在尾水管中加"Y"形隔板（见图4-13），破坏涡带压力脉动后，电机功率振荡频率与尾水压力脉动共振的频率响应消除了，机组得以正常运行。加隔板后测试情况如表4-2所示，按表中数据作出加隔板后振幅—工况曲线如图4-14所示，加隔板后振幅—频率曲线如图4-15所示。由曲线看出，这时两曲线均较平，接近直线，最大功率摆动振幅降为20 kW，占出力的23%。

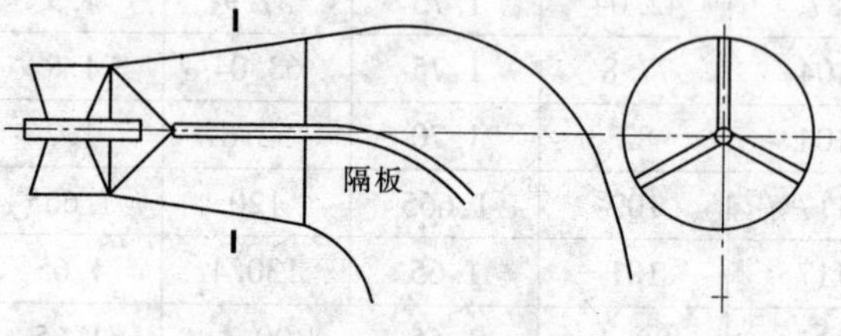

图4-13　尾水管中"Y"形隔板示意图

表4-2　安地二级站1#机加隔板后振动实测值

示波图号	工况（%）	开度（mm）	输出功率（kW）	功率摆动频率（Hz）	功率摆度幅度（kW）	尾水压力脉动频率（Hz）	尾水压力脉动幅度（万Pa）	电网频率（Hz）
603	0	70	0	1.0	18	不明显	不明显	48.67
606	25	87	36.9	1.4	20	不明显	不明显	48.68
608	50	104	63.9	1.5	18.55	不明显	不明显	48.68
609	75	117	98.3	1.6	13.9	不明显	不明显	48.68
610	100	162	184.8	1.75	9.28	不明显	不明显	48.68

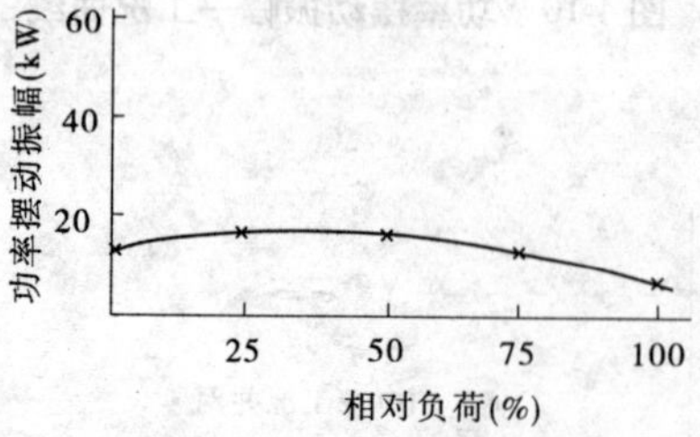

图4-14　加隔板后的振幅—工况曲线

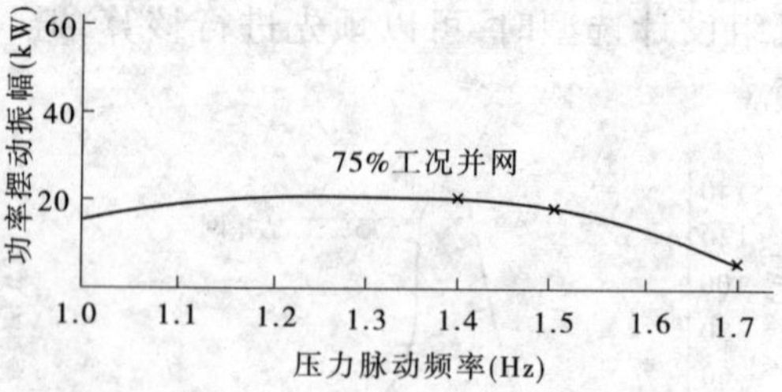

图4-15　加隔板后的振幅—频率曲线

本章小结

1. 水轮发电机组由于电磁力不平衡而引起的振动，称为电磁振动。产生电磁振动的主要原因有转子不圆、转子旋转中心与几何中心不一致,发电机转动部分受不平衡力,定子铁芯组合缝松动或定子铁芯松动,定子绕组固定不良等。电磁振动会导致系统产生振动和噪声,加快轴承磨损,缩短维修周期,在严重情况下甚至可能会造成转子与定子接触,导致机组无法正常运行,甚至可能发生重大事故。

2. 水轮发电机组电磁振动,可分为转频振动和极频振动。转频振动的频率为转频或其整倍数。

3. 当发电机正常运行时,转子是在均匀磁场中转动,转子径向各点所受的磁拉力是均匀的。若定子和转子间的间隙不等、转子质量不平衡、大轴不直及水力不平衡等就会引起气隙不均匀而产生不均匀磁拉力。不均匀磁拉力方向一般与偏心方向相同,因而使偏心加大,当挠度达到一定程度时,大轴的弹性恢复力等于不平衡力,以达到动态平衡。

4. 计算气隙不均匀产生的电磁拉力的传统方法是利用经验公式,根据结构形式不同而得出不平衡磁拉力简化成与偏心率(转子、定子相对偏心距)成正比的线性关系,线性模型有时会造成较大误差。引起不平衡磁拉力的原因较多,机理复杂,不平衡磁拉力具有很强的非线性特征。

5. 水轮发电机组在电网并列运行或与其他机组并列运行时,本身就是一个机—电振荡系统,并有其固有频率。若水轮机在非最优工况运行时,将产生电功率摆动,这种现象在小型轴流定桨式机组上常常出现。

习　题

4-1　什么是水轮发电机组的电磁振动?

4-2　水轮发电机组电磁振动如何分类?是如何产生的?有何特征?如何预防?

4-3　机组发生电磁振动的原因是什么?有何危害?

4-4　防止不平衡磁拉力的措施如何?

4-5　机组的电磁振动如何消除?有哪些消振措施?举例说明。

4-6　机组的功率摆动是如何产生的?表现是什么?举例说明。

4-7　机组功率摆动有哪些处理办法?

第 5 章　水轮发电机组的异常振动分析

水轮发电机组异常振动包括共振与自激振动。共振可能出现在机组的转动部件、叶片、水体、定子铁芯等处,由水力、机械与电气原因引起。自激振动主要发生在迷宫环内。水轮发电机组的异常振动所带来的危害非常巨大,应格外重视,并设法避免发生。

5.1　水轮发电机组的共振

前面已指出,当振源的振动频率接近机组某些部件的固有频率时,就会引起共振。水轮发电机组的共振,多是由轴系质量不平衡、水力不平衡与电磁不平衡,以及它们的耦合等原因引起的。下面对前几章中有关机组共振的知识进行归纳。

5.1.1　水力原因引起的共振

(1)尾水管涡带压力脉动与水轮机过流通道中水体形成的共振或倍频共振。

(2)尾水管涡带压力脉动频率接近机组转频,可能引起机组和压力管道共振。

(3)导叶数和叶片数耦合,引起导叶与叶片共振。

(4)较低转速大型机组的自振频率低,易与某些低频水压力脉动吻合,引起水体与轴系共振。

(5)蜗壳中的不均匀流场形成的涡带,当和发电机上机架的自振频率接近时,会引起机组剧烈的共振。

(6)卡门涡引起的导叶与叶片共振。

(7)各种水力原因引起的机组功率摆动,即电气振荡共振。

(8)在大波动(启动、停机和飞逸工况)过渡过程中,可能在转轮等部件上产生多种高频动应力,当这种力或力矩的振动频率与机组零部件的某个自振频率相同或接近时发生共振,会激发出更大的力或力矩;还可能存在机组转速成倍于机组转动部分的固有频率,引起机组支承部件和紧固部件共振。

(9)阀门、调速器的液压系统的共振。

5.1.2　机械原因引起的共振

(1)转子质量不平衡引起的发电机转子的弓状回旋共振。

(2)当机组轴系转速接近其各阶固有转速时,引起的轴系共振。

5.1.3　电磁原因引起的共振

(1)分数槽产生的次谐波与定子机座固有频率接近时的共振。

(2)三相负荷不对称产生的负序电流引起的反转磁势,引起定子铁芯、定子机座和转子的共振。

5.2　自激振动的基本特性

在强迫振动中,维持物体振动是由于有周期性干扰外力 $P(t)$ 作用在物体上。这种周期性力不是由振动体本身产生或控制的,即使振动停止,周期性外力仍然存在。然而在自激振动中,维持物体振动的周期性力,是由振动体本身产生或者本身所控制的,当振动停止时,便没有周期性力了。

对于自激振动,可用具有负阻尼的自由振动来解释。一般的正黏性阻尼力与振动速度成正比而方向相反,而负阻尼力同样是与振动速度成正比的,但与振动方向相同。负阻尼力将使自由振动的振幅逐渐增加,而不是减小。

负阻尼单自由度系统的振动微分方程为

$$m\ddot{x} - c\dot{x} + kx = 0 \tag{5-1}$$

其通解为

$$x = e^{\omega_n t}(A\cos\omega t + B\sin\omega t) \tag{5-2}$$

式中:A、B 分别为常数;ω 为振动角速度;$\omega_n = \dfrac{c}{2m}$;c 为阻尼系数;m 为振动体的质量。

当 ω_n 为正值时,系统振幅随着振动时间 t 增大而增大,如图5-1所示。

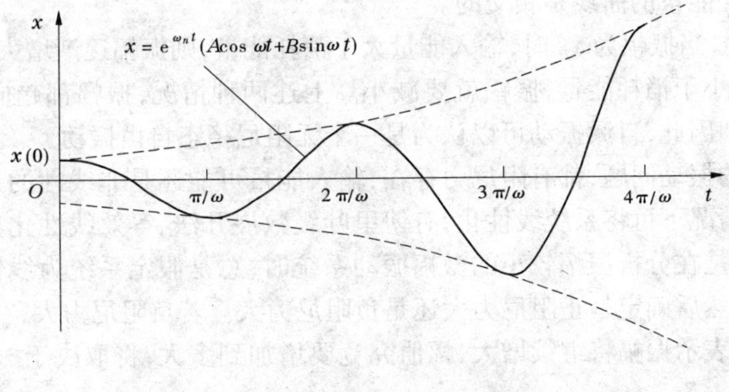

图5-1　自激振动响应

往往把具有正阻尼的系统称为动力稳定系统,把负阻尼系统称为动力不稳定系统(式(1-7)所表示的系统为负阻尼系统),但这是不确切的。如果阻尼力等于零,那么自激振动频率就是固有频率。不管阻尼力是正是负,均使固有频率略微降低,但对土建工程和机械工程中的大多数实际情况来说,这个差别是可以忽略的,即自激振动频率就是系统的固有频率。只有负阻尼力比弹簧力或惯性力大时,自激振动频率才明显不同于固有频率,这种情况称为张弛振动。如蒸汽机就是张弛振动的一个例子,因为蒸汽的负阻尼力比弹簧力大得多。

振动体系具有正阻尼时,阻尼力做负功,阻尼力与速度方向相反。这种阻尼力往往把机械能变成热能耗散掉。这种能量是从振动体系中取得的,所以振动体系的振幅愈来愈小,这就是正阻尼的自由振动。

振动体系具有负阻尼时,阻尼力与速度方向相同,因此对系统是做正功的,这个正功转化为增加系统的附加能量。很明显,这个阻尼正功一定要有能源供给,否则自激振动就不可能存在。能源本身不必具有运动的交变频率,如水轮机的水封,由于制造工艺和安装等存在缺陷,转轮在旋转过程中出现缝隙的不均匀,从而形成缝隙压力变化和水力不平衡。又如闸阀水封漏水,闸阀在一定上、下游水压差条件下,能激发止水片的自激振动,如以礼河二级电站压力隧洞,由于球阀止水片的自激振动,洞内形成很大的动水压力。

对于一个线性自激振动系统,从理论上讲,其振动最终要变为无穷大。因为在每一振动周期中都要有能量输入系统。但实际的自激振动系统并不是这样的,都是自激和正阻尼同时存在。如图 5-2 所示为振幅 x 与每周期内输入能量(自激力或负阻尼力)和消耗能量(正阻尼力)之间的关系,每周期内正阻尼所消耗的能量为 $\pi\omega cx^2$,即一根抛物线,如果负阻尼也是线性的,那么振幅 x 与每周期内能量输入之间的关系也是一根抛物线。系统是自激的还是阻尼的,要根据抛物线的位置高度来确定。在实际问题中,输入能量和消耗能量都是非线性的,而且输入能量和消耗能量的曲线是相交的。

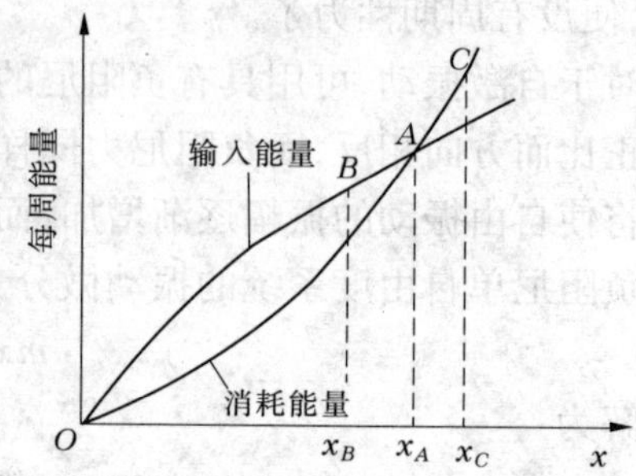

图 5-2 输入能量及消耗能量与振幅间的关系

在图 5-2 中,当振幅为 x_B 时,输入能量大于消耗能量,则振幅逐渐增大。当振幅为 x_C 时,则输入能量小于消耗能量,振幅就要减小。上述两种情况,振幅都趋向于 x_A,在 A 点能量保持平衡。因此,自激振动可以认为是一个无阻尼稳态自由振动。

对于实际的振动问题,都有阻尼力存在,输入能量可能还是非线性的,数学处理上较为复杂。通常情况下可将系统线性化,有傅里叶级数展开法、等效线性化法、逐次线性化法等方法,特别是在分析振幅较小的微幅振动系统时,总是假定系统为线性系统,即把参数假定为常数,然后确定是正阻尼力大还是负阻尼力大。若负阻尼力大,在开始时系统是不稳定的,这只表示振幅将继续增大,幅值究竟要增加到多大,将取决于振动的非线性性质。

5.3 线性振动系统稳定性的数学判断

5.3.1 具有黏性负阻尼的单质点自由振动

令 $x = e^{st}$,其中 t 为时间,s 是一个未知数。将 $x = e^{st}$ 代入式(5-1),得

$$(ms^2 - cs + k)e^{st} = 0 \tag{5-3}$$

式(5-3)是 s 的二次方程,因 $e^{st} \neq 0$,必有 $ms^2 - cs + k = 0$,解得

$$s_{1,2} = \frac{c}{2m} \pm \sqrt{\left(\frac{c}{2m}\right)^2 - \frac{k}{m}} \tag{5-4}$$

因此，$e^{s_1 t}$和$e^{s_2 t}$都是方程式(5-1)的解，其一般解为

$$x = C_1 e^{s_1 t} + C_2 e^{s_2 t} \tag{5-5}$$

式中：C_1 和 C_2 都是任意常数。

一般有$(\frac{c}{2m})^2 < \frac{k}{m}$，则式(5-4)变为

$$s_{1,2} = \frac{c}{2m} \pm \mathrm{i}\sqrt{\frac{k}{m} - (\frac{c}{2m})^2} = \frac{c}{2m} \pm \mathrm{i}\omega \tag{5-6}$$

式中：$\mathrm{i} = \sqrt{-1}$；$\omega = \sqrt{k/m - (c/2m)^2}$为实数。

将 $a\mathrm{e}^{\mathrm{i}\omega t} = a(\cos\omega t + \mathrm{i}\sin\omega t)$和式(5-6)代入式(5-5)，得

$$\begin{aligned} x &= \mathrm{e}^{\frac{c}{2m}t}[C_1(\cos\omega t + \mathrm{i}\sin\omega t) + C_2(\cos\omega t - \mathrm{i}\sin\omega t)] \\ &= \mathrm{e}^{\frac{c}{2m}t}[(C_1 + C_2)\cos\omega t + \mathrm{i}(C_1 - C_2)\sin\omega t] \end{aligned}$$

令 $A = C_1 + C_2$，$B = \mathrm{i}(C_1 - C_2)$，则有

$$x = \mathrm{e}^{\frac{c}{2m}t}(A\cos\omega t + B\sin\omega t)$$

由上述分析可知，自激振动一般是 $m>0$、$k>0$ 和 $c<0$，而且$|c|$为较小的值。当$x(t)$为正弦波时，负阻尼力 $c\dot{x}(c<0)$ 比 x 波形滞后 $\pi/2$，正阻尼力 $c\dot{x}(c>0)$ 比 x 波形超前 $\pi/2$，如图 5-3 所示。

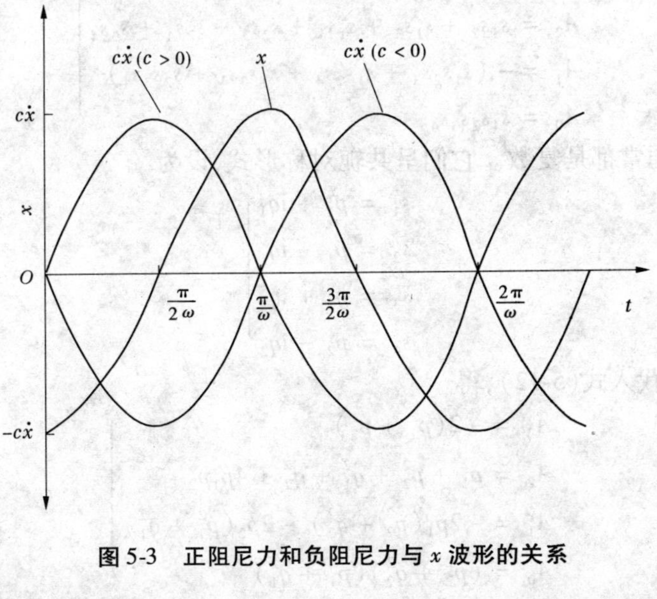

图 5-3　正阻尼力和负阻尼力与 x 波形的关系

5.3.2　两自由度线性系统的稳定性

对于无干扰微幅振动系统，其 n 自由度系统的振动方程以矩阵形式表示，为

$$\boldsymbol{M}\ddot{\boldsymbol{X}} + \boldsymbol{C}\dot{\boldsymbol{X}} + \boldsymbol{K}\boldsymbol{X} = 0 \tag{5-7}$$

式中：$\boldsymbol{X}$ 为位移量；$\boldsymbol{M}$、$\boldsymbol{C}$、$\boldsymbol{K}$ 为 $n \times n$ 阶矩阵。

现以两自由度系统为例，有

$$\left.\begin{aligned} m_1\ddot{x}_1 + c_1\dot{x}_1 + c_0\dot{x}_2 + k_1x_1 + k_0x_2 = 0 \\ m_2\ddot{x}_2 + c_2\dot{x}_2 + c_0\dot{x}_1 + k_2x_2 + k_0x_1 = 0 \end{aligned}\right\} \tag{5-8}$$

从式(5-8)中消去 x_2,有

$$m_1m_2x_1^{(4)} + (m_1c_2 + m_2c_1)x_1^{(3)} + (m_1k_2 + m_2k_1 + c_1c_2 - c_0^2)x_1^{(2)}$$
$$+ (k_1c_2 + k_2c_1 - k_0c_0)x_1^{(1)} + (k_1k_2 - k_0^2)x_1 = 0$$

上式可简化为

$$A_4x_1^{(4)} + A_3x_1^{(3)} + A_2x_1^{(2)} + A_1x_1^{(1)} + A_0x_1 = 0 \tag{5-9}$$

令其解为 $x(t) = ae^{st}$,将其代入式(5-9)后,得

$$s^4 + A_3s^3 + A_2s^2 + A_1s + A_0 = 0 \tag{5-10}$$

由于系数 A_3、A_2、A_1 和 A_0 都是实数,一般地,式(5-10)的根为共轭根。

设方程式(5-10)的根为 s_1、s_2、s_3、s_4,则可将方程式(5-10)写成:

$$(s - s_1)(s - s_2)(s - s_3)(s - s_4) = 0$$

整理得

$$s^4 - (s_1 + s_2 + s_3 + s_4)s^3 + (s_1s_2 + s_1s_3 + s_1s_4 + s_2s_3 + s_2s_4 + s_3s_4)s^2$$
$$- (s_1s_2s_3 + s_1s_2s_4 + s_1s_3s_4 + s_2s_3s_4)s + s_1s_2s_3s_4 = 0 \tag{5-11}$$

将式(5-10)和式(5-11)比较,得

$$\left.\begin{aligned} A_3 &= -(s_1 + s_2 + s_3 + s_4) \\ A_2 &= s_1s_2 + s_1s_3 + s_1s_4 + s_2s_3 + s_2s_4 + s_3s_4 \\ A_1 &= -(s_1s_2s_3 + s_1s_2s_4 + s_1s_3s_4 + s_2s_3s_4) \\ A_0 &= s_1s_2s_3s_4 \end{aligned}\right\} \tag{5-12}$$

s 的各个根通常都是复数。它们呈共轭对称形式,设为

$$\left.\begin{aligned} s_1 &= p_1 + iq_1 \\ s_2 &= p_1 - iq_1 \\ s_3 &= p_2 + iq_2 \\ s_4 &= p_2 - iq_2 \end{aligned}\right\} \tag{5-13}$$

将式(5-13)代入式(5-12),得

$$\left.\begin{aligned} A_3 &= -2(p_1 + p_2) \\ A_2 &= p_1^2 + p_2^2 + q_1^2 + q_2^2 + 4p_1p_2 \\ A_1 &= -2p_1(p_2^2 + q_2^2) - 2p_2(p_1^2 + q_1^2) \\ A_0 &= (p_2^2 + q_2^2)(p_1^2 + q_1^2) \end{aligned}\right\} \tag{5-14}$$

保证稳定的必要条件是 p_1 和 p_2 均为负值。把 $-p_1$ 和 $-p_2$ 代入式(5-14)中,则 A_0、A_1、A_2、A_3 系数都为正,所以稳定的第一个必要条件是所有系数(A_0、A_1、A_2、A_3)都为正。

稳定和不稳定的边界条件是 p_1 为负值、$p_2 = 0$,或 p_2 为负值、$p_1 = 0$。现以 p_1 为负值、$p_2 = 0$ 为例,代入式(5-14)中,得

$$\left.\begin{aligned} A_3 &= -2p_1 \\ A_2 &= p_1^2 + q_1^2 + q_2^2 \\ A_1 &= -2p_1q_2^2 \\ A_0 &= q_2^2(p_1^2 + q_1^2) \end{aligned}\right\} \tag{5-15}$$

消去式(5-15)中的参变数,得到各系数之间的关系为:$A_1A_2A_3 = A_1^2 + A_3^2A_0$

因此,式(5-10)稳定性的完全判定条件为:各个系数A都是正值,且必须使

$$A_1A_2A_3 > A_1^2 + A_3^2A_0 \tag{5-16}$$

例如:已知$s_{1,2} = -1 \pm i, s_{3,4} = -2 \pm 2i$,试判定式(5-10)的稳定条件。

代入式(5-14)得:$A_3 = 6, A_2 = 18, A_1 = 24, A_0 = 16$,则$A_1A_2A_3 > A_1{}^2 + A_3{}^2A_0$,系统稳定。

关于多自由度线性与非线性系统的稳定性问题比较复杂,这里不多介绍。

5.4 水力自激振动

水力自激振动,可以理解为产生自激振动的振源(负阻尼力)是由水力原因造成的。

大多数混流式水轮发电机组采用立式结构,水轮机和发电机通过刚性法兰连接成一个整体轴系。当设计、制造或安装不当时,可能会发生水轮机的水力自激振动。

下面主要介绍水封间隙和水轮机减压板的水力自激振动。

5.4.1 水封间隙水力不平衡引起的振动

5.4.1.1 水轮机转轮水力自激振动的机理

以某一高水头混流立式机组为例,如图5-4(a)所示,水轮机转轮与周围固定部件间存在的水封间隙有:①转轮上冠侧面与顶盖之间的间隙A;②转轮上冠顶面和顶盖之间的间隙C;③下环与转轮室间的间隙B、F、D;④大轴主法兰与水轮机顶盖之间的间隙E。

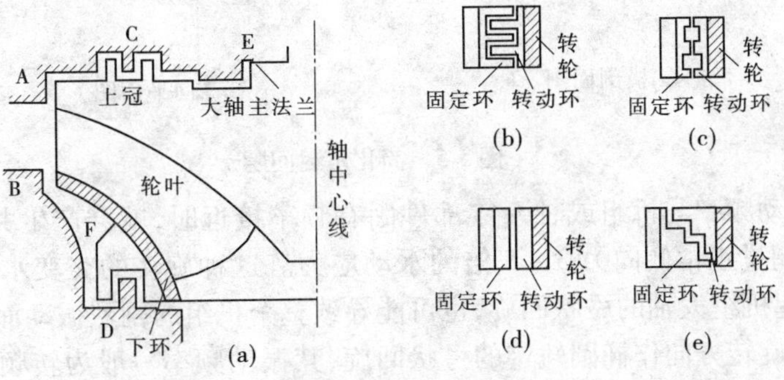

图5-4 水轮机水封及止漏环示意图

为减少水流流量从混流式水轮机转轮周围间隙的漏损,提高容积效率,在转轮与顶盖、转轮与底环处设有止漏环。转轮止漏环常见型式有梳齿式(图5-4(a)C、D处、图5-4(b))、迷宫式(图5-4(c))、间隙式(图5-4(d))和阶梯式(图5-4(e)),其止漏间隙一般也较小,止漏环前后的压差较大。

由于制造和安装上的原因，转轮和固定部件不在同一轴线上，或由于止漏零部件加工安装不精确，或者转轮质量的动、静不平衡，都会引起运行中水封间隙不均匀。另外，由于导轴承间隙不当、大轴弓状回旋振动等，也会使上、下水封间隙有偏斜。

如果转轮止漏环间隙不均匀达到一定程度，不大的机械不平衡力与水压脉动力共同作用，就会引起水力自激振动。这种水力振动主要来源于转轮和顶盖（或底环）之间旋转间隙里的不平衡水压力，因为振动的能量来源于转轮的旋转，所以一旦开始就会持续不断，如早年的丰满、绿水河、渔子溪等水电站水轮机就曾发生过这种振动。

在出现水封径向间隙不均匀后（见图 5-5），水流从转轮周围微小的止漏环间隙进入转轮背腔 B 中，该水流即是产生振动的根源。漏水量 q 与周围间隙的大小成正比，a 处漏水量最小，c 处漏水量最大，因此空腔 B 中在 ca 方向产生一个平衡水流。假定转轮中心在圆心虚线轨道上以 ω 旋转，如图 5-5（b）所示，则平衡水流将随转轮的旋转而改变方向，瞬间在空腔 B 中形成 ab 方向的压力梯度，并使水流加速，即 $p_a > p_b$。在转轮间隙小的一侧将产生侧向水推力，这种推力随机组转动而转动，称为交变水动应力（这就是 5.2 节中所说的负阻尼力）。这样就产生了一个作用于转轮上的流体动力矩，在转轮上产生一个与旋转方向相同的回转振动，其频率为机组的转频，造成机组轴或轴承振动。这种交变水动应力引起的振动，就是水力自激振动。

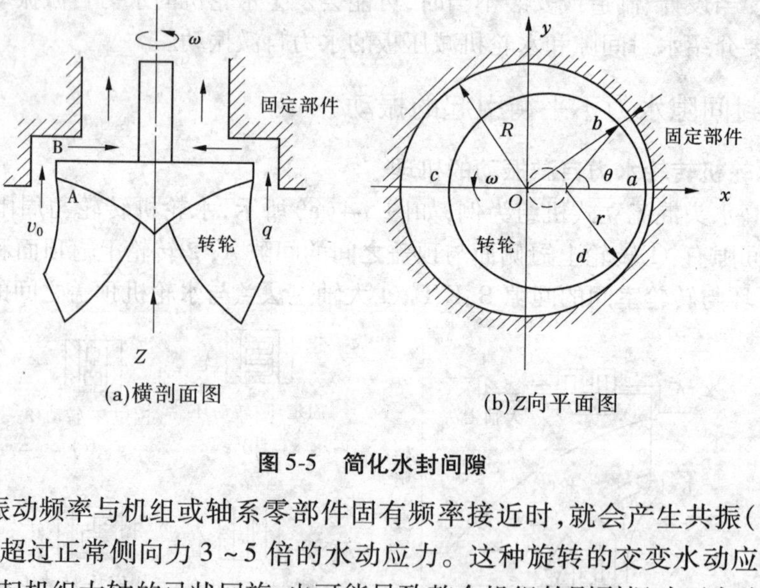

(a)横剖面图　　(b)Z向平面图

图 5-5　简化水封间隙

当这种振动频率与机组或轴系零部件固有频率接近时，就会产生共振（称为自激共振）而激发出超过正常侧向力 3～5 倍的水动应力。这种旋转的交变水动应力所激发的能量，可以引起机组大轴的弓状回旋，也可能导致整个机组的剧烈振动而失稳。此时转轮在止漏环内沿旋转方向作椭圆轨迹的弓状回旋，其振动频率一般为转频的 2～4 倍，近似等于弓状回旋的自振频率。

5.4.1.2　水封间隙水力不平衡分析

下面以单道水封和三道水封间隙为例，进行转轮水力不平衡受力分析，分别如图 5-6、图 5-7 所示。当转轮外圆和固定部件内腔均为圆形又同心时，则水封间隙均匀（即 $b_0 = R - r = \text{const}$），此时水封中的压力场和速度场均应是轴对称的，作用在转轮水封圆柱表面上的径向力之和（$\sum 2\pi r_i b_i$）应等于零。反之，若转动部件和固定部件存在偏心距 ε

(如图 5-5 所示),则作用在转轮水封圆柱表面上的径向力就不再等于零。

近似分析动水压力场时,可忽略转轮转动(不考虑涡旋运动)和水的黏性。

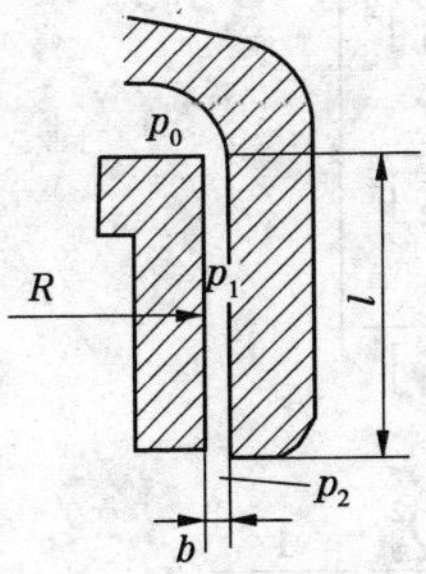

图 5-6　单道水封计算图

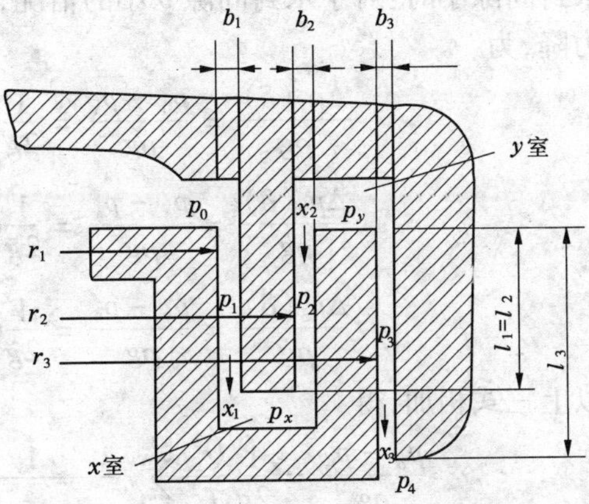

图 5-7　三道水封计算图

1)单道水封作用在转轮上的力

设水封进口处压强为 p_0,出口处压强为 p_2,则水封中的压力降为 $(p_0 - p_2)$。水封中压力降 $(p_0 - p_2)$ 转化为三部分:形成初始速度水头 $\frac{v_1^2}{2g}$、进口局部损失 $\zeta\frac{v_1^2}{2g}$ 和沿程损失 $\frac{\lambda l}{2b}\frac{v_1^2}{2g}$。所以有

$$p_0 - p_2 = \rho g\left(1 + \zeta + \frac{\lambda l}{2b}\right)\frac{v_1^2}{2g} = \rho g\frac{1}{\mu^2}\frac{v_1^2}{2g} \tag{5-17}$$

式中:$\mu = 1/\sqrt{1 + \zeta + \lambda l/(2b)}$;$\rho$ 为水的密度;λ 为沿程阻力系数;ζ 为水流进入水封时的局部损失系数;l、b 分别为水封长度和水封间隙。

可推得水封间隙水流作用在转轮上的不平衡力(推导过程略),为

$$F(\delta) = -\frac{p_0 - p_2}{\sqrt{1/\mu^4 - \delta^2}}\frac{rl^2}{2b}\pi\lambda\delta\mu^2 \tag{5-18}$$

当 $\mu = 0.5$ 和 $\delta < 0.3$ 时,式(5-18)可简化为

$$F(\delta) \approx -(p_0 - p_2)\frac{rl^2}{2b}\pi\lambda\mu^4\delta \tag{5-19}$$

式(5-19)为式(5-18)忽略根号中 δ^2 后的结果,其误差小于 0.6%。当转轮有小偏心时,$F(\delta)$ 与 δ 成正比例,式(5-19)前负号表示 $F(\delta)$ 方向与偏心方向相反,即从小间隙指向大间隙方向。因此,单道水封有利于改善机组振动。

2)三道水封作用在转轮上的力

三道水封作用在转轮上的力,从理论上研究有下述两种情况:

水封间隙 b 小,即间隙环形面积 $2\pi rb$ 与图 5-7 中 x 室和 y 室断面面积相当。此时不论相对偏心为何值,在任何断面上,x 和 y 的 p_x 和 p_y 均可认为是常数。

水封间隙相对大,x 室和 y 室的断面面积相对小。沿圆周的 p_x 和 p_y 值不可能调平,当产生相对偏心 δ 时,p_x 和 p_y 是 θ 的函数。

对上述两种情况，水体进入水封之前和流出水封之后空间都很大，因而 p_0 和 p_4 沿转轮圆周可保持常数，与偏心与否无关。

a. 水封间隙小时：对于水封间隙 b 小的情况，写出沿水封间隙 1、2 及 3 的流体运动方程即压力降，为

$$\left.\begin{aligned}\frac{\Delta p_1(\delta)}{\rho g} &= \frac{p_0 - p_x}{\rho g} = \frac{1}{2g}Q_{缝}^2\frac{1}{[\mu_1(\delta)f_1]^2}\\ \frac{\Delta p_2(\delta)}{\rho g} &= \frac{p_x - p_y}{\rho g} = \frac{1}{2g}Q_{缝}^2\frac{1}{[\mu_2(\delta)f_2]^2}\\ \frac{\Delta p_3(\delta)}{\rho g} &= \frac{p_y - p_4}{\rho g} = \frac{1}{2g}Q_{缝}^2\frac{1}{[\mu_3(\delta)f_3]^2}\end{aligned}\right\} \tag{5-20}$$

将以上三式相加，得

$$\frac{p_\alpha - p_4}{\rho g} = \frac{1}{2g}\frac{Q_{缝}^2}{f_1^2}\sum_{i=1}^{3}\frac{1}{[\mu_i(\delta)\frac{f_i}{f_1}]^2} = \frac{1}{2g}\frac{Q_{缝}^2}{f_1^2}\frac{1}{\bar{\mu}^2(\delta)} \tag{5-21}$$

式中：$\mu_i(\delta)$ 为有偏心 δ 时通过 i 缝的流量系数；f_i 为间隙 i 的横断面面积 $2\pi r_i b_i$；$\bar{\mu}$ 为通过整个间隙的单位流量系数，有

$$\bar{\mu}(\delta) = \frac{1}{\sqrt{\sum_{i=1}^{3}\frac{1}{[\mu_i(\delta)\frac{f_i}{f_1}]^2}}} \tag{5-22}$$

当偏心为 δ 时，有

$$\mu_i(\delta) = \frac{\mu_i}{\pi}\int_0^{\pi}\sqrt{\frac{(1-\delta\cos\theta)^3}{1-\delta\mu_1^2\cos\theta}}\mathrm{d}\theta \tag{5-23}$$

式中：$\mu_i = 1/\sqrt{(\lambda l_i/2b_i)+1}$，为 $\delta = 0$ 时的流量系数。

利用 $\mu_i(\delta)$ 求出 $\bar{\mu}(\delta)$ 之后，用式(5-21)分别除以式(5-20)中的各式，得

$$\left.\begin{aligned}\Delta p_1(\delta) &= (p_0 - p_4)[\frac{\bar{\mu}(\delta)}{\mu_1(\delta)}]^2\\ \Delta p_2(\delta) &= (p_0 - p_4)[\frac{\bar{\mu}(\delta)}{\mu_2(\delta)}]^2(\frac{f_1}{f_2})^2\\ \Delta p_3(\delta) &= (p_0 - p_4)[\frac{\bar{\mu}(\delta)}{\mu_3(\delta)}]^2(\frac{f_1}{f_3})^2\end{aligned}\right\} \tag{5-24}$$

由式(5-24)可求出每一缝隙中的压降 $\Delta p_i(\delta)$，又可扩展为求解作用在三道水封上的总合力 $F_{1\sim3}$，由式(5-19)得

$$F_i(\delta) = \Delta p_i(\delta)\frac{r_i l_i^2}{2b_i}\pi\lambda\mu_i^4\delta \tag{5-25}$$

则作用在三道水封上的总合力为

$$F_{1\sim3}(\delta) = F_1(\delta) + F_2(\delta) + F_3(\delta) \tag{5-26}$$

当流量系数相等（即 $\mu_1 = \mu_2 = \mu_3$），且各道水封断面面积相等（即 $f_1 = f_2 = f_3$）时，对任何的 δ，三道水封中的压降是相等的，即 $\Delta p_1(\delta) = \Delta p_2(\delta) = \Delta p_3(\delta)$。此时作用在三道水

封上的力，等于作用于具有相应尺寸的单道水封上有相同总压力降的力。在任何其他水封尺寸组合情况下，为求出 $F_{1\sim3}(\delta)$，必须由式(5-23)用数值积分法或其他近似方法求出 $\mu_i(\delta)$，再由式(5-24)求出压力降之后，用式(5-25)和式(5-26)求出作用力。由于缺乏有一定精度的过渡缝室的尺寸，往往用理论分析法计算作用在水封上的力。

b. 水封间隙大时：当 x 室和 y 室断面面积小时，可忽略液体沿圆周在这些室中的流动和压力调整。在水封中压力降 $\Delta p(\theta,\delta)$ 不仅与 δ 有关，而且与 θ 有关。当 δ 已知时，对于某些 θ 角，由以 $\Delta\theta$ 为函数的液体运动方程可以求出压力降。有

$$\mathrm{d}Q = \mu(\theta,\delta)b(\theta,\delta)r\mathrm{d}\theta\sqrt{2g\frac{\Delta p(\theta,\delta)}{\rho g}} = \frac{b(1-\delta\cos\theta)r\mathrm{d}\theta}{\sqrt{\dfrac{\lambda l}{2b(1-\delta\cos\theta)+1}}}\sqrt{2g\frac{\Delta p(\theta,\delta)}{\rho g}}$$

写出三道水封的相应方程即缝隙压力降，有

$$\left.\begin{aligned}\frac{\Delta p_1(\theta,\delta)}{\rho g} &= \frac{1}{2g}\frac{1}{[\mu_1(\theta,\delta)b_1(\theta,\delta)r_1]^2}\left(\frac{\mathrm{d}Q}{\mathrm{d}\theta}\right)^2\\ \frac{\Delta p_2(\theta,\delta)}{\rho g} &= \frac{1}{2g}\frac{1}{[\mu_2(\theta,\delta)b_2(\theta,\delta)r_2]^2}\left(\frac{\mathrm{d}Q}{\mathrm{d}\theta}\right)^2\\ \frac{\Delta p_3(\theta,\delta)}{\rho g} &= \frac{1}{2g}\frac{1}{[\mu_3(\theta,\delta)b_3(\theta,\delta)r_3]^2}\left(\frac{\mathrm{d}Q}{\mathrm{d}\theta}\right)^2\end{aligned}\right\} \tag{5-27}$$

写出与式(5-22)相似的式子，有

$$\frac{1}{\mu(\theta,\delta)} = \sqrt{\sum_{i=1}^{3}\frac{1}{\mu_i(\theta,\delta)\left[\dfrac{r_ib_i(\theta,\delta)}{r_1b_1(\theta,\delta)}\right]^2}} \tag{5-28}$$

将式(5-27)中的三式相加得

$$\frac{p_0-p_4}{\rho g} = \frac{1}{2g}\left[\frac{1}{\bar{\mu}(\theta,\delta)b_1(\theta,\delta)r_1}\right]^2\left(\frac{\mathrm{d}Q}{\mathrm{d}\theta}\right)^2 \tag{5-29}$$

由式(5-27)和式(5-29)，可得出以 θ 和 δ 为函数的各道水封中的压力降值，有

$$\left.\begin{aligned}\Delta p_1(\theta,\delta) &= (p_0-p_4)\left[\frac{\bar{\mu}(\theta,\delta)}{\mu_1(\theta,\delta)}\right]^2\\ \Delta p_2(\theta,\delta) &= (p_0-p_4)\left[\frac{\bar{\mu}(\theta,\delta)}{\mu_2(\theta,\delta)}\right]^2\left[\frac{b_1(\theta,\delta)}{b_2(\theta,\delta)}\right]^2\left(\frac{r_1}{r_2}\right)^2\\ \Delta p_3(\theta,\delta) &= (p_0-p_4)\left[\frac{\bar{\mu}(\theta,\delta)}{\mu_3(\theta,\delta)}\right]^2\left[\frac{b_1(\theta,\delta)}{b_3(\theta,\delta)}\right]^2\left(\frac{r_1}{r_3}\right)^2\end{aligned}\right\} \tag{5-30}$$

三道水封缝隙中的压力为

$$\left.\begin{aligned}p_1(x,\theta,\delta) &= p_0-\Delta p_1(\theta,\delta)+\Delta p_1(\theta,\delta)\frac{\lambda x_1}{2b_1(\theta,\delta)+\lambda l_1}\\ p_2(x,\theta,\delta) &= p_4+\Delta p_2(\theta,\delta)+\Delta p_2(\theta,\delta)\frac{\lambda x_2}{2b_2(\theta,\delta)+\lambda l_2}\\ p_3(x,\theta,\delta) &= p_2+\Delta p_3(\theta,\delta)\frac{\lambda x_3}{2b_3(\theta,\delta)+\lambda l_3}\end{aligned}\right\} \tag{5-31}$$

利用式(5-31)，以 δ 为函数，可得出第 i 道水封作用在转轮上的力，为

$$F_i(\delta) = \int_0^{l_i} \mathrm{d}x_i \int_0^{2\pi} p_i(x,\theta,\delta)\cos\theta_i r_i \mathrm{d}\theta \tag{5-32}$$

则三道水封作用在转轮上的合力为

$$F(\delta) = F_1(\delta) - F_2(\delta) + F_3(\delta) \tag{5-33}$$

用数值积分法可计算出 $F(\delta)$，结果表明，$F(\delta)$ 合力的方向与单道水封相反，是由大水封间隙指向小水封间隙。在三道水封 x 室和 y 室断面面积小时，在水封中所产生的力趋于增加转轮的偏心。

有人做过转轮旋转和不旋转两种试验，结果表明，忽略水流在水封中的旋转和惯性项（转轮不旋转），$F(\delta)$ 计算误差在20%以内。

5.4.1.3　**实例**

【例5-1】　1972年投产的四川渔子溪4#机组出力 $N=4$ 万 kW，型号为HL004－LJ－210，设计水头 $H=270$ m，实际运行水头超过300 m，额定转速 $n=500$ r/min，水轮机密封为三道缝梳齿型式。运行不到一个月机组就出现振动，特别是在机组出力为1.5万kW以上时，机组振动迅速增大。随着出力增加，振动急剧增大，虽经停机调整轴瓦间隙，拧紧了松动的轴瓦支承螺钉，在短期运行后又出现严重的振动。经过分析发现，上、下导轴承轴瓦间隙需要调整，同时，密封间隙偏小容易产生水力自激振动现象。

采取措施：扩大转轮上冠与下环进口处的间隙至 $0.001D_1$；基础环过水部分削掉20 mm，在过水面上钻Φ40孔20个，使内外压力腔相通；加大轴瓦支撑刚度，加固上、下导轴瓦，锁紧导轴瓦支承螺丝，进行了动平衡调整。

采取上述措施后，机组满出力时的导轴承的摆度、上机架水平振动、下水封D（如图5-4(a)所示）的压力脉动均有大幅度下降。但在机组出力为3万～3.65万kW时，机组振动幅度仍较大，又着重对水封压力进行了研究。

由于很难确定转轮在旋转过程中水封间隙的变化，可近似地认为各部分水封间隙的变化大致和水导处的摆度成正比。图5-8为实测下水封D处水压脉动与水导摆度的关系，很明显，二者成正比。

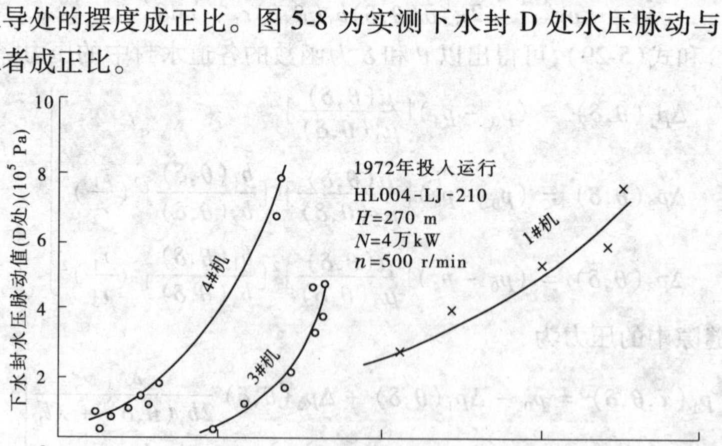

图5-8　下水封D中水压脉动值与水导摆度关系

对渔子溪电站机组进行计算，水封进口阻力系数 $\zeta=0.5$，出口阻力系数 $\zeta=1.0$，外水封 A、B 处间隙 $b_0 = 2.5$ mm，下水封 D 处三道间隙 $b_1 = b_2 = b_3 = 1$ mm。当机组出力为 4 万 kW 时，实测值与计算的密封中平均压力如表 5-1 所示。

表 5-1　渔子溪机组水封压力

部位	外水封 B	下压力腔 F	下水封 D
实测值(10^5 Pa)	17.8	16.9	10.7
计算值(10^5 Pa)	16.5	16.6	10.4

从表 5-1 可看出，计算结果与实测值是比较接近的。从计算结果还可看出：

(1) 当转轮摆动时，在小间隙一侧的下水封 D 第一道间隙出口处压力下降，在同一直径相反一侧则压力上升。计算相位与实测相位差 20°～40°。

(2) 上水封 C 处的压力波动值为下水封 D 处的 50% 左右。

(3) 各水封处大间隙和小间隙侧产生的不平衡力是不同的。在外水封 B 和下压力腔 F 处，大小间隙两侧的脉动水压力基本上大小相等而方向相反；在下水封 D 处小间隙侧脉动水压力为 －10.44 万 N，大间隙侧为 17.3 万 N，因此有 6.86 万 N 的水压力由大间隙指向小间隙。很明显，转轮上所受的不平衡力主要来自于下水封 D。

转轮进口处水压脉动有两种：一为转频 $f = 8.6$ Hz，水压脉动幅值为 $0.3 \times 10^5 \sim 0.6 \times 10^5$ Pa；另一为转频乘以叶片数 $f = 8.6 \times 17 = 146$(Hz)，水压脉动幅值为 $0.6 \times 10^5 \sim 1.3 \times 10^5$ Pa。这些水压脉动幅值随机组出力增加而加大。

在转轮下环与底环的间隙中（外水封 B 处），两种频率的水压脉动幅值都较转轮进口处大，尤其以 $f = 146$ Hz 时的脉动幅值为最大。

在下水封 D 处，当 $f = 8.6$ Hz 时，水压脉动幅值较其他各水封处都大。机组满出力时达 1.5×10^5 Pa。

【例 5-2】　土耳其卡拉乔仑水电站单机容量 23.97 MW，混流式水轮机，水头 102 m，额定转速 375 r/min。1992 年 1#机投运后运行平稳，但 2#机 1993 年底试运行后发现，在 40%～70% 负荷范围内振动强烈。

试验：1994 年进行了两台机振动测试，分别测量了大轴摆度和机架与顶盖振动。结果表明，1#机满足国标规定和标书要求。2#机在振区内振动较大，如 16.8 MW 时法兰摆度 0.96 mm，水导摆度 0.75 mm，不能正常运行。振动主频率为 22 Hz，轴系临界转速 1 340 r/min，固有频率相当于 21 Hz。

分析：振源在水轮机转轮密封处，其产生的不平衡交变水动力的频率接近轴系固有频率，会引起自激共振。2#机与 1#机相比，其迷宫间隙偏小，特别是下迷宫仅达到设计下限，比 1#机的下迷宫间隙小 43%。间隙过小导致不平衡水压力增大。

处理措施：①顶盖补气，从顶盖上补入压缩空气（0.4 MPa），振动大幅降低，自激振动消失；②顶盖放水，从顶盖补气孔放水，证明没有效果；③扩大迷宫间隙，现场打磨，分别由 1.03 mm 扩大至 1.35 mm（上迷宫）和由 0.90 mm 扩大至 1.55 mm（下迷宫）；④轴系盘车，调整轴线（法兰上加垫），使水导摆度降至 0.13 mm，达到了设计要求。

处理效果：处理试验表明，摆度明显降低，达到规定要求。22 Hz 频率分量减小，幅值低于转频分量，可以保证机组正常运行。

5.4.1.4　转轮水力自激振动的消减措施

(1)改变迷宫结构。将下梳齿改为阶梯式结构，作用在转轮上的不平衡水压力方向与三道水封相反，是由小间隙指向大间隙，有利于机组运行稳定。将梳齿高度缩短、减小梳齿半径，这样可减小承受不平衡力的面积，从而起到减小不平衡力的作用。

(2)扩大外迷宫间隙。扩大外迷宫间隙相当于增加密封间隙处的流量，从而引起背面空腔内水流流态的变化，起到消除振动的作用。迷宫间隙的扩大还使得转轮的偏心相对减小，不平衡力相对减小。一般迷宫间隙为转轮直径的0.1%～0.2%较合适。上述渔子溪电站4#机组出现的下梳齿迷宫不均匀水流所激发的振动，就属这种情况，但水轮机效率降低1%以上。

(3)提高转轮水封装置的加工工艺水平和安装精度，尽量减小不圆度和不同心度。

(4)减小发电机转子和水轮机转轮的动不平衡，防止大轴产生弓状回旋。

(5)向顶盖下方转轮的背面空腔内补压缩空气，如图5-5(a)中的B处，以改变空腔内水流流态。高水头混流式水轮机的外水封或上、下水封间隙不等，都可能产生侧向不平衡水压力。这种交变水压力使轴承产生剧烈振动，轴系产生振动，并伴有噪声。由于空气具有可压缩的特性，它使边缘间隙的流速减小，从而使振动减小，甚至消除。土耳其卡拉乔仑水电站就成功地使用了该方法，具体措施是用一根Φ20的管子接顶盖补气孔，另一端用胶皮管与空压机相连，在自激振动区从顶盖向水轮机补压缩空气，气压为0.4 MPa。顶盖强迫补气后，振动立刻大幅度减小，自激振动消失。

(6)在转轮下环与转轮室之间的空腔处增设均压管，以均衡下腔水压力。在转轮下腔的下支持环上开孔，也可起到均压作用，从而减小压力脉动。

5.4.2　减压板处的自激振动

如果水轮机转轮采用减压板结构以减小轴向水推力，而减压板与转轮之间的间隙既小而又不均匀时，通过此间隙的补水量就会明显不同，造成转轮上腔水压力的不对称分布，从而引起自激振动。

5.4.2.1　减压板的特性

减压板装置包括减压板和减压孔。为了减小作用在混流式水轮机转轮上的轴向水压力，往往装置圆盘和附加水封式的减压板，如图5-9所示为有减压板和无减压板两种情况的压力分布图。

1)无减压板装置

图5-9中H_0为0点水流单位能量(以m水柱表示)。上外水封出口处1点的水头为：$H_1=H_0-\Delta h_{0-1}$，Δh_{0-1}为上外水封处0→1点间的水力损失。无减压板时，转轮上冠和顶盖之间的空腔中水流处于旋转状态，水流以平均角速度$\omega_1<\omega$旋转($\omega=n\pi/30$)。空腔中水压力$H(R_x)$是按抛物线变化的，如图5-9中的1→2→3→5曲线。其变化规律为

$$H(R_x)=H_1-\frac{\omega_1^2}{2g}(R_1^2-R_x^2) \tag{5-34}$$

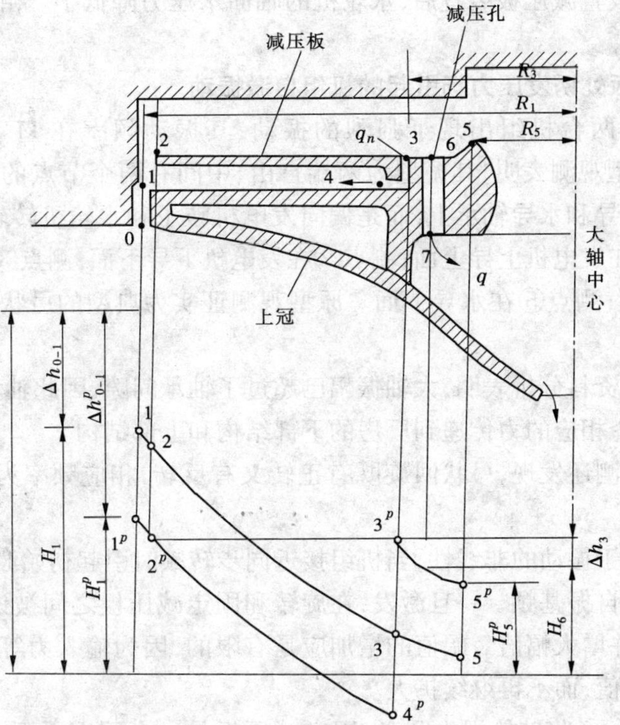

图 5-9　减压板装置及其对轴系统竖向压强的变化特性

式中：$H(R_x)$为某一半径 R_x 处的压力。根据试验，$0.5\omega<\omega_1<0.7\omega$。

2）有减压板装置

固定减压板是由数条筋板固定在顶盖上，与顶盖间有宽敞的流道。在此空间中水流是不旋转的，所以作用在固定减压板上表面的压力是均匀的，如图 5-9 中的 $2^p\rightarrow3^p$ 水平线。很明显，这个压力是不作用在转轮上的。

旋转减压板固定在转轮的上冠上面，在半径 R_3 处与固定减压板之间形成狭窄的流道，因此在半径 R_3 处的附加密封间隙内必然发生压力降，即在 4 点与固定减压板顶部的压力差为 $\Delta p_{3^p\rightarrow4^p}=p_{3^p}-p_{4^p}$。

很明显，固定减压板和旋转减压板间的水流仍以 ω_1 角速度旋转，从而使旋转减压板上面的压力分布仍是抛物线，但在有减压板范围内，由 $1\rightarrow2\rightarrow3$ 抛物线降为 $1^p\rightarrow2^p\rightarrow4^p$ 抛物线。

在减压板上面，由于水流不旋转，压力是相等的，即 $2^p=3^p$，但在 $R_3\rightarrow R_5$ 范围内没有减压板，水流仍是旋转的。由于设置了减压板，3 点的压力提高到 3^p 点，由 3^p 点作 $3\rightarrow5$ 抛物线的平行线 $3^p\rightarrow5^p$，最后得出没有减压板时，转轮上所受轴向水压力分布曲线 $1^p\rightarrow2^p\rightarrow4^p\rightarrow3^p\rightarrow5^p$。

一般来讲，机组正常运行时 4 点的压力不应小于汽化压力，否则，回流 q_n 将发生断裂，从而产生振动和噪声。因此，要合理选择减压板装置的参数和构造。

综上所述,设置减压板装置后,水轮机的轴向水压力降低了。由于设置减压板,可能会引起机组振动。

5.4.2.2　减压板处诱发压力场引起的机组自激振动

如某电站的两台机组出现了强烈的振动,其振动频率在 11.5 Hz 上下变动。如图 5-10所示,原型观测表明,其振型为两端自由、中间有两个节点的杆振动:节点 A 及 B 并不在发电机上导和水导轴承上,而是偏向发电机转子和水轮机转轮一侧。原型观测点共五个:测点①在发电机上导上面;测点②在发电机下导下面;测点③在大轴法兰下面;测点④在水导上面;测点⑤在水导下面。原型观测证实为典型的弓状回旋振动,如图 5-10 中虚线所示。

大量的观测资料分析表明,大轴振幅已超过了轴承间隙,因此轴承及其支承结构也都在振动,并有一个相应的力传递到厂房的下部结构和上部结构。

根据原型观测还发现,弓状回旋既有正转又有反转,相应频率为 11 Hz 和 -8 Hz,这是正常的。

有人认为由于振动的非线性,当机组接近同步转频时引起初始激发,激发频率为机组轴系弓状回旋自振基频。一旦激发,在旋转和固定减压板之间被诱发的压力场就会使振动持续下去,并增大幅值。幅值的增加应是有限的,因为输入力等于阻尼力时,振动就会稳定在一定幅值,而不再继续扩大。

如图 5-11 所示,将转轮视为圆盘,固定减压板是一个固定平面,转轮绕大轴 z 旋转。

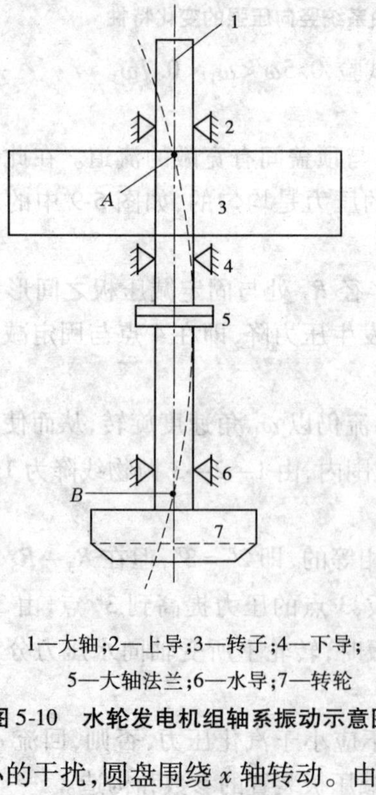

1—大轴;2—上导;3—转子;4—下导;
5—大轴法兰;6—水导;7—转轮

图 5-10　水轮发电机组轴系振动示意图

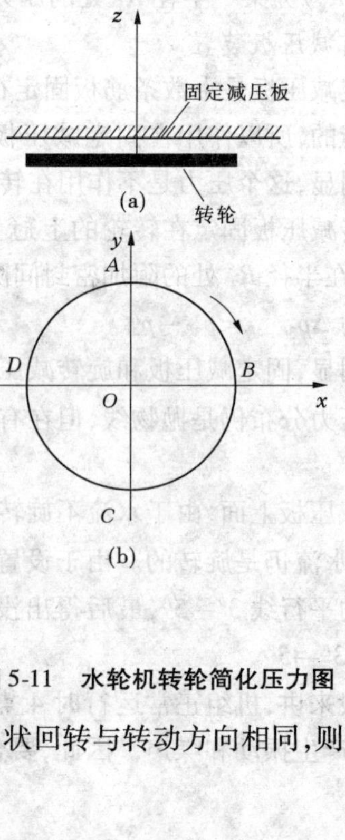

图 5-11　水轮机转轮简化压力图

由于某种小的干扰,圆盘围绕 x 轴转动。由于圆盘弓状回转与转动方向相同,则 x 轴上的

B 点以最大速度抬高并接近固定减压板。由于 B 点提高，D 点必下降，所以 D 点处压力低于圆盘为水平时的压力值，B 点和 D 点的压力差值，产生一个绕 y 轴的旋转力矩，并迫使 B 点向下移动。由于转轮的弓状回转效应，B 点向下方移动的力矩又带动 C 点下降，从而又使 A 点提高。这样，当大轴沿旋转方向作弓状回旋时，由于转轮回转作用引起的压力变化所产生的力，将导致相位在 90°～180°的位移，振动就这样自己维持下去。

图 5-12(a)为法兰下大轴摆度，图 5-12(b)为上游侧固定减压板和转轮间水的压力。图中 1 点为大轴自下游侧向上游侧移动至中点，则上游侧固定减压板和转轮间的间隙最大，压力最小。经短时期到达 2 点，大轴从上游向下游移动至中点，上游侧固定减压板和转轮间的间隙最小，压力最大。原型观测结果说明，图 5-11 中的简化分析与原型观测结果一致。

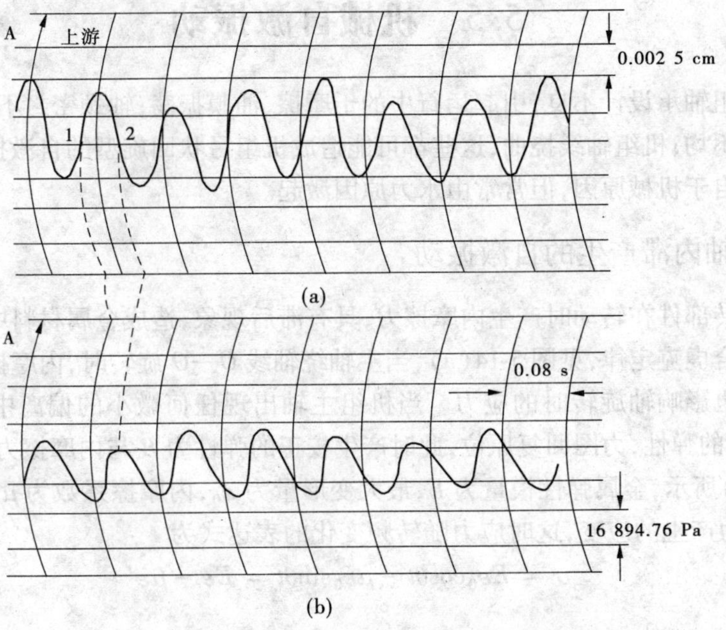

图 5-12　大轴摆度和固定减压板下压力脉动波形图

在水轮机顶盖补入空气，是解决该种振动的一个办法。只要向固定减压板和上冠间补入少量压缩空气就足以防止振动。如图 5-9 所示，固定减压板和旋转减压板之间的径向间隙很小，尤其在半径 R_3 处的附加密封间隙内发生压力降。当没有外来空气补入时，就仅有水或水蒸气存留在此径向间隙内，这可能是导致本机组强烈振动的原因。该机组在补气后 0.25 s 振动就停止了，而且补气孔直径只有 0.31 cm，压力为 3.5×10^5 Pa。这说明只要在径向间隙中补入少量空气，就足以减小水对干扰力的传递，消除旋转压力场，防止机组持续地振动。

除上述介绍的几种水力自激振动外，有些长输水管道机组，尤其是可逆式机组可能还存在着整个过流系统的水力自激振动。如可逆式机组的全特性曲线上存在不稳定的局部“S”形特性区(图 5-13 中虚线圆处)，主要位于水轮机工况的高单位转速 n_{11} 区和水泵工况的低单位流量 Q_{11} 区。在水轮机工况“S”形特性区，当机组水力阻抗值为负时(定义水轮机工况为正工况),会产生水力自激振动;在水泵工况“S”形特性区,当机组水力阻抗值为正时(定义水泵工况为负工况),也会产生水力自激振动。当机组在这些位置运行或长时间停留时就可能发生自激振动,导致运行不稳,在运行中尽可能避开或快速通过这些区域。例如溪口抽水蓄能电站机组在开机升负荷过程中出现振动现象,瞬时出现,可以复归,分析认为主要与机组的“S”形特性曲线有关。

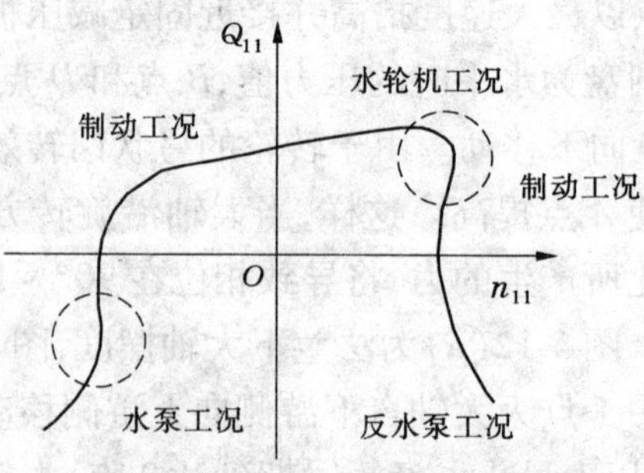

图 5-13　可逆式机组“S”形特性区

5.5　机械自激振动

如果机组轴承设计不良,引起运行中的干摩擦、油膜振荡;轴颈密封不当,引起轴颈四周受热严重不均;机组轴线挠曲,这些都可能造成机组弓状回旋型的自激振动。这种自激振动虽然来自于机械原因,但常常由水力原因激起。

5.5.1　大轴内滞产生的自激振动

由于旋转部件在转动时产生内摩擦力,具有滞后现象,造成金属材料中变化荷载的应力应变不符合虎克定律,见图 5-14(a),当主轴绕轴线 $O—O$ 旋转时,内摩擦力除产生内摩擦阻尼力外也影响轴旋转时的应力。当机组主轴出现任何微小的偏离中心的弓状回旋时,轴因金属的弹性,力图回复原位,此时产生校正的弹性力 B 与内摩擦力 A 的合力为 P,如图 5-14(b)所示,金属弹性模量为 E,最大变形量为 ε_0,内摩擦系数为 μ,变形角频率为 θ,ε'是内应力产生的应变,这时应力随转频变化的表达式为

$$\sigma = E\varepsilon_0\cos\theta t - \mu\varepsilon_0\sin\theta t = E\varepsilon - \mu\varepsilon'$$

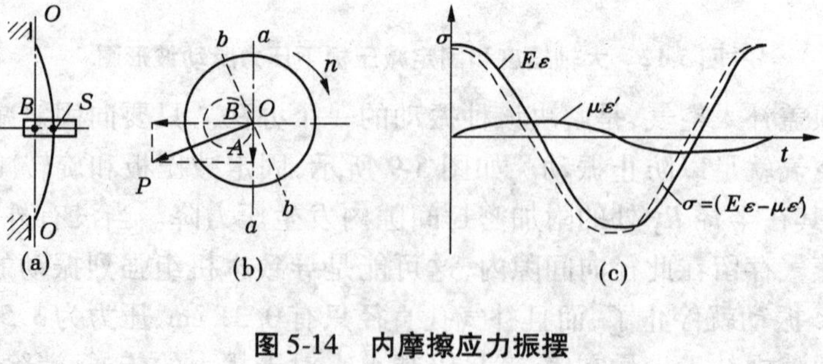

图 5-14　内摩擦应力振摆

图 5-14(c)上虚线表示两种应力合成结果。这种随时间按余弦周期性变化的应力所产生的振动,不是由外界施加的周期性干扰力而造成的,称为自激振动。试验证明,当这种自激振动的频率略大于轴的固有频率时,产生较明显的共振,可能由于阻尼力的影响,这时的自激振动频率在数值上应等于轴的固有频率。

由于大轴金属材料内滞(内摩擦力),使金属材料的应力—应变关系超出虎克定律的

范围，如图 5-15(a)所示，虎克定律的应力—应变关系为一条直线 P_1P_3。由于大轴内滞作用(滞后作用)，使得应力—应变关系变为绕 P_1P_3 长轴的椭圆。实际上椭圆短轴是非常小的。

现分析机组轴系统在上、下导轴承中顺时针弓状回旋，如图 5-15(b)所示。大轴中心 S 绕导轴承中心 B 点的轨迹为一个圆，沿 BS 切取大轴剖面，如图 5-15(c)所示，$P_1P_2P_3P_4$ 为大轴外形，BS 为大轴的可能最大变位。按转频 ω 与弓状回旋频率 $\omega_{弓}$ 关系可分 $\omega = \omega_{弓}$、$\omega > \omega_{弓}$、$\omega < \omega_{弓}$ 三种情况，分析如下：

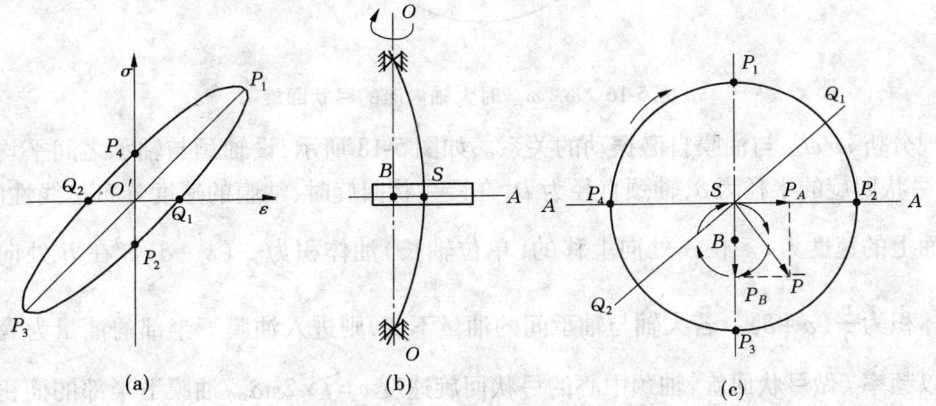

图 5-15　大轴内滞引起的弓状回旋

(1)当 $\omega = \omega_{弓}$ 时，图中已假定大轴转动与弓状回旋都是顺时针方向。由于大轴弯曲，图 5-15(c)中 AA 为应变中性线，AA 线以上大轴纤维被拉长，AA 线以下大轴纤维被压缩。大轴在旋转过程中，P_1 点总是纤维最大伸长点，即 P_1 总是在 BS 线的延长线上。

(2)当 $\omega > \omega_{弓}$ 时，与图 5-15(a)相对应，无应力点 Q_1 位于 P_1 和 P_2 之间。无应力点 Q_2 位于 P_3 和 P_4 之间，图 5-15(c)中 Q_1Q_2 为应变的中性线。在 Q_1Q_2 线以上各纤维都有拉应力，在 Q_1Q_2 线以下各纤维都有压应力。例如，当 $\omega = 2\omega_{弓}$ 时，P_1 点纤维由最大拉伸→最大压缩→最大拉伸，恰好是大轴旋转两周。当 $\omega > \omega_{弓}$ 时，如图 5-15(c)所示，在大轴的应力系统中产生了一个弹性力 $\bar{P}$ 时，这个弹性力 $\bar{P}$ 不仅有由 S 指向 B 方向的分力(一般称为弹性力)P_B，而且有一个 P_A 分力，称为内滞力。这个分力 P_A 使大轴中心 S 绕弓状回旋路线(虚线圆)运动，从而产生一个自激的弓状回旋。

(3)当 $\omega < \omega_{弓}$ 时，中性线 Q_1Q_2 的倾角变为逆向，如图 5-16 所示，此时内滞分力 P_A 不是推动大轴弓状回旋，而是一个阻尼分力了。

5.5.2　导轴承中油膜引起的自激振动

如果由于制造、安装误差或横向力作用于轴系，大轴开始在导轴承中做弓状回旋，如图 5-17 所示。大轴中心将在以 O 为圆心、偏心 δ 为半径的虚圆上运行。此时离心力 F 和油膜力 P 之间就不平衡了，如图 5-17(b)所示，有一个小的合力 f，此合力沿反时针方向传给大轴中心 O'点，产生了一个驱动力，从而促进或自激在转动方向的弓状回旋。如果弓状回旋与大轴转动方向相反，则合力 f 将起阻尼作用。

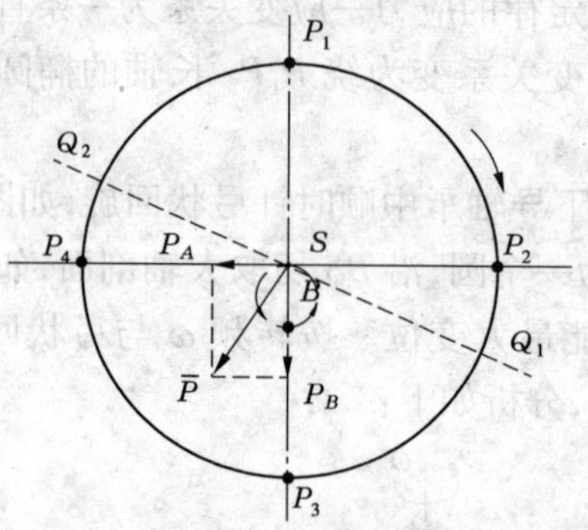

图 5-16　$\omega<\omega_{弓}$ 时大轴内滞的弓状回旋

现分析 $\omega/\omega_{弓}$ 与油膜自激振动的关系。如图 5-18 所示，设轴颈与轴承之间平均间隙为 ε，弓状回旋的半径为 δ，轴颈直径为 D，在慢弓状回旋时，油膜的速度分布是线性的，轴颈表面上的速度为 v。在 A 处向上移的（单位轴长）油体积为 $\frac{v}{2}(\varepsilon-\delta)$。在 B 处向下移的油体积为 $\frac{v}{2}(\varepsilon+\delta)$。若大轴与轴承间的油量不变，则进入油膜下半部的油量为 $v\delta$。若大轴以频率 f 做弓状回旋，轴颈中心的弓状回旋速度 $v=f\times2\pi\delta$。油膜下半部的面积以速率 $vD=f\times2\pi\delta D$ 增加着。若弓状回旋的频率较低，那么大轴的转动将充分地把油带入油膜下半部，以补充弓状回旋而形成的空隙。相反，若弓状回旋较快，大轴转动就不会带动足够的油量，因而形成油膜断裂。在这种情况下进入油膜下半部的迁移量 $v\delta$ 等于油膜下半部油膜面积的增加量，即 $v\delta=f\times2\pi\delta D$，又因为 $v=\pi Dn/60$，则可得 $f=n/120$，其中 n 为机组转速（r/min）。可见，当弓状回旋频率大于转频的 1/2 时，油膜破裂而不发生自激。在轴承一端有油泄漏时，油膜破裂将发生在低于大轴转动频率一半的弓状回旋频率以下。

从以上分析可看出，在干摩擦情况下，弓状回旋与大轴转动方向相反，而油膜所激发的弓状回旋与大轴的旋转方向相同。

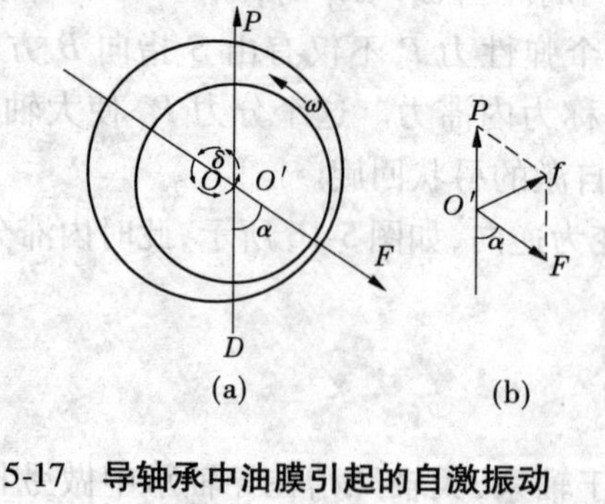

图 5-17　导轴承中油膜引起的自激振动

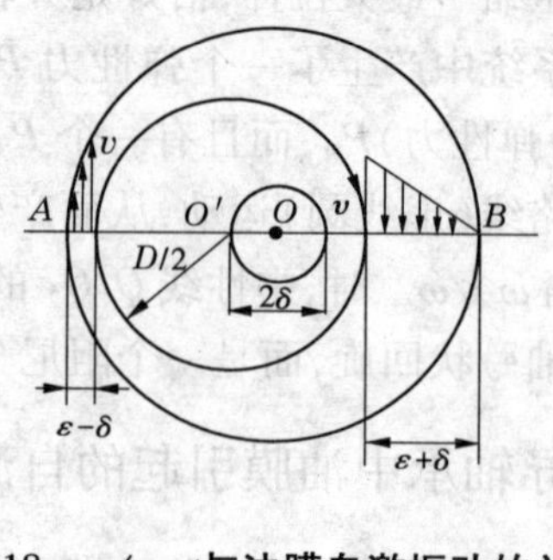

图 5-18　$\omega/\omega_{弓}$ 与油膜自激振动的关系

本章小结

1. 水轮发电机组异常振动包括共振与自激振动。共振可能出现在机组的转动部件、叶片、水体、定子铁芯等处，由水力、机械与电气原因引起。自激振动主要发生在迷宫环内。本章重点介绍水力、机械原因引起的自激振动。

2. 在强迫振动中，维持物体振动是由于在物体上作用有周期干扰外力，不是由振动体本身产生或控制的，即使振动停止，周期外力仍然存在。在自激振动中，维持物体振动的周期力，是由振动体本身产生或者本身所控制的，当振动停止时便没有周期力了。可用阻尼来区分上述两种振动，把自激振动解释为具有负阻尼的自由振动。一般的正黏性阻尼力与振动速度成正比而方向相反；而负阻尼力同样是与振动速度成正比的，但与振动方向相同。负阻尼力将使自由振动的幅值逐渐增加，而不是减小。

3. 如果阻尼力等于零，自激振动频率就是固有频率。自激振动频率就是系统的固有频率。振动体系具有正阻尼时，阻尼力做负功，把机械能变成热能耗散掉，能量是从振动体系中取得的，所以振动体系的振幅愈来愈小，这就是正阻尼的自由振动。

振动体系具有负阻尼时，负阻尼力对系统是做正功的，这个正功转化为增加系统的附加能量。负阻尼力是自激振动产生的原因。

4. 实际的自激振动系统是自激和正阻尼同时存在的。输入能量可能还是非线性的，数学处理上较为复杂。通常情况下可将系统线性化，特别是在分析振幅较小的微幅振动系统，总是假定系统为线性系统，即把参数假定为常数。然后确定是正阻尼力还是负阻尼力（输入能量）大。若负阻尼力大，在开始时系统是不稳定的，这只表示振幅将继续增大，幅值究竟要增加到多大，将取决于振动的非线性性质。

5. 水力自激振动，可以理解为产生自激振动的振源（负阻尼力）是水力原因。

大多数混流式水轮发电机组采用立式结构，水轮机和发电机通过刚性法兰连接成一个整体轴系。当设计、制造或安装不当时，可能会发生水轮机的水力自激振动。当自激振动的频率与某部件的固有频率接近时，还可能产生更为严重的自激共振。

6. 在出现水封径向间隙不均匀后，在间隙小的一侧将产生侧向水推力。这种推力随机组转动而转动，称为交变水动应力，其频率为机组的转频，造成机组轴或轴承振动。当这种振动频率与机组或轴系零部件固有频率接近时，就会产生共振而激发出超过正常侧向力 3 ~5 倍的水动应力。这种旋转的交变水动应力所激发的能量，可以引起轴的弓状回旋，也可能导致整个机组的剧烈振动而失稳。

7. 水封间隙的水力不平衡引起的自激振动减振措施：

(1) 改变迷宫结构。将下梳齿改为阶梯式结构，作用在转轮上的不平衡水压力方向与三道水封相反，是由小间隙指向大间隙，有利于机组运行稳定。将梳齿高度缩短、减小梳齿半径，这样可减小承受不平衡力的面积，从而起到减小不平衡力的作用。

(2) 扩大外迷宫间隙。扩大外迷宫间隙相当于增加密封间隙处的流量，从而引起背面空腔内水流流态的变化，起到消除振动的作用。

(3) 提高转轮水封的加工工艺水平和安装精度，尽量减小不圆度和不同心度。

(4) 减小发电机转子和水轮机转轮的动不平衡，防止大轴产生弓状回旋。

(5) 向水封背面空腔补压缩空气。

(6) 在转轮下腔增设均压管，以均衡下腔水压力。在转轮下腔的下支持环上开孔，也可起到均压作用，从而减小压力脉动。

8. 如果水轮机转轮采用减压板结构以减小轴向水推力，而减压板与转轮之间的间隙既小而又不均匀时，通过此间隙的补水量就会明显不同，造成转轮上腔水压力的不对称分布，从而引起自激振动。

9. 如果机组轴承设计不良，引起运行中的干摩擦、油膜振荡；轴颈密封不当，引起轴颈四周受热严重不均；机组轴线挠曲，这些都可能造成机组弓状回旋型的自激振动。这种自激振动虽然来自于机械原因，但常常由水力原因激起。

10. 弓状回旋频率大于转频的1/2时导轴承中的油膜破裂而不发生自激。在轴承一端有油泄漏时，油膜破裂将发生在低于大轴转动频率一半的弓状回旋频率以下。在干摩擦情况下，弓状回旋与大轴转动方向相反，而油膜所激发的弓状回旋与大轴的旋转方向相同。

习　题

5-1　引起机组共振的原因有哪些方面？试举例说明。

5-2　自激振动有何特性？正阻尼与负阻尼的物理意义是什么？

5-3　强迫振动和自激振动的区别是什么？试作简要分析。

5-4　自激振动系统是属于线性系统还是非线性系统？为什么？实际工程中应是什么系统？如何处理？

5-5　通常的水力自激振动包括哪些？试分别说明其产生的机理。

5-6　水封装置有哪些类型？有何作用？

5-7　转轮水封间隙水力不平衡力引起机组自激振动的机理是什么？

5-8　消除水封间隙水力不平衡引起机组自激振动的措施有哪些？

5-9　机组自激振动的机械原因有哪些？简要说明。

5-10　减压板处的自激振动有哪些特点？如何消减？

5-11　水泵水轮机过流系统可能发生水力自激振动吗？一般在哪些工况区发生？

5-12　机组弓状回旋性机械自激振动产生的原因有哪些？

5-13　导轴承中油膜破裂造成干摩擦，由此引起机组振动的机理是什么？

第 6 章　水轮发电机组振动测试技术

运行中的大、中、小型水轮发电机组,都可能存在着不同程度的振动问题,要想知道振动的大小是否在规定的合理范围内,分析振动产生的原因,仅靠运行人员的观察和感受是不够的,主要还是靠测试技术(用专门的仪器)进行测试与分析,从而获得振源和响应特性。特别是现代计算机的应用,使得测试具有信息压缩储存、数值分析和快速计算的优点,使得水轮发电机组的振动测试技术有了更广泛的应用。

所谓水轮发电机组振动测试技术,是指在基本不拆卸全部机组设备的情况下,测试运行中的机组振动,或用人为的激振试验法测量机组对标准激励振动信号的传递特性来分析机组的特征参数,以掌握其运行的状态,判断故障存在与否,并预测预报机组未来状态的技术。振动测试的一般流程为:机械设备→信号采集→提取特征信号→状态识别→诊断结果。

振动测试是为了对机组设备的振动量进行定量地测量,进而分析产生振动的原因,找出发生故障的部位。

一般来讲,原型机组振动测试准确,但涉及面大,装置各种传感器需停机,有碍生产,需要的周期较长,所以也可考虑在模型机上研究,在模型试验中改变有关参数、工况、结构都较容易,花费较少。但是,模型试验往往主要是弄清某些水力振源,对机组的电气振源、机械振源、机组的自振特性和动力响应难以模拟。因此,研究机组振动时,除某些水力振源外,通常是理论分析、计算和原型观测资料相配合,发挥各自优势,以探明机组振动的机理,从而采取有针对性的消振措施。

本文主要讨论原型观测。因机组振动原型观测的内容较多,现介绍其中一些主要项目的测试内容、方法和实例。

6.1　振动测试内容与基本测试方法

6.1.1　测试内容

振动测试主要测试以下几方面的量:

(1)振动量(位移、速度、加速度、幅值)的测量,频率与周期的测量,波形与相位的测量。其中主要是幅值的测量,并在此基础上进行动态特性的时域分析和频域分析。对随机振动测量幅值,时域分析求自相关和互相关函数,频域分析要求自功率谱密度和功率谱密度函数等。

(2)结构或部件特征参数的测量,如固有频率、阻尼比、刚度、振型等的测量。如以某种激振方式给被测对象作用力,使之产生受迫振动,测量输入和振动响应,从而确定被测对象的频率响应,再进行模态分析,求出各阶模态的动态参数。

(3)压力脉动的测量。

(4)不平衡力的测量,动应力的测量。

(5)噪声的测量等。

6.1.2 基本测试方法

6.1.2.1 利用机械式仪表测振

机械式仪表测振,主要用于测量振动的位移,且适用于低频范围。装有笔式记录装置的测振仪可测量振动的时间历程,通过分析比较,可算出振动频率、周期,并确定振动的波形和相位。

千分表(或百分表)是一种最简单的机械式测振仪,一般只能用来测量振动的振幅。用千分表直接测量机组振动的方法:用桥式起重机吊一重物,此重物对机组振动部位来说是相对静止的,本身不受振动影响;然后把千分表固定在重物上,使千分表的测杆触头紧紧顶住机组被测部位,并使测杆方向与振动方向垂直。

在找不到不受振动影响的静止固定点时,为了进行振动测试,可采用千分表和重块等部件构成的惯性式机械测振仪。

惯性式测振仪是根据强迫振动原理制成的:具有一定质量的悬挂着的弹性惯性体受迫振动时,如果其振动频率是干扰力频率的一半以下,则此弹性体不发生振动,即它对干扰力保持相对静止。惯性测振仪的测量机构仍然是千分表。它有手握式和固定式两种类型。

上述带有千分表的测振仪,所能测量的振动频率范围一般在12 Hz以内,在此范围内可得到较好的测量精度。当被测振动频率很高时,用这类测振仪将会带来很大的测量误差。

为了测取较高频率的振动及其时间历程(即能测得频率、振幅、波形),可用机械式示振仪。示振仪测振是利用机械杠杆原理,将振动量放大并自动记录。

6.1.2.2 电测法测振

电测法测振是利用应变片式测振传感器,将振动量变化过程转换成电量变化过程,再通过动态应变仪放大,由光线示波器记录下来。最后按预先标定的比例尺,根据所记录的振动示波图,确定出被测振动量及其变化过程。

这种非电量的电测法测振是比较完善的测振方法,主要是利用应变片式测振传感器,将振动量变化过程转换为电量变化过程。

该测振方法的优点是灵敏度高,频率范围广,便于读值和分析,容易实现遥测和自动控制。因此,这种方法得到了普遍的应用。其缺点是易受电磁场的干扰,所以测试时应采取必要的屏蔽措施。

6.1.2.3 光电法测振

光电法测振主要是利用光电式传感器测振,把被测量的变化转换为光量的变化,利用光电效应,再转换成电信号来进行测量。

6.2　振动测试仪器

在水轮发电机组的振动测试中,应根据机组的一般振动规律和特性以及测试目的,选用测振仪表或装置。一般选用测频范围为0.1~200 Hz的仪表或装置。

6.2.1　基本测试仪器

6.2.1.1　传感器

传感器的作用是采集振动信号,并把该信号转换成相应的电信号。传感器是整个测量系统中的输入环节,其性能和可靠性将直接影响整个测量装置系统。振动传感器种类很多,有不同的分类法,主要有:

(1)按测量对象分类:如位移传感器、速度传感器、加速度传感器和力传感器等。

(2)按传感器结构原理分类:如磁电式传感器、压电式传感器、电涡流式传感器和压阻式传感器。

(3)按传感器的安装方式分类:接触式和非接触式。

6.2.1.2　放大器

放大器可以将传感器输出的电信号进一步放大。主要有微积分放大器、电压放大器和电荷放大器。

6.2.1.3　分析仪器

振动信号中包含了有关设备运行状态的大量信息。分析仪器就是将所测得的振动信号进行分解,以获取各个不同频率范围内的信号。根据分析数据的特征,分析仪可分为模拟式和数字式两类。

6.2.1.4　显示与记录设备

振动测试系统的最后一个环节是显示记录设备,用于研究、分析、测量各种电参数和非电参数的动态变化过程。常用的显示设备有电子示波器、数字式指示仪表等;常用的记录设备有光线示波器、磁带记录仪等。目前,计算机是最好的显示和记录设备。

为实现测量目的,往往需要把若干个仪器组成一个测试系统。完整的振动测试系统一般由四部分组成,如图6-1所示。采用传感器不同,测量的要求就不同,测量系统的组成也有所差别。

此外,还有拾振器、应变仪等仪器。

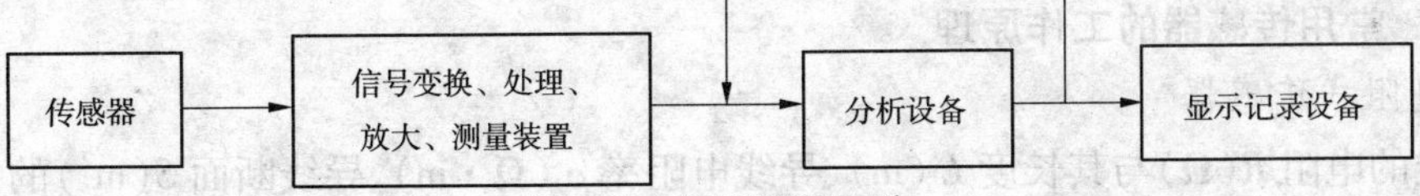

图6-1　振动测试系统

6.2.2　传感器选型

6.2.2.1　传感器选型

由于水轮发电机组现场测试系统需要测量的参数种类很多,所以相应所需传感器的类型也很多。

1)传感器的选型原则

一般来说,传感器的选型有以下原则:

(1)传感器的工作原理要与待测的量相符合。

(2)传感器应满足测点的精度要求。

(3)传感器的外形尺寸要满足现场安装条件。

(4)传感器应满足现场恶劣环境下对可靠性的要求。

(5)传感器的性价比要能为用户所接受。

一般来说,国外某些产品质量较好、可靠性较高,但国外的传感器或变送器的价格昂贵,大多数水电厂难以接受。因此,只能在测点少,且对其参数的测量要求较高的地方选用国外优质产品,而对于其他测点较多的传感器,目前应尽量选用国内产品。

2)传感器的选型

传感器在安装时或使用过程中应定期率定。在所有的传感器选型中最需要慎重考虑的是振动传感器的选型。

(1)接触式测量,是将传感器直接安装到被测物体上,它测的是被测物体的绝对振动值。

(2)非接触式测量,一般选用电涡流式传感器。将传感器安装于一个特制的支架上,由于测量时支架本身也在振动,传感器测得的是被测物体相对于支架的相对振动值。被测部位离基础越远,支架臂就越长,对支架的刚度要求也越高。此外,较远的支架除影响测量精度外,还影响现场运行和检修人员的巡视、维护工作。

3)接触式振动传感器的选型

接触式振动传感器有加速度型和速度(位移)型。

(1)加速度型振动传感器的特点是体积小、灵敏度高,输出的是加速度信号。加速度信号转化为位移信号必须经过两次积分。此外,加速度传感器的最低测量频率(3 dB)一般在5~10 Hz,而大中型水轮发电机组的转频一般都在5 Hz以下,因此加速度传感器基本上不能满足低转速的水轮发电机组现场测试的要求。

(2)速度(位移)型传感器中,性价比较好的主要有弹簧质量式传感器。这种传感器输出速度或位移信号,其最大的特点是下限频率可达到0.2~0.5 Hz,基本上可以满足大中型水轮发电机组振动量的测量。其缺点是体积较大,长时间工作会使弹簧元件疲劳失效,应按照厂家要求进行定期率定。

6.2.2.2 常用传感器的工作原理

1)电阻式传感器

导线的电阻$R(\Omega)$与其长度L(m)、导线电阻率ρ($\Omega\cdot$m)、导线断面S(m^2)的关系为:

$$R = \rho \frac{L}{S} \tag{6-1}$$

可知,当改变导线的ρ、L和S三者之一时,R都会发生变化。电阻式传感器是通过改变这些参数实现的。

常用的电阻式传感器有两种:滑线电阻式传感器和电阻丝式传感器。测动态信号时以电阻丝式传感器应用最多。电阻丝式传感器，是通过导线本身的变形而引起电阻变化的，其电阻的变化量 ΔR 和导线长度的变化量 ΔL 间的关系为：

$$\frac{\Delta R}{R} = K\frac{\Delta L}{L} = K\varepsilon \tag{6-2}$$

式中：K 为电阻丝的应变灵敏度；ε 为导线的应变，$\varepsilon = \Delta L/L$。

测振动位移时，多采用悬臂式应变梁。梁的形式为等强度梁或等截面梁。图 6-2 为等强度梁，可用钢材等制作。

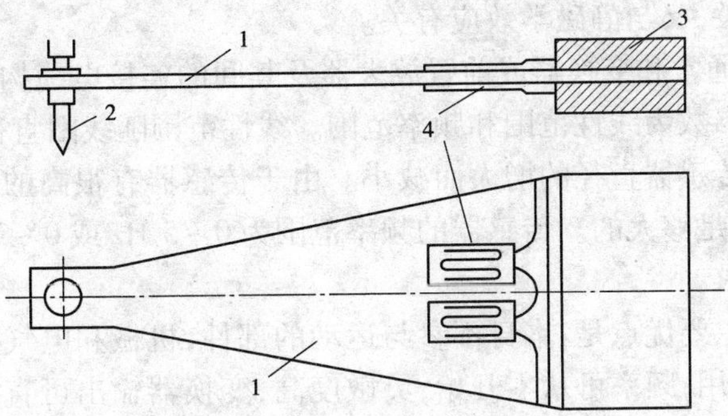

图 6-2　应变梁示意图

1—等强度梁；2—接触头；3—绝缘柄；4—应变片

2）磁电式传感器

磁电式传感器的原理是：当线圈在磁场中运动或改变磁通量的大小时，线圈中就会出现感应电动势，此电动势与线圈相对于磁场的运动速度成正比。

磁电式传感器为振动速度传感器。若需记录位移或加速度，则要经积分或微分。磁电式传感器的放大器一般都有积分和微分回路，以适应不同振动量的测量需要。其内部的可动部分通过适当的软弹簧（支承弹簧）与外壳相连接，测量时，传感器的外壳固定或放置在振动体上并随之振动，其可动部分则处于静止状态。

这种传感器的使用频率范围，一方面取决于测试频率下限应高于可动部分支承弹簧的自振频率，另一方面还取决于放大器的最低可测频率。

磁电式传感器的结构简单，不需外加电源，输出信号也较强，安装使用方便。

3）压电晶体传感器

压电晶体传感器的工作原理是：当晶体受到作用力而产生机械变形时，在它的相对两面将产生正、负电荷。相反地，当这些晶体置于电场中或带电时，晶体也会产生变形。上述两种现象即是晶体的压电效应。晶体受力产生的电荷量 Q 与外作用力 F 的大小成比例。对石英晶体而言，有：

$$Q = KF \tag{6-3}$$

式中：K 为晶体的压电系数，单位为库仑/牛（C/N），不同的晶体，K 值是不一样的。

压电式传感器是加速度传感器，其放大器的输入有两种方式：电荷输入和电压输入，分别称为电荷放大器和电压放大器。电荷放大器的应用较广泛。

压电式传感器的主要参数为频率范围和灵敏度。其上限频率一般都很高，用于水轮发电机组测量时,下限频率显得更重要。关于灵敏度,要特别注意其最低可测信号对水轮发电机组测量的重要性。

4)涡流式传感器

涡流式传感器属于非接触振动传感器。其工作原理为:将一块金属板放在一只线圈附近,当线圈中有高频电流通过时,便产生高频磁场。高频磁场通过附近的金属板,其表面便产生感应电流,此电流称为电涡流。根据楞次定律,电涡流也产生一个交变磁场,其方向与原线圈磁场方向相反,这两个磁场相互叠加改变了原线圈的阻抗。线圈阻抗的变化与电涡流效应有关,又与静磁学效应有关。

传感器(测头)通常和变换器或前置放大器及其间的连接电缆构成一个完整的系统。传感器系统的主要参数为线性范围和频率范围。线性范围随线圈直径的增大而增大。传感器的灵敏度则随传感器直径的增大而减小。由于传感器有很高的灵敏度,不论直径大小,其输出信号都是足够大的。传感器的频率范围为0~5 Hz或0~20 Hz,完全满足水轮发电机组的测试要求。

这种传感器的主要优点是:本身不参与运动的部件,机械和电气部分故障很少,工作可靠,可长期连续使用;频率可从零开始,灵敏度高,变换器输出可直接配接各种显示、记录及分析仪器;传感器的分辨率很高,信号可以远距离传输;测头尺寸小,结构简单、安装方便。

由于水力激振力频谱较宽,如涡带频率等激振力频率较低(对于大中型机组来说都小于1 Hz,三峡约为0.3 Hz),因此机组振动和摆度传感器的选择,应尽量选用低频信号响应强的电涡流位移传感器。

6.3　振动测点的布置

测点布置反映了测试系统的功能范围,为了满足系统各项测试的需要,测点布置必须是完备的。但是,由于某些客观因素和突发事件的制约,在实际测试时会损失部分测点的信息,因此测点布置一般要留有一定的冗余量,以保证测试信息的完整性。

水力激振力对机组振动、摆度影响最大,种类多,频谱复杂。由该种力引起机组的振动表现最明显的为顶盖和下机架(对于小型伞式机组为上机架)。该种振动测点可布置在顶盖和下机架相隔90°的两个方位上。由此引起的主轴摆度表现最明显的为水导处的摆度,其测点可布置在水导相隔90°的两个方位上。

机械和电磁等激振力引起的机组振动,对上导摆度和下导摆度、上机架和定子机座水平振动影响最大。一般情况下,机组振动测点布置在上机架、下机架和顶盖上,并在它们各自的水平方向和垂直方向上各布置1~2个测点;主轴摆度测点布置在上导处、下导处和水导处各2个测点。

由于测试系统的功能不同,测点的选择也相应有所不同。图6-3所示为某混流式水轮机组主要振动摆度测点布置图,图6-4所示为某轴流式水轮机组主要非电量测点布置图。

下面按测点的类型给出测点布置的一般考虑,具体实施时可以根据功能与经济因素进行必要的取舍。

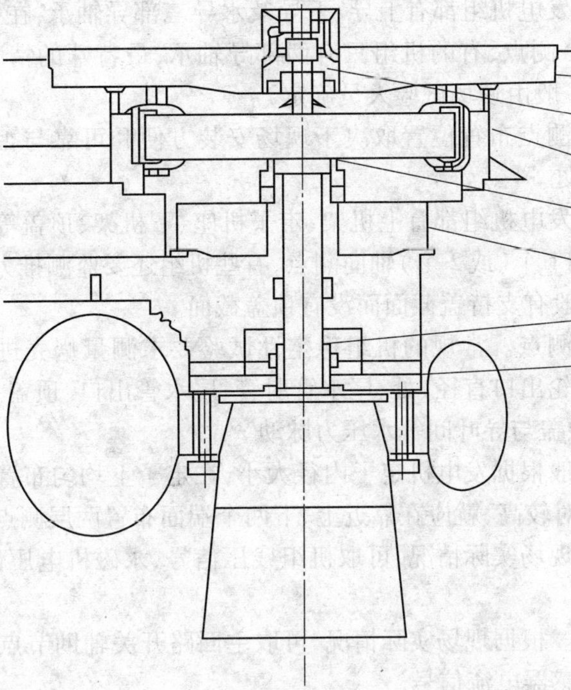

图 6-3　某混流式水轮机组主要振动摆度测点布置图

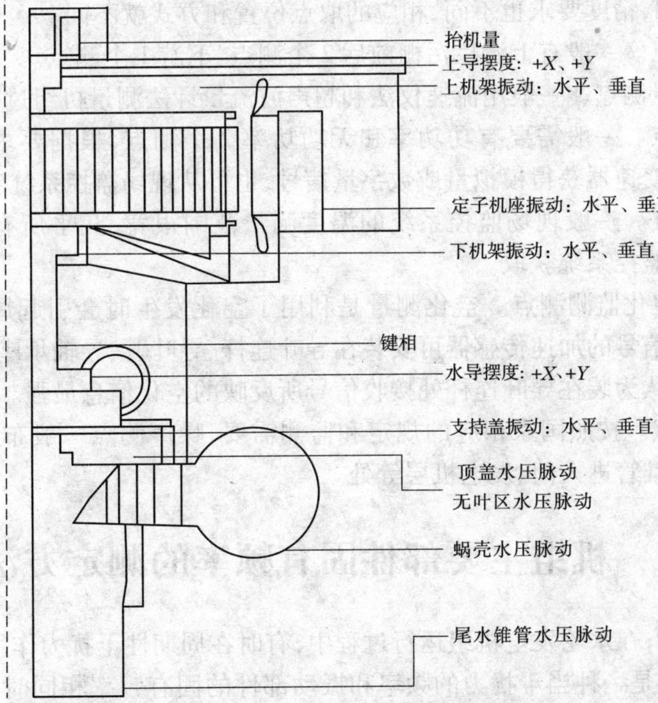

图 6-4　某轴流式水轮机组主要非电量测点布置图

(1)摆度测点。一般水轮发电机组都有上导、下导及水导三部导轴承,在每部导轴承截面布置 X、Y 两个方向各 1 个测点,有的机组只有两部导轴承,最特殊的情况是机组盘车,测量摆度的截面数就多(一般由现场试验人员确定)。

(2)转速键相测点。键相测点布置位置取决于现场安装方便和可靠与否,没有统一的规定,一般在上导处或水导处。

(3)振动测点。一般水轮发电机组都有上机架、定子机座、下机架、顶盖等测量截面,每一截面布置 2 个径向测点和 1 个(或 2 个)轴向测点,有些机组还要监测推力瓦架截面、厂房基础截面,轴流式机组一般有支持盖截面而没有顶盖截面。

(4)水压力和水压力脉动测点。常规的机组稳定性试验要求测量蜗壳进口、尾水管进口距离转轮 $0.3D_2$(D_2 为转轮出口直径)处、尾水管肘管、尾水管出口、顶盖。特殊情况下,还要测量转轮与顶盖间、顶盖与导叶间等水压力脉动。

(5)发电机气隙测点。一般根据发电机定子内径大小,在定子上均匀布置 4 ~ 8 个测点,如果发电机转子的高度相对较高,就应在靠近上、下两个端面布置两层测点。

(6)机组频率测点。根据现场实际情况,可取机组残压信号、永磁机电压信号或齿盘信号。

(7)甩负荷起始信号测点。根据现场实际情况,可取主回路开关辅助节点信号(同相或反相)或取二次回路电流互感器电流信号。

(8)差压测点。一般有蜗壳进口与尾水管出口差压、蜗壳内外侧差压 2 个测点。

(9)行程测点。一般有导叶行程测点,对于轴流转桨式机组,还要有轮叶行程测点,根据测试目的不同,精度要求也不同,相应的取点位置和方式就不同。

(10)水位测点。一般有上游拦污栅前后 2 个测点、下游 1 个测点。

(11)绝对流量测点。一般用流速仪法和超声波流量计法测量机组过机流量。

(12)功率测点。一般需要有功功率和无功功率 2 个测点,根据要求和现场实际情况,可直接从功率变送器获得模拟量或数字量信号,也可从现场监控系统获得。

(13)温度测点。一般现场监控系统的温度测量范围很宽,几乎所有的测点应有尽有,故可以直接从监控系统获取。

(14)水轮机空化监测测点。空化测量是利用了空化发生时会引起周围部件高频振动这一特点,测量信号的加速传感器可安装在导叶连杆、导叶臂、导轴承座、尾水管入口或蜗壳入口处,通常认为装在导叶连杆处接收信号所反映的空化信息最强。

(15)噪声测点。按照国家相应的规定和监测需要,噪声测点一般布置在水轮机室、蜗壳进人门、尾水锥管进人门、发电机层等处。

6.4　机组主要部件固有频率的测定方法

前面已介绍过,在水轮发电机组运行过程中,有时在周期性干扰力作用下会使机组部件产生共振。共振是一种当干扰力的频率和振动部件的固有频率相同时,使振动部件振幅达到最大值的现象。机组部件的共振与其固有频率有关,这就有必要在研究机组振动状态及其规律时,确定机组主要部件的固有频率。

机组各主要部件的固有频率可采用数值计算和测试两种方法得到。随着电子技术、数学、力学理论等的发展,数值计算方法得到了推广。它可能减免某些试验,但并不能取代物理测试方法,更不能提供完整的真机振动频率。机组部件的某些"固有性质"在运行过程中可能会有所变化,这些变化难以用理论公式计算,试验仍是解决问题的基本方法,所以在水电站现场一般通过试验来测定固有频率。

在水轮发电机组振动测试中,采用模态分析技术。虽经振动测试,得到了振幅、振频等振动参量,但往往有合成的振动存在,有些频率及振幅的产生,其振源和产生机理极难判定。这样,就要有针对性地对某些部件进行诸如固有频率、阻尼、振型等的测试,通过模态分析试验和数据处理手段,来加深对问题的多方面分析(一方面可获得有些难于通过计算得到的各部件的动态参数,一方面可验证设计、制造及运行的一些量值是否合理),更有助于振动问题的研究和解决。

具体地说,模态分析方法就是对实际结构部件进行激振和响应测试,根据测得的输入信号和响应信号,通过数据处理得到结构的动态参数。

对于水轮发电机组固有频率的测定,一般测试的主要部件有:机组转动部件(水轮机转轮、发电机转子、主轴)、固定导叶与活动导叶、顶盖、上机架与下机架、发电机定子等。

转动部件的固有频率是指这些部件进行自由扭转振动时的频率。如果对正在运转的发电机给一个电脉冲,则在发电机的转子和定子之间产生一个成倍于水轮机额定力矩的电扭矩。在电脉冲消失后,就出现与水轮机转轮和发电机转子转动方向相反而周期相等的自由扭转振动。由于机组转动部分的自由扭转振动是由作用于其上的扭矩所引起的,因此其固有频率可按与扭转振动大小相应的大轴扭矩示波图来确定。

原型机、模型机均可进行振动测试试验。根据部件结构大小,采用不同的激振法,如稳态正弦激振、随机信号激振和脉冲(锤振法)激振等。如水轮机叶片常采用锤振法、共振法等。

6.4.1　固有频率的常用测试方法

6.4.1.1　锤振法

1)原理

锤击转轮叶片或其他零件,使其产生能够进行测量的自由振动,把这个自由振动记录下来,便可以算出被测部件的固有频率。如图6-5所示,是原型混流式转轮锤振示意图,锤击时应选用合适的榔头,还要掌握一定的锤击技术,否则可能在锤振后记录下来的频率不是第一阶振动频率,还须与激振信号比较后才能较确切地确定锤振频率的阶数,锤击后由拾振器拾振及应变仪、示波仪读数或记录。

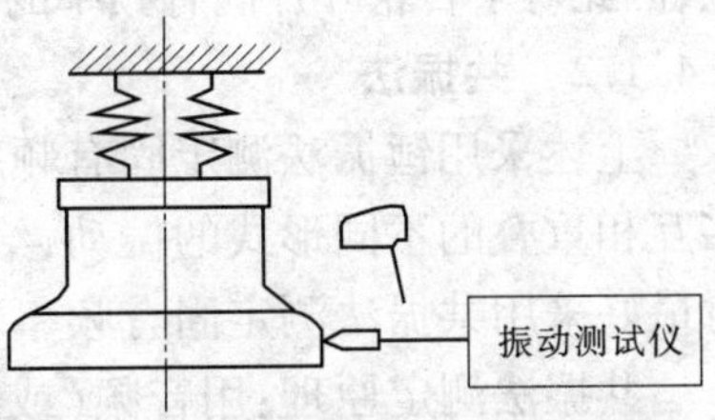

图6-5　原型混流式转轮锤振示意图

2)锤击点和测量点的选择

为了得到被测部件的固有频率,从理论上讲,设置一个响应测量点即可,但如果测点正好位于某阶固有振动的节线上，测得的信号中不包含该阶振动的信息，也就无法得到该阶固有频率，因此在实测中一般选择3个左右响应测量点，测点设置在离激振点稍远、响应较大的部位，如叶片出水边附近。离激振点稍远可避免激振产生的局部振动的影响，测点的振动较强，测得的信号有较好的信噪比。另外，为确保测试结果的准确性，应改变不同的激振点位置进行测试。

如图6-6所示，为三峡2#、5#混流式转轮叶片固有频率测试中激振点和响应测量点的布置方式，测试时3个传感器（响应测量点）布置在叶片出水边缘处（距离叶片出水边缘300 mm），激振点（锤击位置）选择在两传感器的中间处及2#传感器往里500 mm处，共3处。

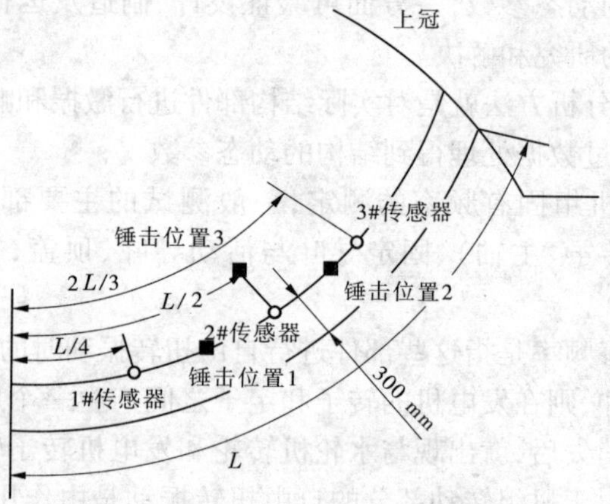

图6-6　传感器布置和锤击位置示意图

3）测试条件和传感器的选择

在转轮固有频率测试过程中，转轮与水轮机轴连接后处于自由悬吊状态，并已取下转轮间隙之间的楔块，除推力轴承外，转轮及转动部分与固定支持部件不接触。

加速度传感器因其频率响应范围宽、质量轻、便于安装等优点，在固有频率测试中应用最为广泛，但加速度传感器低频响应信号十分微弱。若是用于测试低频段振动响应频率，或是测试前几阶固有频率较低的部件（如主轴），特别是对10 Hz以下的振动信号，应选用电涡流式位移传感器做响应测量更为合适。通常，转轮叶片一阶固有频率大多在几十赫兹，因此对于转轮叶片固有频率的测试，选择加速度传感器做响应测量是比较合适的。

6.4.1.2　共振法

上述采用锤振法测定固有频率虽简便，但激振力不易控制，且激振时往往同时产生许多互相重叠的不同形式的振动，给分析和确定叶片固有频率带来一些困难。所以，有条件时最好采用共振法测定固有频率。

共振法测定原理：用音频（或低频）信号发生器作为信号源，通过功率放大器推动电动式激振器，激振器产生频率能逐渐变化的激振力（即所谓多谐波激振力），应用共振原理激发被测部件产生振动响应（即受迫振动）。

共振法能够测到多阶固有频率。具体测定方法可用自动频率扫描激振设备，通过测振传感器和电测仪器把被测部件的频率响应曲线记录下来。随着激振频率的提高，在示波仪上看(测)到共振频率的各阶值。

应当指出,水轮机叶片的共振是在机组运转过程中发生的,即在流动的水介质中发生的。由于振动阻尼不同,叶片的固有频率在空气中和在水中是不同的,所以应将叶片放入有水的容器中,按上述方法测定叶片在水中的固有频率才是正确的。如在水中测定有困难,也可先测出叶片在空气中的固有频率,然后乘以一定的系数而求得叶片在水中的固有频率。根据模型叶片的振动试验,转桨式水轮机叶片在水中的固有频率比在空气中测定的固有频率最大降低值不超过45%。

图6-7为轴流转桨式转轮叶片固有频率测试,1是刚性固结支点,弹性悬吊2与转轮轮毂3铰接,原型转轮用厂房起重机钢索悬吊轮毂体或转轮,叶片4与轮毂刚性固结。激振器通过连杆5对轮毂体激振,拾振后通过调制器(应变仪)进入示波仪或记录仪,分析叶片固有频率。

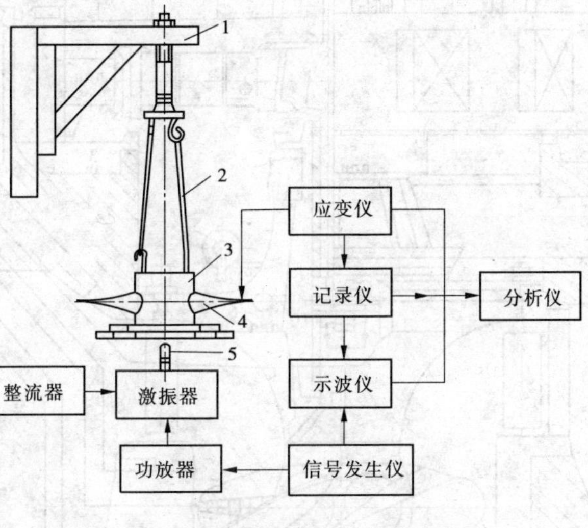

图6-7　轴流转桨式转轮叶片固有频率测试

1—刚性固结支点;2—弹性悬吊;3—转轮轮毂;4—叶片;5—连杆

混流式转轮悬吊方式同上述,测试系统如图6-8所示。

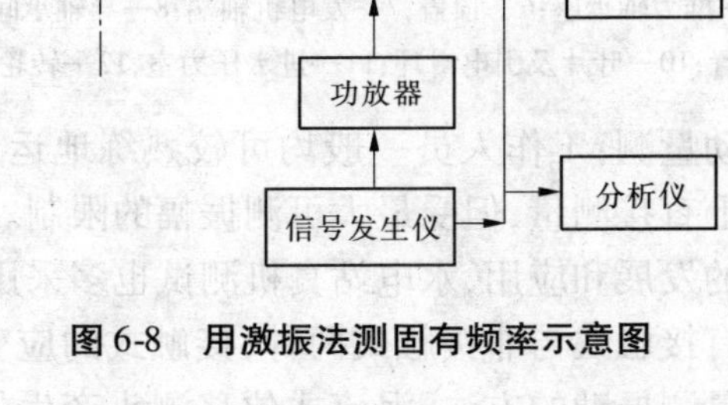

图6-8　用激振法测固有频率示意图

6.4.2　原型水轮机的现场测试

6.4.2.1　水上部分

各轴承、主轴、发电机、上下机架及基础量测。这部分各测点如图 6-9 中测点 1 ~ 8，这些部位均暴露在空气中，可以在发电机层、水轮机层观察。而且机组无论是机械、发电机还是电气出现问题，大多数是由水力原因引起的振动，往往首先反映在水上部分结构中，例如导轴承摆度大于允许值，主轴弓状回转，电机定子外壳振动，机架振动等超过了允许值，这些都是机组不能稳定运行的现象。振源也应通过上部结构量测的结果来分析探讨。

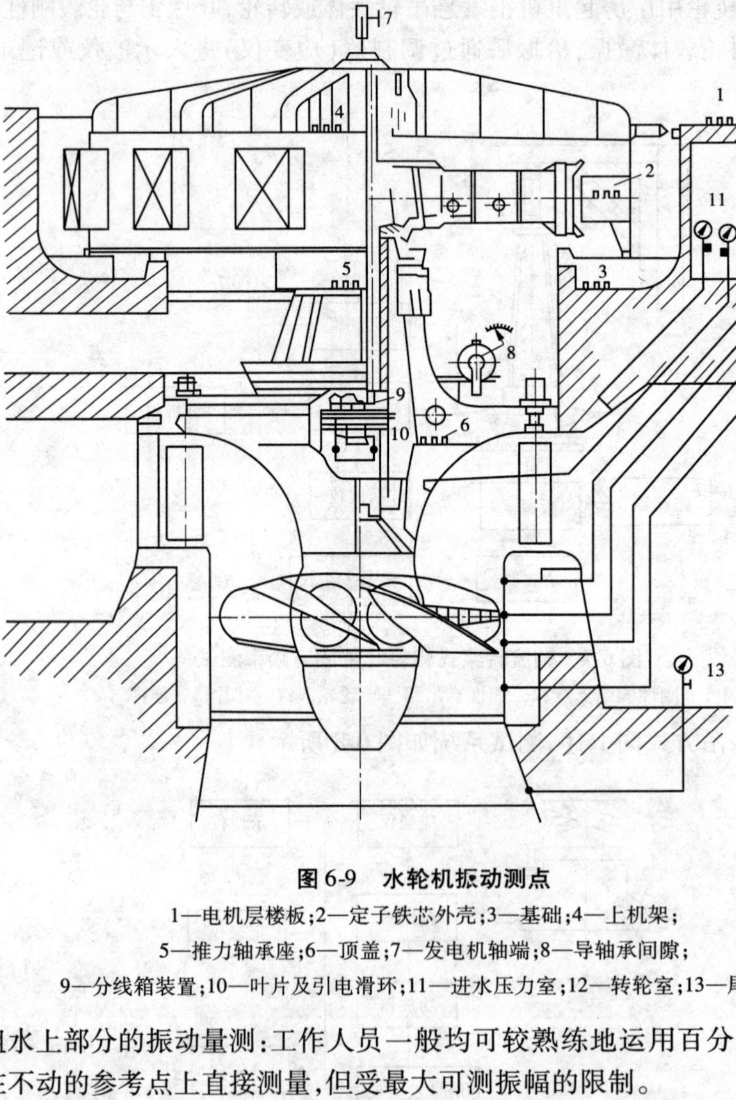

图 6-9　水轮机振动测点

1—电机层楼板；2—定子铁芯外壳；3—基础；4—上机架；
5—推力轴承座；6—顶盖；7—发电机轴端；8—导轴承间隙；
9—分线箱装置；10—叶片及引电滑环；11—进水压力室；12—转轮室；13—尾水管

机组水上部分的振动量测：工作人员一般均可较熟练地运用百分表（或千分表），将其固定在不动的参考点上直接测量，但受最大可测振幅的限制。

随着电子测量技术的发展和应用，水电站真机测试也多采用电子测量法，水上部分结构各测点的测振一般又有接触式与非接触式两种，接触式的应变梁法比较方便。图 6-10 所示的是一种非接触式量测振动的方法，涡流式位移测头产生的电压数值与轴的振幅及频率成正比。测点布置如图 6-11 所示。

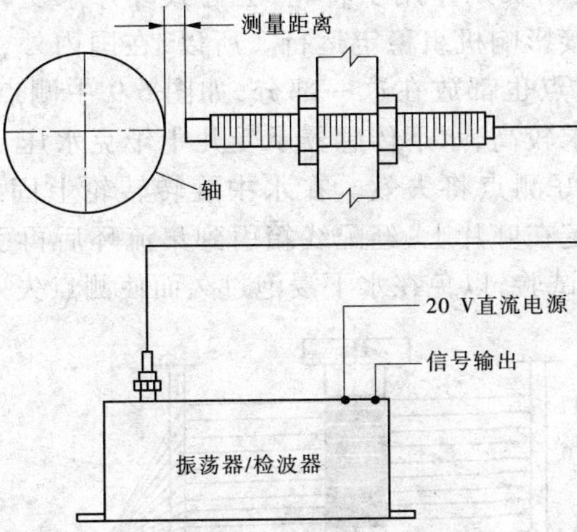

图 6-10　涡流式位移测头

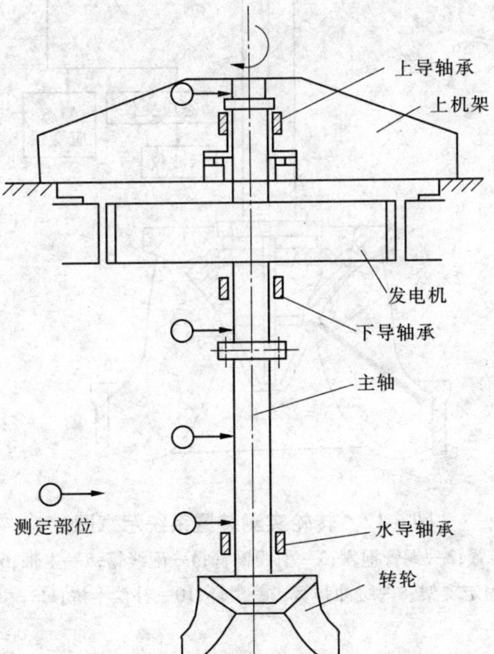

图 6-11　水轮机水上部分测点布置

6.4.2.2　**水下转轮部分**

水下转轮的振动量测可分为转轮受水力作用的振动特性量测、固定壁上参数量测、流道中水流压力脉动局部流速与流态等的量测。水轮机过流部分水流参数变化很大，同一台机不同开度，流量、流态均不相同，转轮型式以及叶型也是各机有异。实际上，对于水电站运行中的转轮，水流绕流时，可能由于脱流或回流而产生涡旋，叶片尾部产生卡门涡，上、下迷宫止漏环偏心等都会引起叶片和机组的强烈振动（甚至发生共振），这种强烈振动长期作用于转轮，会导致叶片承受较大的动应力，甚至出现裂纹或断裂，这将直接影响机组稳定运行。所以，在国内外，对原型与模型机组的振动、应力、压力测试重点也都放在这一部分，如图 6-9 中测点 10 ~ 12。此外，这一部分的测量最复杂，要求较高，水下传感器承受几十千克水压，要有十分可靠的固定与密封装置，如处理不好测点将失效。在水中旋转转轮上固定并密封传感器之后，将引出电线的铜管固定在叶片上，经配线箱引到集流环后再引入仪表量测，如图 6-12所示。装好后应立即试验，以免在水下浸泡过久而使测点失效。

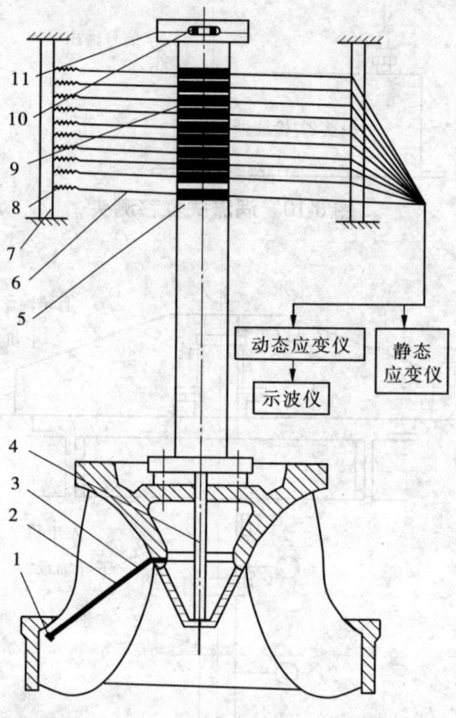

图 6-12　转轮实测装置系统示意图

1—测点装置；2—铜管抱攀；3—引线铜管；4—配线箱；5—主轴；6—滑线；7—固定支架；8—缓冲弹簧；9—滑环；10—补偿半桥；11—引线

对于不旋转的进水压力室测量频率、振幅、加速度、应力，采用电测法以及压力表读数均可。

6.4.2.3　压力脉动量测

图 6-9 中第 13 个测点即为测试尾水管压力脉动而设的，在尾水管壁上一般最少装 4 个传感器，在不同测点同一瞬时测得的压力波相位是不同的。当涡核位于尾水管中某一侧时，该侧的流速最高、压力最低，而相反一侧的流速最低、压力最高，同时脉动还存在着相位差。在尾水管壁上测得的压力脉动及水流的不稳定可以从示波图或压力表上读出。

水轮机压力脉动现场测试测点的位置如图 2-15 所示，一般应根据电站的实际情况和条件选取，原则上应使该处测得的压力脉动幅值比其他位置处大，同时应考虑不同振源所引起的不同类型的压力脉动。如尾水管涡带压力脉动，其测点应位于尾水管锥管(0.3～1.0)D_2处；转轮与导叶动静干扰引起的压力脉动，其测点位置应选在活动导叶出口与转轮进口之间(无叶区)；引水管路引起的水压脉动或水力共振，其测点位置应选在蜗壳进口等。为了能够全面了解水轮机整个流道内的压力脉动情况，在电站有条件的情况下应尽量多布置些测点。

压力脉动传感器安装在过流部件测点上时，应尽量保持该测点过流部件不向外伸出，以减小传感器引出线的管路长度，避免引出管路过长对实际压力信号的缓冲、衰减或共振，减小对幅频特性和相位特性准确测量的影响。压力脉动传感器的频率响应范围应能覆盖被测信号的全部有用频率，其应根据待测脉动压力的大小选择相应的量程。试验中最好选用动态压力传感器；如选用静态压力传感器测量压力脉动，应考虑幅频特性和相频特性中的动态误差，传感器的频率响应应至少为被测脉动频率的5～10倍。

6.4.3　模型水轮机的测试

由于水轮机原型测试涉及面广，装置各种传感器需停机，有碍生产，为了得到不同工况还要等待合适的水头条件，进行一次现场原型实测需要的周期较长，而且不经济。因此，在模型机上研究振动要方便一些，模型试验中改变有关参数、结构、工况都较容易，花费较少。

模型试验是把原型水力机组的特性，经过缩小(或放大)后在模型上重演，从模型试验中取得与振动有关的数据资料，最后根据相似关系再换算到原型中，用这些试验成果解决设计、运行、生产制造及验收的实际问题。

在实践中，由于某些试验条件的限制，例如在同一重力场下具有同样的重力加速度g，原型、模型同时在水介质中进行试验等，不能做到和现场有关的所有准则数相等，只能根据判断保证主要因素，舍去次要因素。研究水力机械振动的模拟既要考虑研究对象的固体相似，例如导叶、转轮、尾水管的材料模拟，也要遵守水力过程的相似条件。

6.4.3.1　弹性力相似

固体材料在振动时如果考虑弹性力的相似，应遵守的准则为：

$$\left(\frac{C_t}{C_L}\right)^2 = \frac{C_\rho}{C_E} \tag{6-4}$$

式中：C_t为原型与模型的时间比，$C_t = t_P/t_M$，角标P代表原型，M代表模型；C_L为原型与模型的尺寸比，即为转轮直径比，$C_L = L_P/L_M = D_P/D_M$；C_ρ为原型与模型的密度比，$C_\rho = \rho_P/\rho_M$；C_E为原型与模型的制作材料的弹性模数比，$C_E = E_P/E_M$。

则式(6-4)又可以写成：

$$\frac{t_P}{t_M} = \frac{D_M}{D_P}\sqrt{\frac{\rho_P E_M}{\rho_M E_P}} \tag{6-5}$$

式(6-5)中，时间为原型、模型的对应时间，因此可以取振动时的周期，即为振动频率的倒数。则式(6-5)可转化为：

$$\frac{f_M}{f_P} = \frac{D_P}{D_M}\sqrt{\frac{\rho_P E_M}{\rho_M E_P}} \tag{6-6}$$

假设在空气中要测量某零部件的自振频率，只要保证其结构和连接型式一致（几何条件），已知原型与模型的材料（ρ 和 E 值）和测出的模型振频，利用式（6-6）即可换算求得原型的振频。

6.4.3.2　水力机械流体相似准则

水轮机动态过程的相似，应保持的相似准则为：

$$n_{11P} = n_{11M} \tag{6-7}$$

$$n_P t_P = n_M t_M \tag{6-8}$$

$$J_P / J_M = (D_P / D_M)^5 \tag{6-9}$$

式中：n_{11} 为水轮机单位转数，$n_{11} = \dfrac{nD}{\sqrt{H}}$；$n$ 为水轮机转速；t 为对应时间，可以取为水压脉动的周期；J 为转动部分转动惯量。

式（6-9）仅在水轮机转速有变化时采用，如水轮机过渡过程。下面举一例子，说明水力动力相似律的用法。

6.4.3.3　在水中测得模型零部件的相似换算

方程式（6-6）为刚体部件原模型的频率（自振或强迫振动）换算关系式，它和原模型的尺寸及材料有关。式（6-8）表示水动力频率，是外干扰力频率，如进行振动模拟，二者均要保持一致，将式（6-5）代入式（6-8）得：

$$\frac{n_M}{n_P} = \frac{D_P}{D_M}\sqrt{\frac{\rho_P E_M}{\rho_M E_P}} \tag{6-10}$$

考虑式（6-7）得：

$$\frac{H_M}{H_P} = \frac{\rho_P E_M}{\rho_M E_P} \tag{6-11}$$

如果保持式（6-11）条件成立，则在模型叶片、导叶或尾水管壁上测得的频率就可以通过式（6-6）和式（6-8）换算到原型上去，另外，该式也表明：如果原型、模型采用同样的材料制作，则模型试验水头应保持为原型水头。实践中常采用铜制造模型叶片及转轮，其弹性模量约为 1.0×10^{11} Pa，其密度为 0.89 kg/m^3，而真机转轮为钢制造。故水头比为：

$$\frac{H_M}{H_P} = \frac{1}{2} \times \frac{0.78}{0.89} \approx 0.44$$

零部件中的应力和应变、压力脉动及振幅，只要保持上述相似条件成立，测试时均以某一最大值作基数，作出相对值，使用就十分方便。最大值可根据前述相似公式进行换算。

6.5　机组轴系统的振动测试

机组轴系统包括机组的整个旋转部件和固定支承部件。机组在运行中，由于不平衡力或力矩的作用，会使轴系统产生振动。针对解决问题的目的不同，机组轴系统振动测试可分为三种：

（1）振动评价分析的振动测试。将轴系某部位、支承部位或部件的测试结果（如振幅)与相应振动规范进行对比,以评价振动的状态。

(2)振源分析的振动测试。通过原型试验分析测试的数据,寻找振动发生的原因。

(3)专项分析的振动测试。为消减某种或几种振源和动力反应而进行的测试分析。

下面分别进行详细讨论。

6.5.1　振动评价分析的振动测试

这种振动测试,通常必须布置有两组(6 个)以上的拾振器,在上导处和水导处各 3 个。其中,2 个拾振器测试水平方向的振动,布点相差 90°,另 1 个拾振器测试竖向振动。有时为评价机组整个轴系统(包括机组的轴系及其支承部件或部位)的振动状态,找出最大振幅点,还需增加测点。

目前,国际上尚无统一的机组振动规范,一般只规定振动双幅值与机组转速关系。

例如,曾规定按机组转速确定发电机的允许振动双幅值(见表 6-1),这是不合适的,应该以振动频率来控制水轮发电机的振动双幅标准值,如图 6-13(a)所示;按图 6-13(b)评价水轮机设备(水轮机导轴承、水轮机顶盖等)的振动状态。图中 $2A$ 表示振动双幅,单位 μm;f 为振动频率,单位 Hz。

表 6-1　发电机定子振动双振幅

转速(r/min)	≤100	≤187.5	≤375	≤750
双振幅值(mm)	0.18	0.15	0.10	0.07

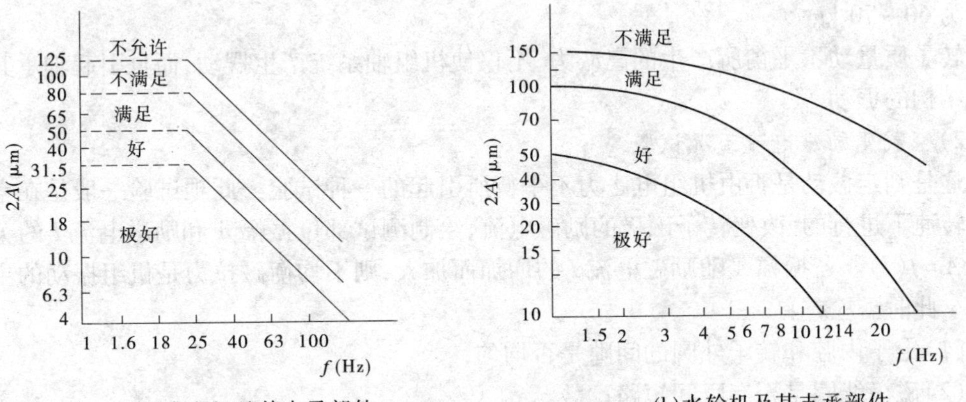

(a)发电机及其支承部件　　(b)水轮机及其支承部件

图 6-13　水轮发电机组及其支承部件振动评价图

6.5.2　振源分析的振动测试

6.5.2.1　振动测试目的

为了保证机组的安装检修质量,保证机组正常运行,必须了解、分析和研究机组振动的状态、特性和规律;鉴定机组安装检修质量;查明产生有害振动的原因,以便采取有效措施加以消除或减轻。此外,通过振动测试还可为进一步核实机组各部位的振动标准及为按基本振动量预估设备可能损坏的基本形式和程度积累统计资料。

机组振动的原因是比较复杂的,因为它常常是多种因素引起的,但是某一振动因素,一定会引起某种规律的振动。通过一些试验,根据振幅和频率的特点,可以进行综合比较,分析总的趋势,抓住主要矛盾。

6.5.2.2　振动测试试验

为了查找振源,一般应做以下几种工况的振动试验。

1)空载无励磁变转速工况试验

这是判断振动是否由机组转动部件质量不平衡所引起的一种试验。试验时,发电机转子无励磁电流,机组以各种转速运行。机组转速可以由额定转速的50%开始,以后每增10%~20%测量一次,直至额定转速的120%左右。测量机组有关部位(如导轴承支架等,包括主轴摆度)的振幅A和频率f随机组转速n(r/min)值的变化关系,绘制双倍振幅$A=f(n)$和频率$f=f(n)$的关系曲线。

测试结果可能有两种情况:

(1)若振幅A一直很大,A和转速n的关系不密切,振动频率f与转速n值基本是一致的(或与n成某一倍数),其振源是由机械因素引起的。如大轴不直,转动部件和固定部件之间的偏磨等,推力轴瓦调整不当等。

(2)若振幅A和转速n成正比,且频率$f=n/60$,则是由于转子质量动不平衡引起的。一般要求发电机转子的不平衡质量应不超过转子质量的2/10 000。

转子在制造和安装过程中都难以确保平衡,一般多采用加平衡重法,使其不平衡度减小到最低程度。如刘家峡电厂单机加平衡重块质量为250 kg,丰满电厂单机加平衡重块质量为60~70 kg。

转子质量动不平衡所产生的离心力,不仅使机组轴系统产生摆动,而且引起轴承其他支承结构的振动。

2)空载变励磁电流工况试验

这是判定振动是否由机组电磁力不平衡所引起的一种试验。此项试验一般是在空载额定转速下进行的,改变转子磁极的励磁电流,绘制测试部位振幅A和励磁电流I的关系曲线$A=f(I)$。若振幅A随励磁电流I的增加而加大,则不均衡磁拉力是机组振动的主要原因。此时需检查:

(1)定子内腔和转子外圆的间隙是否均匀;

(2)磁极线圈是否有匝间短路;

(3)磁极和磁轭间是否出现气隙等。

在磁拉力计算式(4-3)中,系数β一般为0.2~0.5,$\beta\pi(B/5\ 000)^2=3.5\sim4.5$,水轮发电机可取最小值3.5,直流电机取最大值4.5。

一般要求定子和转子间的间隙偏差e值在正常气隙δ的±10%以内。例如,对TS854/156-40发电机,当$e=10\%\delta$,$\delta=2.1$ cm时,$e=0.21$ cm,转子直径$D=781$ cm,转子高度$L=156$ cm,系数β取3.5,算出不均衡磁拉力F为425 kN;若$e=5\%\delta$,则不均衡磁拉力F为212.5 kN,分别为转子不平衡重引起离心力的7倍和3.5倍多。

在排除了机组振动是由于水力不平衡力所引起的后，为进一步分析机组电磁力不平衡的具体原因，还可以在额定转速并带一定负荷的情况下进行。

试验时，分别测定励磁电流为其额定值的 25%、50%、75% 和 100% 时机组各有关部位的振动。为了确切判断振动是由发电机定子、转子间气隙不匀所引起的，试验中还有必要测定气隙，有时还应当测量定子铁芯的温度。

3）变负荷工况试验

这是查明机组振动是否是由过水系统的水力不平衡所引起的一种试验。此项试验是在机组额定转速下进行的，分别测定负荷 P 为其额定值的 25%、50%、75%、100% 下的机组各有关部位的振动，绘出测量部位振幅 A 和机组负荷 P 的关系 $A=f(P)$，或振幅 A 和接力器行程 l 的关系 $A=f(l)$。

（1）若振幅 A 随 P（或 l）的增大而增大（或减小而减小），且水导处 A 值的变化比上导处 A 值的变化敏感；而当机组作为调相机运行时，由于水轮机转轮已不在水中运行，则机组的振动大为降低。根据这些现象，这种振动是由水轮机转轮水力不平衡所引起的。此时需检查：

①转轮叶片是否有水力不均匀力。

②导叶间距和形状是否存在差异而形成水力不均匀力。

③蜗壳水力设计是否有问题而形成水力不均匀力。

④转轮转动是否有偏心，或转轮上冠和下环是否有缺陷使水封间隙不等，而产生周期性的不均匀水压力等。

（2）若只在 40% ~70% 负荷区振动较大，其他负荷工况的振动明显减小，且振动频率 $f=\frac{n}{60}\left(\frac{1}{3}\sim\frac{1}{5}\right)$ Hz，则振源是由尾水管低频涡带脉动引起的。

除测定各部位的振动外，为查明振动是由水力不平衡引起的具体原因，还有必要测定机组过水系统各部位水流的脉动压力。

4）调相运行工况试验

这是区别机组振动是由于水力不平衡力，还是由于机械不平衡力或电气不平衡力引起的一项重要试验。试验时使机组并入电力系统运行，逐渐关闭导水机构至全关位置，然后供气压水，使机组转为调相工况运行。这时如机组振动减弱或消失，则振动是由于水力不平衡所引起的，否则振动是由于其他原因所致。

6.5.3　实例分析

实例一：以 2001 年建成的四川南桠河姚河坝水电站为例，该电站为日调节高水头、长隧洞引水式电站，装机容量 3 ×44 MW，混流式机组。振动测试采用非接触式电涡流式位移传感器、丹麦 BK 加速度传感器、东方振动和噪声研究所研制的 INV306D 智能信号采集分析仪（16 通道）、DLF－3 型多通道电荷电压滤波积分放大器和 DASPV6.16W 数据采集分析软件。

1）试验方法

根据国家有关水轮发电机组测试标准，在主轴系统上多处布点，同步采集信号，振动波形同时输入到计算机数据采集系统进行采集、存储，以备波形分析与频谱分析时调用。

轴系响应信号中既有低频成分又有高频成分，采样过程中必须符合采样定理，即采样频率大于或等于所采信号最高频率的 2 倍。采样之前进行滤波，避免在采样频率不够高的情况下，导致高频成分以虚假的低频成分出现，从而影响分析结果。本次测试机组的额定转速为 500 r/min，其基频为 8.3 Hz，根据测试经验，采样频率一般取为最高频率的 6 ~ 10 倍。

2）测点布置

在上导轴承处的 X、Y 方向，水导轴承处的 X、Y 方向，法兰处的 X、Y 方向分别布置电涡流式位移传感器测量大轴摆度。在上机架水平方向与垂直方向分别布置加速度传感器测量机架的振动。

3）机组振动分析

机组振动分析的主要方法是峰值检测与频谱分析，以此为依据评价机组的振动级别，寻找振动原因。试验过程如下：

（1）变转速试验。

在不并网、无励磁条件下，机组转速分别为 400 r/min、450 r/min、500 r/min 时，上导轴承处 X 方向摆度变化为 60 μm、75 μm、86 μm，Y 方向摆度变化为 74 μm、87 μm、103 μm，随着转速的上升，上导轴承处摆度增大，说明机组在发电机转子处存在一定的质量不平衡。上导轴承处摆度随转速的增大有所增大，但增加幅度不大。

上导轴承处、主轴连接法兰处、水导处轴心轨迹如图 6-14 所示。由图 6-14 可知：上导轴承的轴心轨迹图不是圆形，而近似为椭圆形，椭圆长轴与测点成大约 45°，说明上导轴承处轴瓦间隙不均匀，在与测点成大约 45°的方向上间隙偏大。

当转速按 400 r/min、450 r/min、500 r/min 变化，法兰摆度 $+X$ 方向变化分别为 70 μm、80 μm、100 μm 时，法兰摆度 $-Y$ 方向变化分别为 115 μm、150 μm、190 μm，变化较上导处大。法兰处轴心轨迹图近似为椭圆，其长轴与测点约呈 30°。机组大轴在法兰处做弓状回旋，大轴在法兰处呈折线连接，轴线大约曲折了 70 μm，说明下导轴承处与水导轴承处的轴瓦间隙不均匀。

当转速为 400 r/min、450 r/min、500 r/min 时，上机架的水平振动加速度分别为 0.598 m/s^2、1.109 m/s^2、1.010 m/s^2，上机架的垂直振动加速度变化分别为 0.167 m/s^2、0.128 m/s^2、0.118 m/s^2。尽管水平振动随转速的增加有所增加，但振动量较小。

水导轴承处的轴心轨迹图表明：水导轴承处的间隙不均匀，且在 Y 方向较大，大约比 X 方向大 40 μm。水导轴承处的间隙不均匀程度较法兰处的小，与法兰处摆度方向一致，说明下导处与水导轴承处间隙不均匀导致了法兰处的轨迹为椭圆。

（2）变励磁试验。

机组稳定在额定转速，合励磁开关，在并网条件下按额定励磁电流的 0、20%、40%、60%、80%、100% 调整励磁电流。

从测试的结果来看，随着励磁电流的增加，上导轴承处 X 方向的摆度从 78 μm 增加到 95 μm，Y 方向的摆度从 102 μm 增加到 122 μm，说明随着励磁电流的增大，不平衡磁拉力有所增大，但变化的幅度不大。

由图 6-14 可知，轴心轨迹都是椭圆，摆动方向基本一致。随着电磁拉力的增大，各导轴承处的轴瓦间隙受其影响，导致发电机转子和定子间隙不均匀程度有所增大。

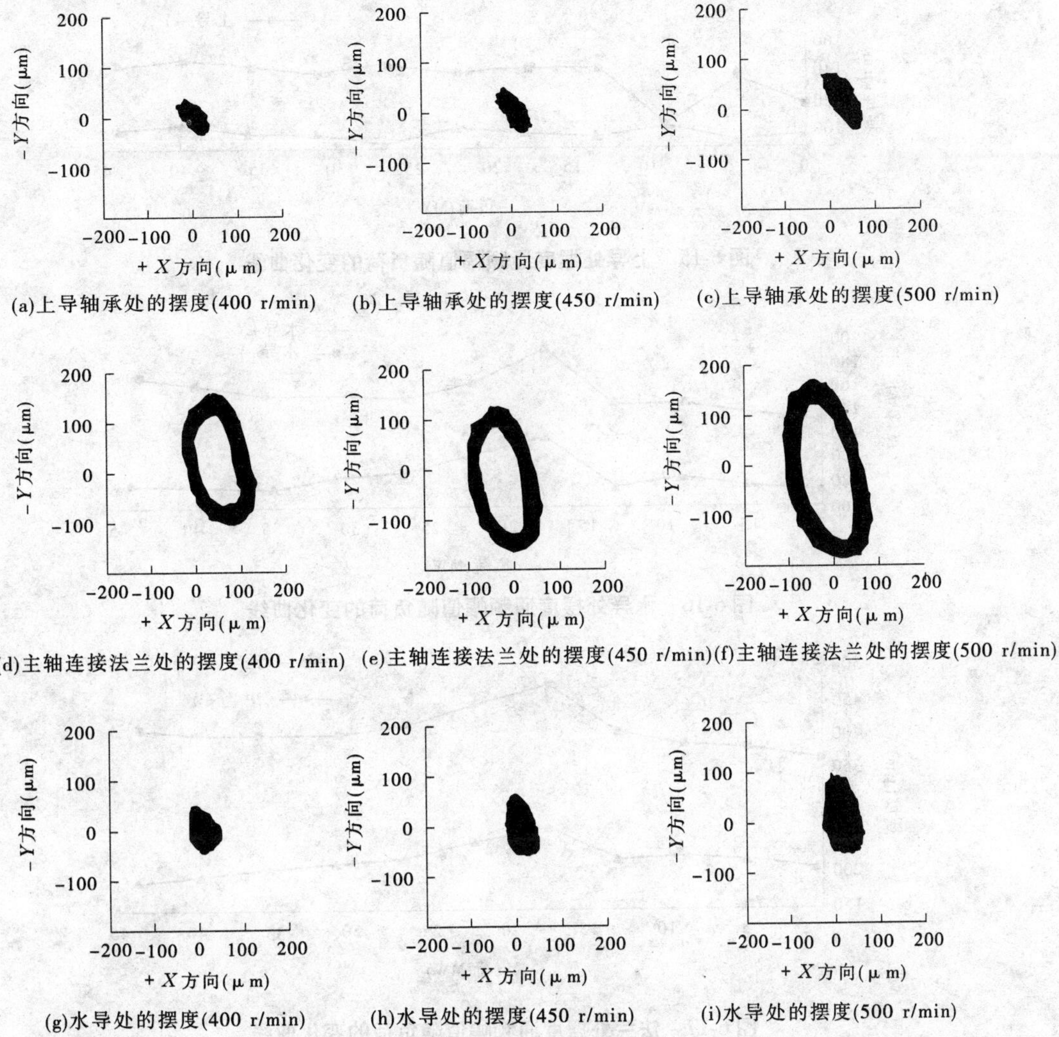

(a)上导轴承处的摆度(400 r/min)　(b)上导轴承处的摆度(450 r/min)　(c)上导轴承处的摆度(500 r/min)

(d)主轴连接法兰处的摆度(400 r/min)　(e)主轴连接法兰处的摆度(450 r/min)　(f)主轴连接法兰处的摆度(500 r/min)

(g)水导处的摆度(400 r/min)　(h)水导处的摆度(450 r/min)　(i)水导处的摆度(500 r/min)

图 6-14　轴心轨迹图

(3)变负荷试验。

机组并网后，调整发电机功率，分别稳定在空载及 4.4 MW、8.8 MW、13.2 MW、17.6 MW、22.0 MW、26.4 MW、30.8 MW、35.2 MW、39.6 MW、44.0 MW 时，分 11 个工况进行测试。

机组带负荷后表现出的稳定性，是机组转动体的机械不平衡力、电磁力和水动力各种因素共同作用下的综合稳定性能，是对机组稳定性能水平的综合考察。

试验结果分析如下：

①通频幅值分析。

通频幅值是机组振动、摆度和水压脉动各种频率分量的叠加值，该值直接反映了机组的稳定性水平。图 6-15 ~ 图 6-18 为导轴承摆度及机架振动随负荷变化的关系曲线。

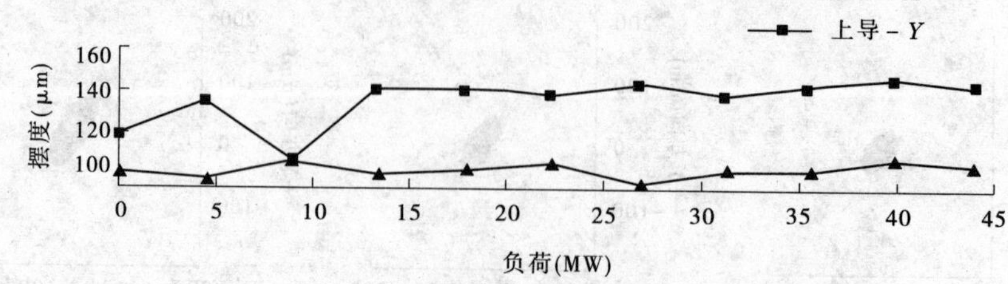

图 6-15　上导处摆度通频幅值随负荷的变化曲线

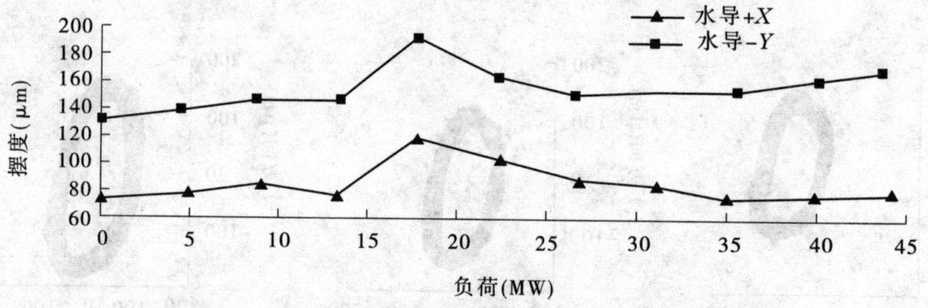

图 6-16　水导处摆度通频幅值随负荷的变化曲线

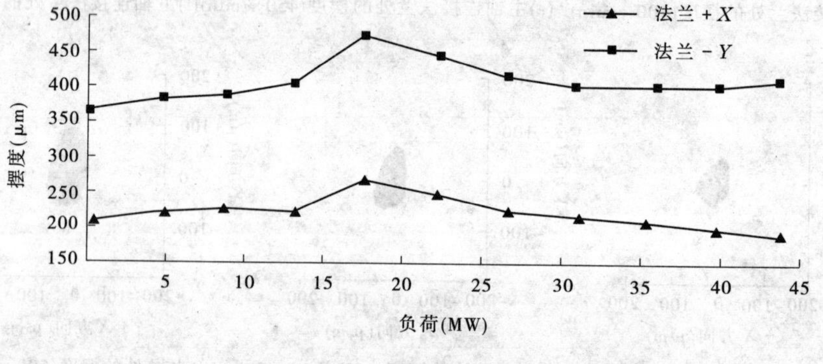

图 6-17　法兰处摆度通频幅值随负荷的变化曲线

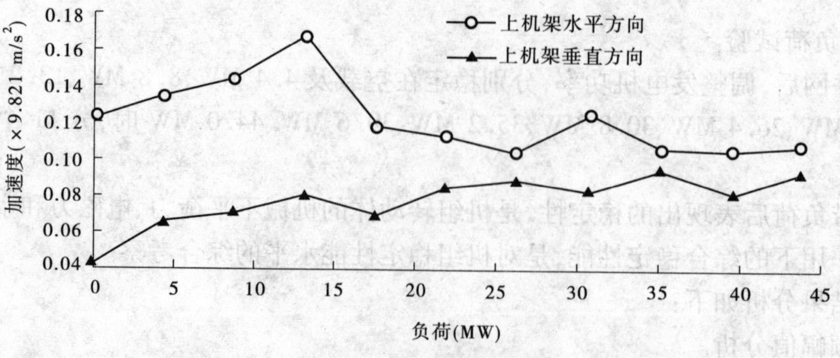

图 6-18　上机架振动与负荷变化的关系曲线

从图6-15～图6-18中可看出，机组上导处的摆度随负荷变化的变化量很小，曲线平稳，上导轴承处的摆度对机组变负荷不敏感。法兰处摆度的通频幅值在整个变负荷过程中一直较大，也验证了大轴存在弓状回旋。水导处摆度较上导处大，在15～25 MW区间出现了最大值，受负荷变化影响明显。

机组在低负荷运行时水轮机偏离设计工况，水力因素是造成水导处摆度大的主要原因。

上机架水平方向振动加速度在10～15 MW出现了最大值，达到1.67 m/s^2。而垂直振动方向的振动值随负荷呈缓慢增大趋势，说明随着负荷的增加，轴向水推力逐渐增大，但总的振幅值不大。

②低频幅值分析。

低频振动一般由水力因素引起，且随机性较大。图6-19～图6-21为导轴承处及法兰处摆度随负荷变化关系曲线。

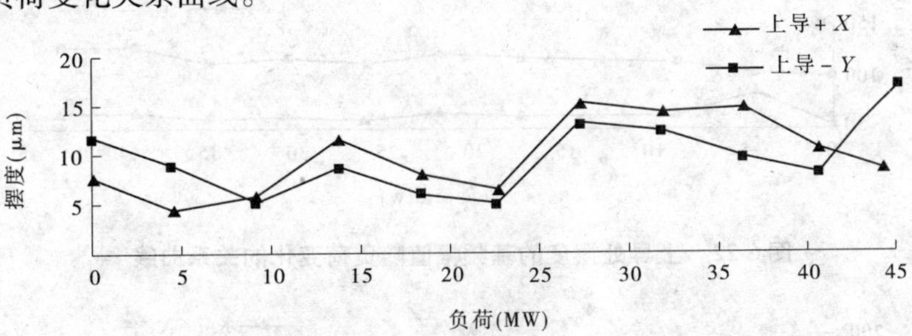

图6-19　上导处摆度的低频幅值随负荷变化的关系曲线

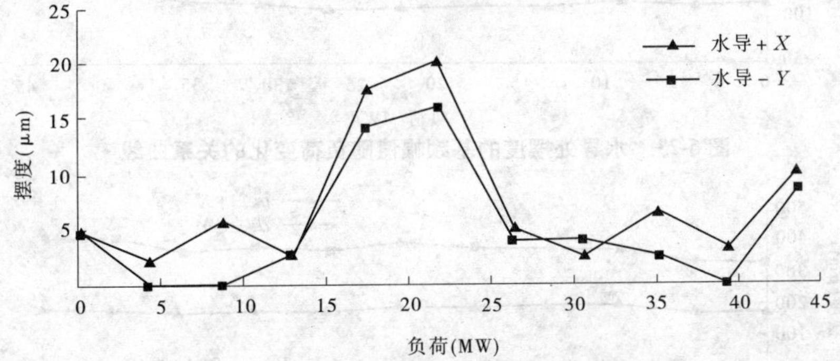

图6-20　水导处摆度的低频幅值随负荷变化的关系曲线

从图6-19～图6-21中可看出，上导处摆度的低频幅值随负荷变化不大，水导处的摆度在20～25 MW区间出现了最大值，法兰在20～25 MW区间出现了最大值，水力因素是造成振动的主要原因。

③基频幅值分析。

图6-22～图6-24是导轴承处与法兰处摆度基频幅值随负荷变化的曲线。在升负荷过程中，上导处的摆度基本上保持不变，受负荷影响小，水导处的摆度随负荷的增加有增加的趋势，法兰处的摆度随负荷变化比较平稳。

经过对上述姚河坝水轮发电机组振动试验资料分析，得出如下结论：

①发电机转子存在一定的质量不平衡，机组运行中振动幅值较小，运行稳定性良好。

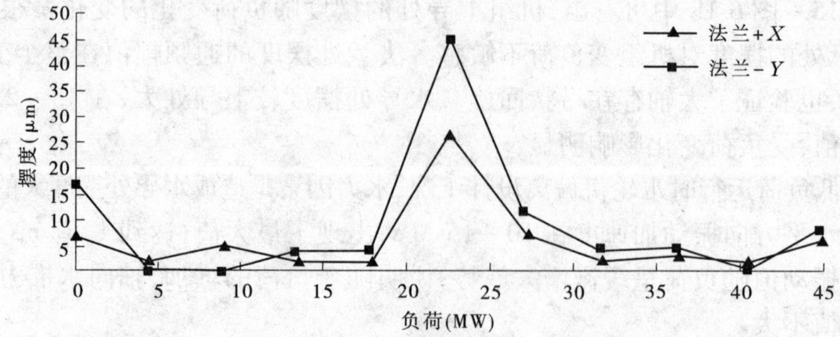

图 6-21　法兰处摆度的低频幅值随负荷变化的关系曲线

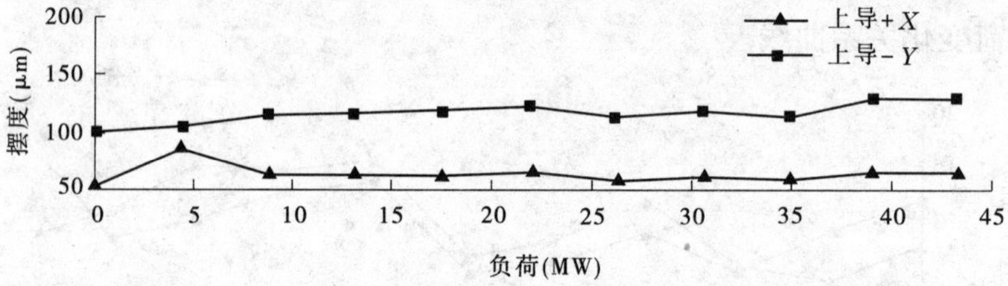

图 6-22　上导处摆度的基频幅值随负荷变化的关系曲线

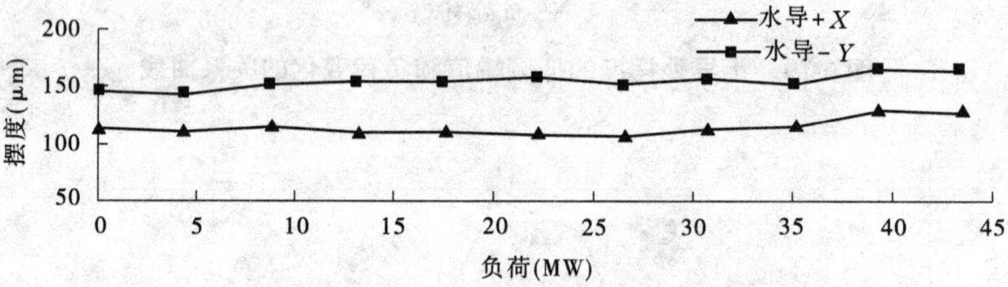

图 6-23　水导处摆度的基频幅值随负荷变化的关系曲线

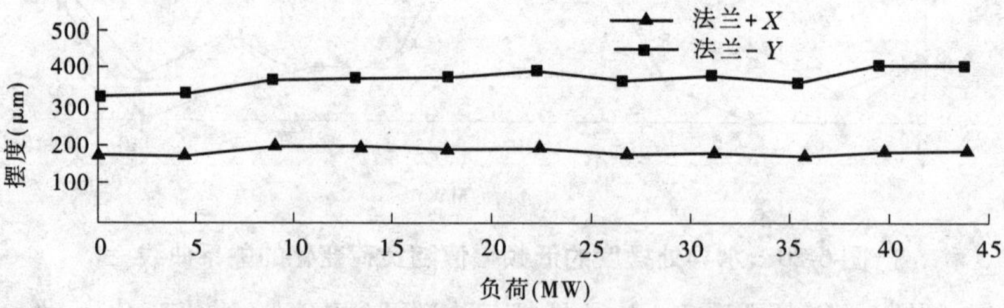

图 6-24　法兰处摆度的基频幅值随负荷变化的关系曲线

②机组大轴在法兰处做弓状回旋，在法兰处呈折线连接。

③下导处、水导处轴承轴瓦间隙不均匀，Y 方向间隙大于 X 方向间隙，其中下导处更为突出。

④机组主轴线在检修时应进行调直处理，并对轴承间隙进行适当调整，尤其要重点调整下导轴承间隙。

⑤如上述处理效果不佳，可考虑进行动平衡试验。

实例二：某机组容量为 220 MW，额定转速 $n=136.4$ r/min，设计水头 78.5 m，水轮机直径 6 m,叶片 9 个,为伞式发电机,受力机架直接支承在水轮机顶盖上,大轴外径 140 cm。拾振器在标准振动台上进行了校准,在机组上的布置情况如图 6-25 所示,说明如下:

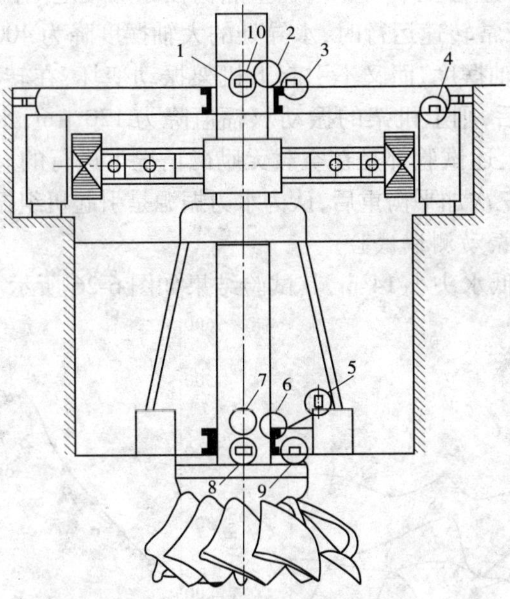

图 6-25　拾振器布置图

1,3,4,5,8,9—拾振器;2,6,7,10—应变梁

(1)在上机架上布置 1 号和 3 号拾振器,测试水平方向振动,这两个拾振器布置的位置互相垂直,即一个在横河向,另一个在顺河向。

(2)在水轮机导轴承外壳上布置 8 号和 9 号拾振器,其也是互相垂直的。

(3)在定子上布置 4 号拾振器,在受力机架支腿处布置 5 号拾振器测试竖向振动。

(4)在上导和水导轴承外壳处各布置两个互相垂直的应变梁,即 2 号、10 号和 7 号、6 号。

1)空载无励磁工况的振动测试试验

测试结果如下:

(1)上机架 1 号和 3 号拾振器测得振动双幅值达 250 μm,超过了图 6-13(a)中的规定值。

(2)在发电机导轴承处,由 2 号和 10 号应变梁测得大轴摆度双幅值达 90 μm。

(3)在水导处,由 8 号和 9 号拾振器测得轴承壳振动双幅值为 105 μm,在满足要求的范围内;但 6 号和 7 号应变梁测得大轴摆度为 570 μm,大大超过图 6-13(b)中的规定值。

在无励磁空载工况下,通过转速变化试验测试,发现上机架的振动双幅值是与转速平方成正比的。可见,振源主要来自于发电机转子质量不平衡。

根据上述测试结果,在发电机转子加平衡重时要考虑对水导处大轴摆度的影响。按式(3-29)计算对转子试加重量为 1 000 N 左右,通过变转速试验分析,可确定轻点是在第 25 ~ 28 号磁极范围内。首先将试加重块用螺栓连接,最后将平衡重电焊固定。

加重 1 000 N 后的测试结果为:上机架振动双幅值由 250 μm 降为 195 μm,水导轴承壳振动双幅值由 105 μm 降为 85 μm，发电机导轴承处大轴摆度由 90 μm 增加为 130 μm，水导处大轴摆度有所下降。

根据上述情况，将加重增至 2 000 N，加重点仍在原加载范围内，则上机架的振动双幅值降为 167 μm。空载正常转速运行时，水导处的大轴摆度降为 400 μm。

为减小水导处的大轴摆度，而又不引起上机架振动变坏，在转子第 18～21 号磁极区内轮辐上加重 1 000 N 后，则上机架的振动双辐值降为 120 μm，水导处大轴摆度值降为 300 μm。在此再强调，上述试验都是在空载无励磁情况下进行的。

对发电机转子进行三次加平衡重后，认为水力振源是引起机组振动的主要原因之一。

2）负荷变化工况的振动测试试验

试验水头比电站最低水头小 14 m，其试验结果如图 6-26 所示。

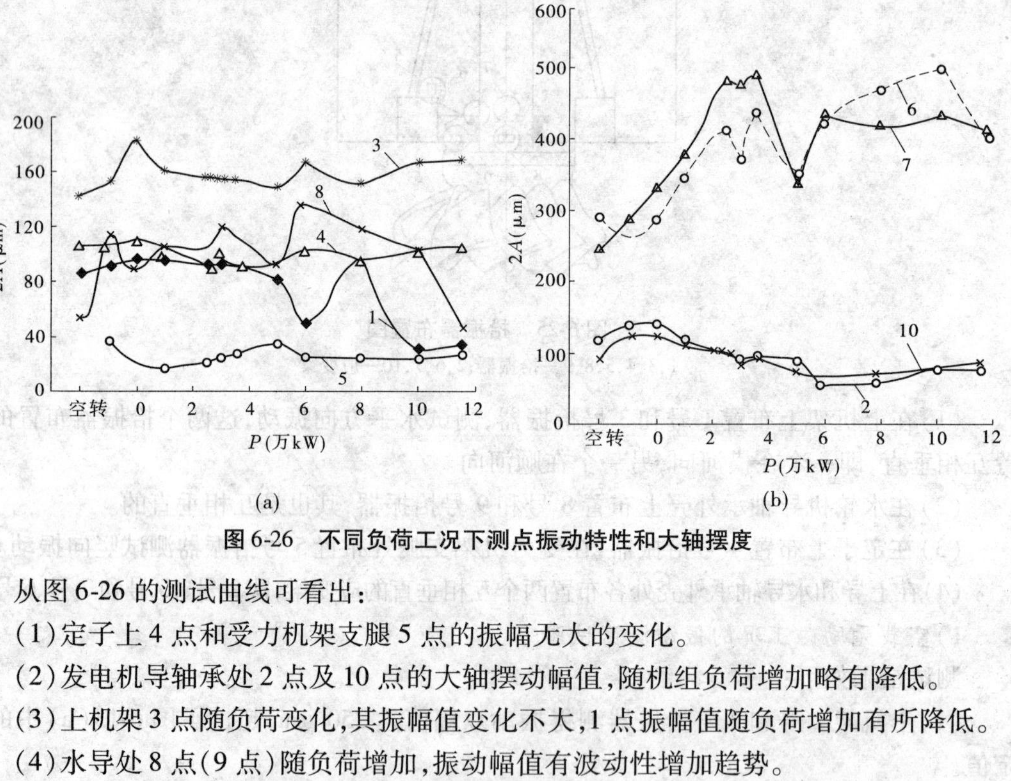

图 6-26　不同负荷工况下测点振动特性和大轴摆度

从图 6-26 的测试曲线可看出：

（1）定子上 4 点和受力机架支腿 5 点的振幅无大的变化。

（2）发电机导轴承处 2 点及 10 点的大轴摆动幅值，随机组负荷增加略有降低。

（3）上机架 3 点随负荷变化，其振幅值变化不大，1 点振幅值随负荷增加有所降低。

（4）水导处 8 点（9 点）随负荷增加，振动幅值有波动性增加趋势。

（5）水导处 6 点和 7 点大轴摆度幅值，随机组负荷增加而加大，其幅值增加近 2 倍，这很可能是由水力不平衡力引起的。

上述测试不足之处在于：一没有测试结构的振动频率，二没有测试水力振源的特性。因而难于确定机组振动反应特性和水力振源的消减措施。

6.5.4　专项分析的振动测试

6.5.4.1　发电机的气隙测试

1）发电机气隙的静态测试

发电机气隙的静态测试，是指假定气隙变化为定值，且气隙中各点的不平衡电磁拉力变化不大。

(1)测试量:发电机气隙的静态测试主要测试定子、转子间的电气不平衡磁拉力。

(2)测试工具:测量线圈。

(3)测点布置:布置在定子和转子的气隙中。

(4)测试方法:为确定电气不平衡磁拉力 F 的方向,在定子和转子的气隙中设置三个测量线圈,它们彼此呈120°,如图6-27(a)中所示的位置1、2、3。设在任意时刻,这三个位置处的气隙分别为 Δ_1、Δ_2、Δ_3,当每一磁极通过每个线圈时,在线圈中将产生与气隙成反比的相应电动势 e_1、e_2、e_3。此外,电动势还与磁极线圈的阻抗有关,在某一磁极线圈短路情况下,当被破坏的磁极通过测试线圈时,该测试线圈中电动势将减小。

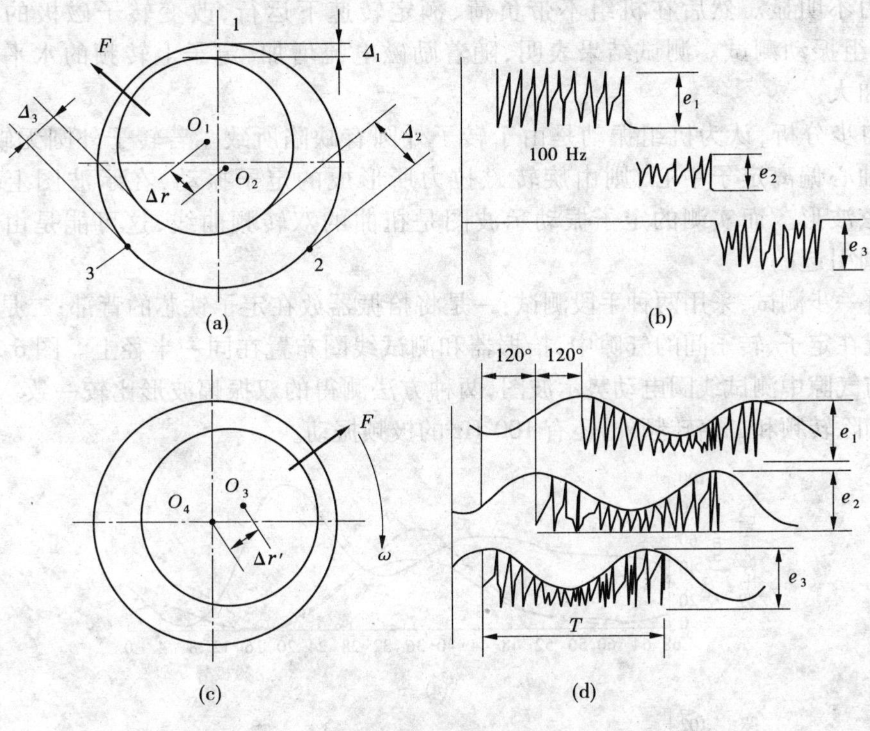

图6-27 气隙中电磁不平衡力作用示意图

图6-27(a)所示定子内腔和转子外圆均为圆形,但在某一刻,转子轴心 O_1 与定子中心 O_2 偏离 Δr,此时各测试线圈所测出的电动势反比于气隙值,即

$$\frac{1}{\Delta_1}:\frac{1}{\Delta_2}:\frac{1}{\Delta_3} = e_1:e_2:e_3 \tag{6-12}$$

此时,沿圆周各点的气隙值 Δ 虽不相同(严格讲是以最大、最小间隙点为直径,其两侧的气隙值 Δ 是对称的),但每一点的气隙值是固定的。若励磁电流不变,则各测点的电动势幅值 e 也不变,如图6-27(b)所示。由于各点的气隙和励磁电流不变,故定子沿圆周各点的磁拉力是固定的。但转子各磁极的磁拉力是变化的,每转一周循环一次。当转子为圆形,定子某一部位凸出或凹下,在定子与转子又同心时,所测出的电动势 e、定子和转子所受磁拉力情况与图6-27(a)、(b)相似。

图 6-27(c)所示定子内腔和转子外圆均为圆形,但转子的转动中心 O_3 偏离其重心 O_4 的误差为 $\Delta r'$,此时三个测点的最大电动势 $e_1 = e_2 = e_3$,但三点间相位最大各差 120°。转子每转一周,各测点的幅值循环一次。在转频波动幅值内,还有 100 Hz 的极频波动,如图 6-27(b)所示。当定子内腔为圆,转子某一磁极凸出或凹下,而定子和转子又同心时,所测出的各点电动势与图 6-27(d)相似。

(5)测试实例:某水电站水轮机 ZZ577 - LH - 550 有 7 个叶片,伞式发电机容量为 42.5 MW,发电机导轴承布置在推力轴承槽内,上机架承受励磁机定子和受油器重量,并固定在定子机座上,机组转速 $n = 88.2$ r/min。

在机组空载、无励磁和变转速工况下,对机组进行振动测试,测试结果表明,机械不平衡力不明显。然后在机组不带负荷、额定转速下运行,改变转子磁极的励磁电流,对机组振动测试。测试结果表明,随着励磁电流增加,定子上转频的水平振动幅值相应加大。

经初步分析,认为机组振动是由于转子外圆有缺陷所致。若转子外圆无缺陷,只是转子轴心偏离定子中心,则由旋转磁拉力所形成的定子振动,在示波图上应是正常的正弦波形。而实测的定子振动示波图是扭曲的双转频曲线,这可能是由于转子梨形外圆引起的。

再进一步测试,采用两种手段测试:一是将拾振器放在定子铁芯的背部;二是将测量线圈布置在定子、转子间的气隙中,拾振器和测试线圈布置在同一半径上。图 6-28 为定子振动与气隙中测试线圈电动势示波图,两种方法测得的双振幅波形比较一致。定子的水平振动除转频和二倍转频外,还有 100 Hz 的极频振动。

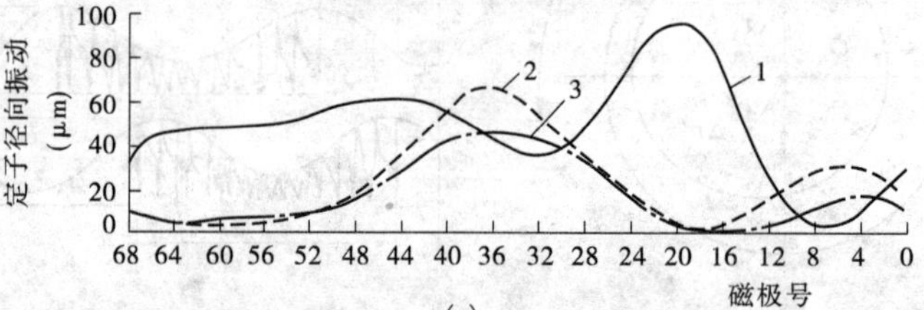

(a)

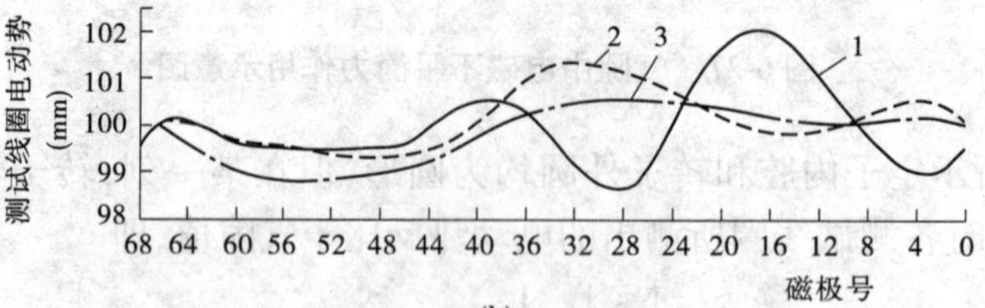

(b)

图 6-28　定子振动与气隙中测试线圈电动势示波图

拾振器和示波仪测试记录的振动双幅值,如图 6-28(a)中曲线 1 所示,测试线圈和示波仪测试记录的电动势,如图 6-28(b)中曲线 1 所示,截取发电机转子旋转一周时间的示波图。由图 6-28(b)中曲线 1 可看出:12 ~ 21 号磁极向外凸;1 ~ 5 号和 26 ~ 31 号磁极向内凹。对 18 号和 12 号、29 号和 1 号磁极进行修整,处理后的振动幅值有一定的降低,如

图 6-28(b)曲线 2。第二次又修整了 29 号和 18 号磁极,则振动幅值如图 6-28(b)中的曲线 3 所示,经过两次修整取得了良好的效果。

定子极频振动加剧,发生原因为不均匀气隙增大、定子刚度降低或分瓣定子合缝不紧密等。为降低机组振动水平,一是采用定子瓣间的密封措施,二是将修整好的转子外形在热状态下将磁极重新楔入。定子瓣间的接口用充满环氧树脂的玻璃布密封。树脂能很好地填充接缝的不平处,凝固后形成轮廓的中间层。

2)发电机气隙的动态测量

在水轮发电机运行过程中,由于种种原因,在定子和转子上作用着不同的力,它们之间的最小气隙也随之发生相应的变化。动态测量可提供运行中的最小气隙变化情况。

当最小气隙小于额定气隙的 70% 时,便存在危险工况。转子磁轭趋于向外膨胀,而定子则趋于向转子方向弯曲,严重时将引起摩擦。磁极表面和阻尼条也可能由于过热而破坏。

动态测量可提供机组在额定转速下各种负荷工况的数据:①转子和定子的变形,如椭圆度、转子外圆或定子内腔有缺陷;②负荷工况下转子和定子的同心度;③转子振动频率和摆动幅值、方向等;④定子振动频率、幅值和热膨胀值等;⑤负荷工况下磁轭是否在支架上浮动。

然而,气隙的静态测量法不能真正反映发电机在运行工况下气隙的实际变化情况。实际上,机组在额定转速下和各种负荷工况下运行时,由于机械不平衡力(如离心力等)、电气不平衡磁拉力(如不均衡磁拉力等)和水力不平衡力以及温升等影响,气隙是变化的。如果气隙的变化、变化原因和变化比例被确定,则可及时采取补救措施以防事故发生。

动态测试方法和原理同静态测试,只是测试工具不同。现已有多种气隙动态测量方法,如磁场薄板探测器、光学探测器、涡流电抗探测器、电容探测器等。下面主要介绍磁场薄板探测器与光学探测器的测量方法。

(1)磁场薄板探测器的测量方法。

在转子的固定点用近程探测器探测,而在定子的固定点用另一个探测器探测。在机组运行中,可测量定子上的所有点和所有磁极处的气隙。

例如,加拿大 Manic 1 号发电厂装有 3 台 68.3 MW 机组,发电机为全伞式。这种发电机与带上导轴承的相比,在不平衡水压力和磁拉力作用下,转子与大轴更易倾斜和摆动。该电站自 1966 年投入运行以来,曾发生过 50 多次由分相保护装置引起跳闸的停机事故。初步估计是由于潮汐和低负荷而引起的尾水管内水压波动对这类事故起了某种作用。

为此,于 1982 年对该电厂 1#机的气隙进行了动态测量。探测器的作用如表 6-2 所示,布置如图 6-29 所示。测得该电站 1#发电机正常运行时最小气隙为 8.86 mm;额定工况下气隙为 10.8 mm(气隙比 8.86/10.8 = 82%),最大偏心为 0.84 mm。可产生 620 kN 的不平衡磁拉力。

上述最小气隙为正常气隙的 82%,是由于定子上部刚度不够、转子偏心、定子不圆、轴承间隙过大等引起的。

表 6-2　探测器布置位置和型号及作用

探测序号	探测器位置	测试部位	作用
1	下机架	转子(下部)	
2	定子	转子	检查每一磁极的磁场
3	分相继电器		测量分相电流
4、5、6	转子支架	磁轭	转子磁轭膨胀
7	转子极间	定子铁芯	定子形状
8	定子	转子	转子形状
9、10、11、12	轴承支架	大轴	大轴摆度或振动
13、14、15、16	定子机座	定子机座外表面	热或磁的位移或振动

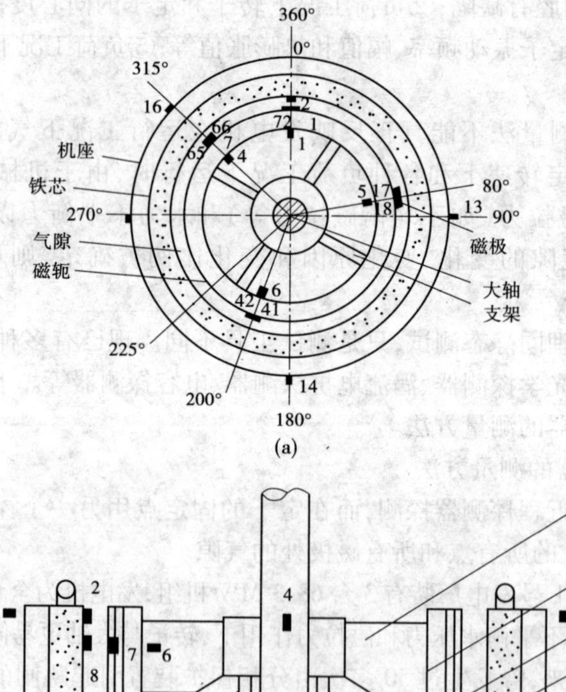

(a)

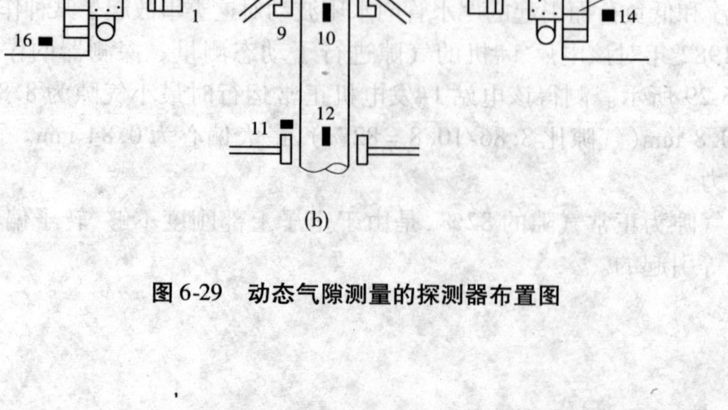

(b)

图 6-29　动态气隙测量的探测器布置图

在静态条件下，转子很圆，但定子有 +0.152 mm 和 −0.65 mm 的径向偏差。

磁轭是热套的，所以从零增加到正常转速（无励磁）时，磁轭向外移动只有 0.08 mm。在此基础上，由空载增到全励磁的满载工况时，磁轭又膨胀 0.23 mm，磁轭总的膨胀约 0.31 mm。取得的气隙读数精度为气隙的 ±3% 或 ±0.30 mm。精度有某些降低是由于磁极上的阻尼条变形和定子齿部的轻微变化引起的，在轨迹分析时能最大限度地消除这一误差。

定子为 Y 接线绕 2 个并联支路，在空载额定励磁和满载运行时，在最小气隙部分（25° ~65°）的最大分相电流为 3.6 A，而分相继电器的跳闸被整定为 4 A，二者非常接近，由于扰动，会引起分相继电器跳闸。跳闸多发生在机组负荷为 5 ~10 MW 时，尾水位低会降低机组运行的稳定性。比正常气隙小 18% 的最小气隙是引起跳闸的根本原因。

为解决分相继电器跳闸问题，需采取转子中心对中、定子中心找中并整圆、减小轴承间隙、提高分组继电器整定电流的措施。在采用上述四种措施尚不能完全解决问题时，可装设支承，以加强定子上部的刚度。

（2）光学探测器的测量方法。

该种测量气隙方法的特点，是传感器应用反射光学三角测试技术原理制成的。图 6-30 为一个光学系统图，它包括 7 个基本组成部分：①光源；②光检测器；③4 口分离/耦合器；④探测器头；⑤反射带；⑥光导纤维；⑦光学连接器。

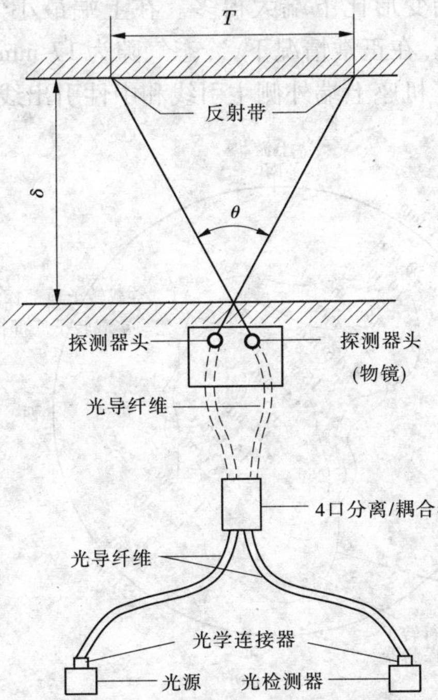

图 6-30　气隙测量仪器的光学系统

气隙不均匀会引起轴的异常振动，出现较大的分相电流，在各种非正常工况下启动困难，导致轴承损坏，发电机铁芯、机座和绕组绝缘老化，以及在特殊情况下转子和定子接触碰撞等。

气隙变化的原因:内部原因有发电机各部件设计、加工和装配有缺陷,部件老化,温升,机组轴系机械因素引起的离心力、不均衡磁拉力和不平衡水压力。外部原因有机组爬行、结构变形、电站混凝土基础下沉和侧移等。

安装在转子上的探测器,可测量定子径向动态波动、定子不均匀膨胀、动态和静态气隙变化、大轴径向摆动、定子机座局部振动、支承结构和气隙的局部缺陷等。

安装在定子上的探测器,可测量转子磁轭浮动或不均匀膨胀,转子磁极摆动,转子磁极膨胀,上、下机架产生位移,大轴偏心,定子结构局部缺陷,转子磁极磁轭产生位移等。监测器通过监测最小气隙和气隙最大变化率,以防发电机气隙故障(报警或跳闸)。

例如,美国 Peace Canyon 水电站,1#机于 1979 年 12 月试运行中发生定子和转子相碰,在各种工况下已经暴露出定子机座变形过大。实际上,产生定子、转子相碰的变形是多种原因共同造成的,如定子热膨胀、不同温度畸变、原有气隙不均匀、定子磁轭和机座设计刚度不够、机座地脚螺丝固定不够、定子和转子不同心、作用在定子上的不均衡磁拉力等。

该水电站 4#机在定子发热过程中,不对称气隙随热膨胀而增大。如图 6-31 所示,发电机热运行试验时,定子上端和下端的椭圆度随发热而明显地增加,其形状在极坐标图中呈 8 字形。刚度较小的上端变形比下端大得多。在上端最小气隙为 13.6 mm,最大为 21.6 mm,相差 8 mm(42%)。在正常情况下,冷态气隙为 17 mm,热态气隙为 19 mm。定子上端产生较大变形,是由于机座上端外侧主引线和中性引出线罩收缩引起的。

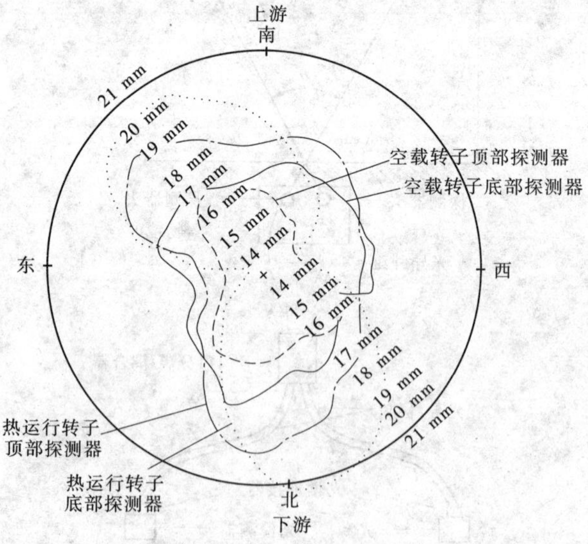

图 6-31　Peace Canyon 水电站 4#机热运行的气隙测量

由于定子内腔不圆、机座及其地脚螺丝刚度不够等所造成的,最坏组合情况下产生的不均衡电磁拉力,能引起保护装置跳闸,并使轴承动荷载明显增大。

在水电站4#机上,已成功地进行了长期监测试验,如果超过气隙的最小允许值,发电机磁场断路器跳闸,磁场释放,气隙迅速增加(约0.5 mm),从而避免定子和转子接触。

上述这种测量方法中,各种传感器具有0.05 mm的高精度,对气隙中的磁通和电磁干扰完全不敏感,也不占用气隙,可测0~2 mm的气隙变化。可以装在定子上,小得足以插入定子通风槽中,并能抗污染。

目前,有些机组已安装了永久性探测装置,以避免气隙变化所产生的事故。

6.5.4.2　极频振动的测试原理

由4.2.2节的介绍可知,极频振动只有在发生共振时才比较明显,因此实际工作中应避免共振的发生。

不同原因引起的极频振动,其振动特点主要表现为振型不同。如图6-32所示,测定定子铁芯对应某一振型的固有频率来判断共振,一般试验项目有:

(1)变负荷试验。在同步转速下,逐次改变发电机的负荷,测量100 Hz振动随定子电流的变化情况,由此确定是否由定子电流次谐波引起。

(2)小负荷变速试验。通过变速试验确定铁芯固有频率,通过对共振时振型的测量确定产生共振力波的次数和谐波的次数。

(3)空载试验。分别在并联支路打开和闭合的情况下,进行恒励磁变速试验。如果两种情况下振动没有差别,表明环流影响较大。在后一种情况下,还可确定铁芯的共振频率和相应的振型。

(4)负序电流变速试验。分别改变负序电流和转速,测定定子铁芯100 Hz振动随负序电流的变化和定子铁芯振型。

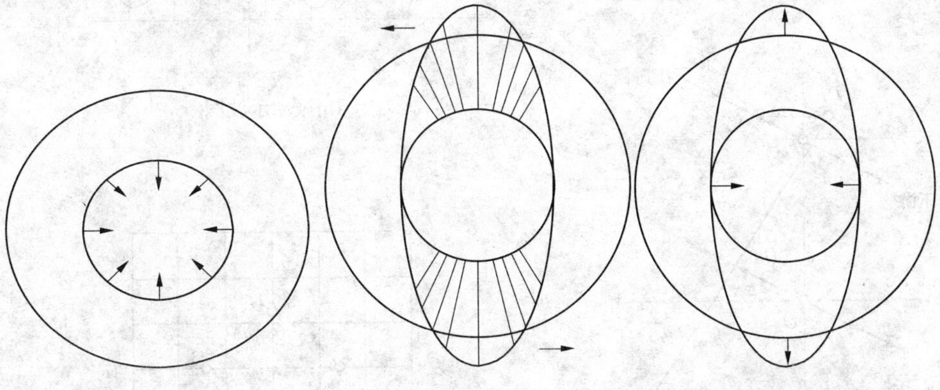

(a)椭圆振动(j=0驻波)　(b)单向磁拉力(j=1行波)　(c)椭圆振动(j=2驻波)

图6-32　定子铁芯振动示意图

6.5.4.3　机组大轴摆度和振动的测试

(1)测试量:大轴的摆度和振动。

(2)测试工具:常用的有拾振器或传感器。

(3)测点布置:通常在上导、下导、水导、上下机架、定子机座、顶盖等处。在上导、下导或水导测点处,测量仪器测得在水平方向位移的变化值来判断大轴的摆度;在上导、下导测点处，测量仪器测得的水平方向位移的变化值，或在上下机架、定子机座、顶盖等测点处，测量仪器测得的水平方向或垂直方向的位移变化值来判断大轴的振动情况。

（4）测量方法：如图 6-33（a）所示，可在大轴上选 3 个测量水平面：A_1A_2 面在发电机导轴承附近；B_1B_2 面在水轮机和发电机连接法兰附近；C_1C_2 面在水轮机导轴承附近。3 个拾振器 A_1、B_1、C_1 在同一立面上。将另 3 个拾振器 A_2、B_2、C_2 布置在垂直于 A_1、B_1、C_1 的立面上。这两个立面一般在水电站厂房的纵轴和横轴方向上。这种拾振器的布置形式，不仅可测出大轴的振动特性和摆度，还可测出导轴承处的大轴中心轨迹。

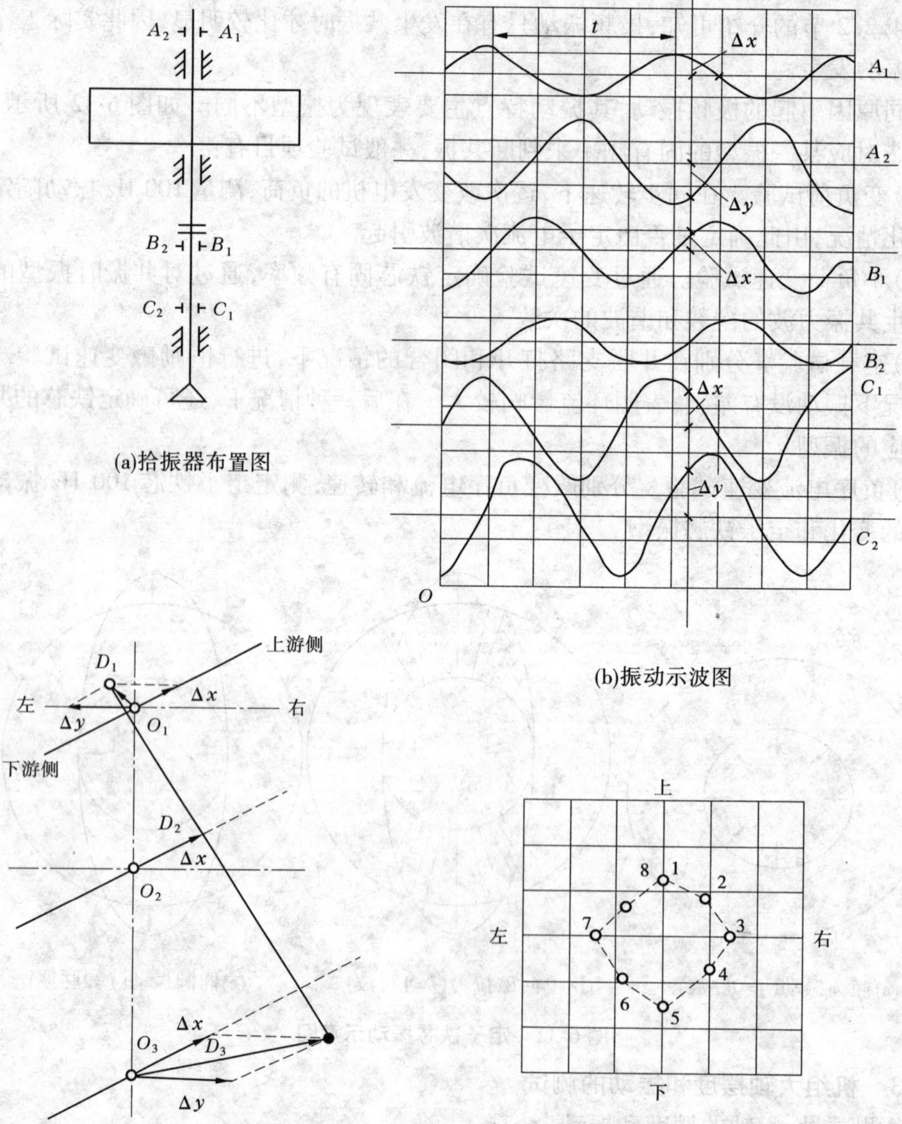

(a)拾振器布置图　(b)振动示波图　(c)大轴摆度线　(d)大轴运动中心轨迹图

图 6-33　大轴摆度测试图

在理想的示波图上,每一拾振器测试结果是一条正弦曲线(即谐波运动),有

$$y = A\sin\omega t \tag{6-13}$$

如图6-33(b)所示,取时刻 t,根据大轴6个测点的振动位移值 Δx 和 Δy,经组合得出机组大轴中心线图(或大轴运动中心轨迹图,也称为轴心轨迹,是在每个轴承的截面上正交地安装两个位移传感器,测得的摆度信号通过低通滤波剔除高频信号,再经过模数转换后合成得到的),如图6-33(c)所示。此时,大轴中心 $D_1D_2D_3$ 均偏离竖向大轴中心 $O_1O_2O_3$。

以上导轴承附近的两个测点为例,将大轴旋转一周所需时间为 t,t 分为8个点,分别求出各点的 Δx 和 Δy 的组合值 D,并绘出大轴中心轨迹图,如图6-33(d)所示。

测试大轴振动和摆度时,不是在所有情况下都能将传感器托架固定在水轮机室内混凝土壁上,而时常需借助于简单的装置将传感器固定在导轴承壳上。常将电阻式传感器、压电晶体传感器、非接触传感器等配合使用,可测试机组转动及固定部件的振动和摆度。

例如,葛洲坝1#机容量170 MW,转速 $n=54.6$ r/min,水轮机ZZ560－LH－1130四叶片,设计水头18.6 m,伞式发电机,受力机架直接支承在水轮机顶盖上。在1981年9～10月间进行试验时,水头为12.49～13 m,相应机组最大出力为108 MW,为测试大轴摆度,在上导、法兰上部和水导处分别布置两个相互垂直的测点,在尾水管进口、蜗壳鼻端、蜗壳进口45°断面及水轮机顶盖等处布置4个水压脉动测点。将几种工况的测试结果列入表6-3中。分析测试结果可看出:

(1)空载时,大轴各测试断面的摆度以3倍转频2.73 Hz为主。加励磁后振幅明显降低,如水导 X 方向振动双幅值由0.7 mm降为0.38 mm。可认为加励磁后由于转子周围磁拉力作用,增加了转子的刚度。

(2)所测带负荷各工况中,以10 MW时摆度为最大,水导摆度双幅值达1.08 mm,频率为3倍转频2.73 Hz。法兰上部断面摆度也是以3倍转频为主,最大振动双幅值达0.91 mm,但有较小的转频分量。上导摆度3倍转频分量的振动双幅值为0.83 mm,但转频分量振动双幅值明显加大为0.35 mm。在此工况下,固定部件的垂直振动和水平振动及尾水管内的水压脉动值均达到所测各工况的最大值。

(3)从所测的40～97 MW各工况可明显看出,水导振动幅值随负荷增加而加大,在97 MW工况时达0.79 mm。上导和法兰上部断面振动幅值随负荷的变化较小,各断面的振动频率均为转频。

一般情况下,可根据机组大轴振动和摆度的测试结果来分析机组的振动状态及其振动原因。大致有以下几方面:

(1)流向水轮机转轮水流的不均匀性。如图6-34所示,大轴两个相互垂直测点的摆度分别为 $\Delta\vec{a}$ 和 $\Delta\vec{b}$,由它们合成的摆度向量为 $\Delta\vec{\varepsilon}$,这说明转轮被挤向 $\Delta\vec{\varepsilon}$ 方向。此外,发电机不平衡磁拉力所引起的轴摆度,其特征也与此类似。

(2)发电机转子重量不平衡特征,表现为机组停机过程中随转速降低,大轴摆度明显减小。若在转速降低过程中,大轴摆度保持不变,则表示大轴有折曲。

(3)尾水管中低频涡带特征。混流式机组,通常发生在导叶开度为30%～60%范围内,此时大轴摆度频率为转频的1/5～1/3。若大轴的摆度频率为推力轴承扇形瓦数或其

表 6-3 葛洲坝 1#机振动测试结果

序号	项目		空载		空载加励磁		并网带负荷							
			额定转速		100 U_H		10 MW		40 MW		70 MW		97 MW	
			2A(mm)	f(Hz)	2A(mm)	f(Hz)	2A(mm)	f(Hz)	2A(mm)	f(Hz)	2A(mm)	f(Hz)	2A(mm)	f(Hz)
1	上导摆度	X	0.33/0.21	2.73/0.91	0.36	2.73/0.91	0.83/0.35	2.73/0.91	0.25	0.91	0.42	0.91	0.46	0.91
		Y	0.31/0.20	2.73/0.91	0.26	2.73/0.91	0.50/0.29	2.73/0.91	0.33	0.91	0.30	0.91	0.43	0.91
2	法兰上部摆度	X	0.65/0.33	2.73/0.91	0.38	2.73/0.91	0.91/0.50	2.73/0.91	0.58	0.91	0.54	0.91	0.50	0.91
		Y	0.52/0.25	2.73/0.91	0.26	2.73/0.91	0.50/0.33	2.73/0.91	0.42	0.91	0.48	0.91	0.59	0.91
3	水导摆度	X	0.70/0.42	2.73/0.85	0.38	2.73/0.91	0.92	2.73	0.42	0.91	0.50	0.91	0.79	0.91
		Y	0.57/0.32	2.73/0.85	0.38	2.73/0.91	1.08	2.73	0.42	0.91	0.42	0.91	0.63	0.91
4	受力机架竖向振动		0.19	4.3	0.10	4.3	0.14	3.13	0.05	0.91	0.05	0.91	0.07	0.91
			(0.05)	(0.85)	(0.04)	(0.91)	(0.12)	(0.33)						
5	受力机架水平振动		0.02	3.64	0.016	3.64	0.07	4.5	0.20	0.91	0.02	0.91	0.03	0.91
			(0.02)	(0.85)	(0.011)	(0.91)	(0.03)	0.25						
6	顶盖竖向振动		(0.17)	4.3	0.09	4.3	0.18	3.64	0.03	0.91	0.04	0.91	0.06	0.91
			(0.03)	(0.85)	0.041	(0.91)	(0.03)	(0.33)				(3.64)	(0.04)	(3.64)
7	顶盖水平振动		0.12	3.64	0.10	3.64	0.18	3.64	0.01	0.91	0.03	0.91	0.04	0.91
			0.06	0.85	0.08	(0.91)	(0.08)	(0.91)		(3.64)	(0.04)	(3.64)	(0.04)	(3.64)
8	尾水管进口水压(m)		0.41	1.7	0.23	1.27	1.52	0.95	0.28	1.1	0.47	1.34	0.50	0.91
9	蜗壳进口45°处水压(m)		0.84	0.65	0.26/0.15	4.66/0.91	1.14	0.71	0.05	4.0/0.91	0.23	4.5/0.9	0.18	4.2/0.91
10	蜗壳鼻端水压(m)		0.21	5.6	0.14	0.53	0.13	0.4	0.08	0.91			0.02	
11	顶盖下水压(m)			0.03	8.5	0.04	0.91							

注：U_H 为额定励磁电压。

倍数,则表示轴瓦不平。

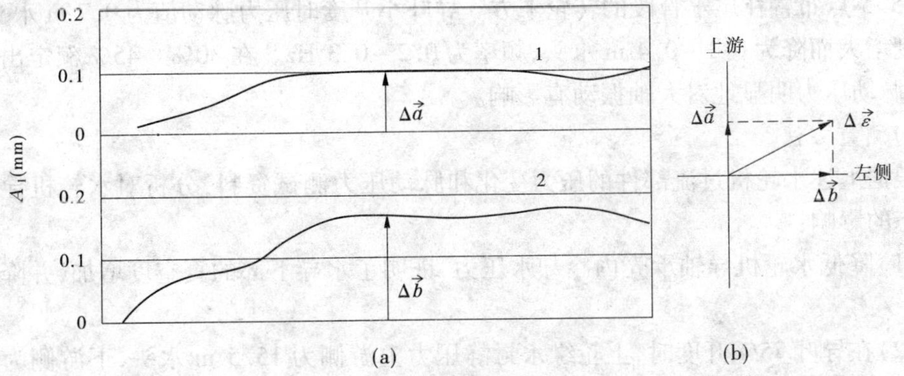

图6-34 大轴摆度示波图分析

(4)大轴摆度剧烈增大,意味着可能是迫振频率等于机组轴系统的自振频率,或二者成某一倍频关系。此外,也可能由于大轴内滞或大轴与导轴承干摩擦引起。

6.5.4.4 水轮机过流部件的压力脉动测试

水轮机过流部件的压力脉动发生在几个区内:①蜗壳;②转轮前空间;③混流式水轮机的减压板;④转轮叶片;⑤尾水管(锥段、肘段和扩散段)。

没有被蜗壳包围的导叶产生不均匀流,水流的不均匀性与蜗壳包角φ有关,此不均匀水流将作用在转轮叶片上。

尽管各导叶都具有相同的尺寸和偏心率,但所受的荷载是不同的。同时各导叶所受荷载与开启程度有关。在某些情况下,此不平衡力作用在转轮上,将转轮推向一侧,使推力轴承扇形瓦荷载重新分配,导致机组大轴在导轴承间隙内以椭圆轨迹运行。在转轮下水封处,由于转轮与固定部件非同心、制造和安装上存在着缺陷等,也会产生水力不平衡力。在混流式水轮机的减压板内往往观测到水压脉动,此脉动压力使机组产生强烈的振动。

现以某混流式机组为例,该机组的振动是水轮机导轴承工作状态不佳造成的,对其进行测试分析。该电站的机组容量850 MW,水头39 m,机组转速88.25 r/min。

1)测点布置和测试量

共设6处脉动压力及压力测试点,同步记录了测试结果:

(1)1点布置在导叶前蜗壳顶部。对各种工况均未测试脉动压力。

(2)2点布置在导叶后上顶部。水头接近40 m,水压力随机组负荷增加而加大,达21 m水头。压力脉动从导叶小开度时的1.7 m到额定出力时降为0.42 m水头。脉动频率也与机组负荷工况有关,从小出力的12 Hz减小为额定出力的1.47 Hz(转频)。

(3)3点用于测试水导润滑水压力。空转时水压力为1.5×10^5Pa,满载时降为0.74×10^5Pa。最大压力脉动为1.2 m水头,频率为转频1.47 Hz。

(4)4点为上轮缘水封处,沿圆周互相垂直布置4个测点。随机组负荷增加,其静压力也随之增加,但4个测点不同。其最大值在上游侧为15.5 m水头,最小在下游侧为

10.3 m 水头。脉动压力为 1.8 ~ 2.6 m 水头，频率为 6 Hz。

(5)5 点布置在尾水管段的转轮下方。导叶小开度时压力脉动值为 0.7 m 水头，随导叶开度增大而降为 0.1 ~ 0.4 m 水头，频率为 0.2 ~ 0.3 Hz。在 30% ~45% 额定出力工况下，此脉动压力明显地对大轴振动有影响。

2）测量方法

根据上述水轮机过流部件的压力变化和脉动压力测试资料，分析对水轮机导轴承工作状态的影响：

(1)降低水轮机导轴承壳内冷却水压力，证明了水导下部的真空度增加，并降低润滑效果。

(2)在导叶 75% 开度时，上轮缘水封静压力上游侧为 15.5 m 水头，下游侧为10.5 m 水头，转轮直径 460 cm，水封高 23 cm，则形成一个由上游向下游的不平衡力。

(3)在导叶部分开启时，引起大轴滚磨和摆度增加。

6.5.4.5　机组应变和应力状态测试

1）水轮机转轮的应力状态

转轮形状复杂，荷载也复杂，因而研究水轮机转轮部件的应力就很复杂。常通过分析原型观测数据来分析水轮机转轮的应用状态。以某电站为例，单机容量 10.2 MW，转速 150 r/min，混流式水轮机转轮直径 260 cm，有 15 个叶片，水头 28 m。检修时发现在叶片根部出水边有贯穿裂纹。经初步研究表明，裂纹与吸出高度变化无关，与叶片数也无关。在分析时否定了空化和共振两种原因。叶片根部加固后，运行不久又出现裂纹。在计算时不可能考虑到不能预见的变化荷载的作用，在原型观测时集中在叶片根部裂纹区的应力测量。

(1)测试量。为求出混流式转轮下环的作用力，测量转轮下环水封中压力和下环的摆度；测量转轮水封下固定环（即下静迷宫环，注意下迷宫环是由动迷宫环和静迷宫环组成的，动迷宫环固定在转轮下环外侧，静迷宫环固定在转轮室内壁上）是否正确；测量各典型过流点的压力、大轴摆度和其他附属参数等。

(2)测点布置和测试工具。应力测试点选在叶片根部，用 4 个应变计传感器测量应力，其中 3 个布置在叶片上根部，另一个布置在下环附近叶片上。

(3)测量方法。为检查是否有共振现象，对 25%、50% 和 75% 工况进行甩负荷试验，均未发现共振现象。各种工况下的各种参数示波图如图 6-35 所示。所有数值均为应变计传感器测得。下环水封的压力传感器和下环摆度传感器均装在转轮下环上。

为测量转轮下环的摆度，求出了转轮下环和转轮水封下固定环的镗孔的形状。在测试结果分析中得出大轴摆度和转轮摆度之间的关系，也求出了变化特性，以及在各种工况下转轮下环相对固定点的摆度。

在 6 MW 工况，得出下环最大振动双幅值为 2.3 mm，最大负荷时略有降低。从图 6-35中的曲线 3 和曲线 4 可看出，机组大轴摆度和下环处水封压力变化是同步的。

根据测试结果分析，找出转轮叶片裂纹的原因，是转轮下环处水封压力不均匀性引起的。其压力差经转轮直径指向一侧，在垂直此方向的水封直径平面上压力达 0.85×10^5 Pa。

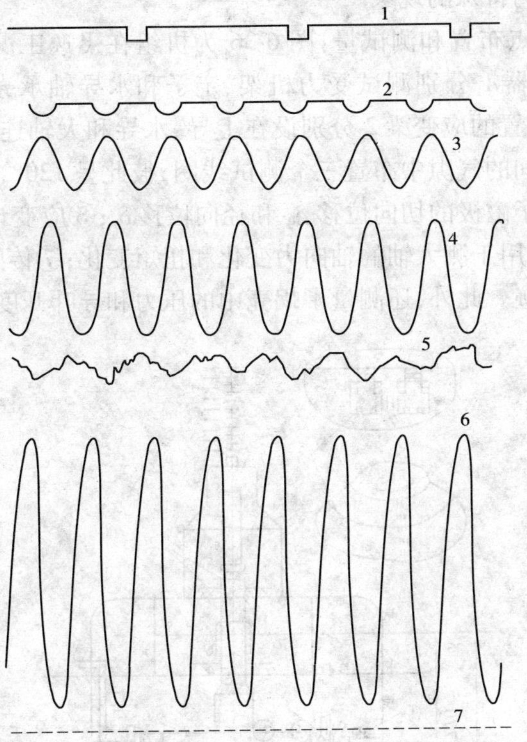

图6-35　某水轮机各种工况下参数示波图

1—时间信号；2—叶片上根部应力；3—机组大轴摆度；4—转轮下环处水封压力；
5—尾水管中压力；6—机组大轴弯曲应力；7—转频标记

转轮下环为不规则的椭圆形，其摆度达2.3 mm。转轮水封下迷宫固定环形状也存在问题，沿上、下游方向最大误差为3 mm。据已测试资料，在转轮下环处动、静迷宫环间的最小水封间隙在下游至左岸方向，最大水封间隙则在上游至右岸方向。最小水封间隙处水压力最大，反之则水压力最小。把改变下环处水封结构的转轮换上，则基本消除了水封处的压力脉动（即消除了不平衡力）。

叶片根部剖面应力、水轮机大轴应力和大轴摆度以转频在变化，三者的相位是相同的。大轴每转一周，由于一个方向力的作用，在叶片上产生交变应力。叶片长期在这种状态下运行，导致金属材料疲劳和产生裂纹。

2）发电机转子的应变和应力状态

水轮发电机在实际运行中，往往发生某些在设计中预想不到的情况，如为降低压力管道中的水击而延长导叶关闭时间，则发电机转子发生的最大飞逸转速大于原设计规定值。为此，要校验机组适应这种工况的可能性，需进行测试。

例如，某电站某机组容量为7.3 MW，发电机为TS260/70－12，正常转速500 r/min，水轮机为HL123，立式布置，水头99.5 m，流量8.45 m^3/s，进行测试。测试方案分析时未考虑个别部件的缺陷，如机组在飞逸转速过程中，只发现转子的一个磁极产生位移，这种情况对所有磁极可作为特殊的现象。

(1)测试工具、测点布置和测试量：图 6-36 为机组在飞逸工况下工作特性的测试系统，图 6-36 中：①拾振器 1 分别测试受力机架、定子和水导轴承壳的竖向振动和水平振动；②三对相互垂直布置的应变梁 2 分别设在上导、水导和大轴连接法兰处，用于测大轴摆度；③在定子、转子间的气隙中布置三个测试线圈，彼此呈 120°，用于测定气隙值；④应变传感器 4 用于测转子磁极的切向位移 δ_0 和径向位移 δ_r；⑤应变计 5 用于测转子磁极插销处应力；⑥应变计 6 用于测大轴的轴向力变化和扭矩变化；⑦传感器 7 和 8 用于测大轴的旋转频率和轴心轨迹。此外，还测量了蜗壳中的压力和导叶开度等。

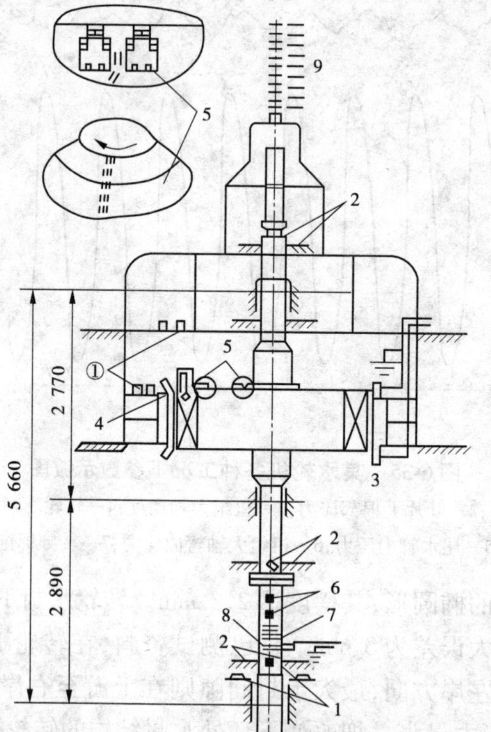

图 6-36　机组在飞逸工况下工作特性的测试系统

(2)测量及分析：当导叶开度为 30%、35%、45%、60% 和 80% 时，分别测出相应的飞逸转速为 650 r/min、695 r/min、750 r/min、860 r/min 和 890 r/min。在飞逸转速下，转子磁极的位移和应力测试结果如表 6-4 所示。表中 δ_r 为磁极插销处径向位移，δ_θ 为磁极插销处切向位移。在各种飞逸转速下转子的最大位移曲线如图 6-37(a)所示。从图中曲线可见，飞逸转速愈高，磁极中心的位移愈大。图 6-37(b)中曲线为飞逸转速达 780 r/min 的磁极中心位移特性。由图中曲线可看出，只在有加速度时磁极才有切向位移，在稳定转速时切向位移消失，如转速为 500 r/min 和飞逸达最大值 780 r/min 时 $\delta_\theta=0$。

表 6-4　发电机应力和变位位移测量结果

项目	飞逸转速(r/min)				
	650	695	750	860	890
磁极径向位移 δ_r(mm)	0.40	0.40	0.10	1.10	> 1.2
磁极切向位移 δ_θ(mm)	0.40	0.40	0.50	0.60	> 0.65
磁极应力 σ_1 ($\times 10^5$ Pa)	280	380	>440	>500	840
磁极应力 σ_2 ($\times 10^5$ Pa)	260	280	380	480	800

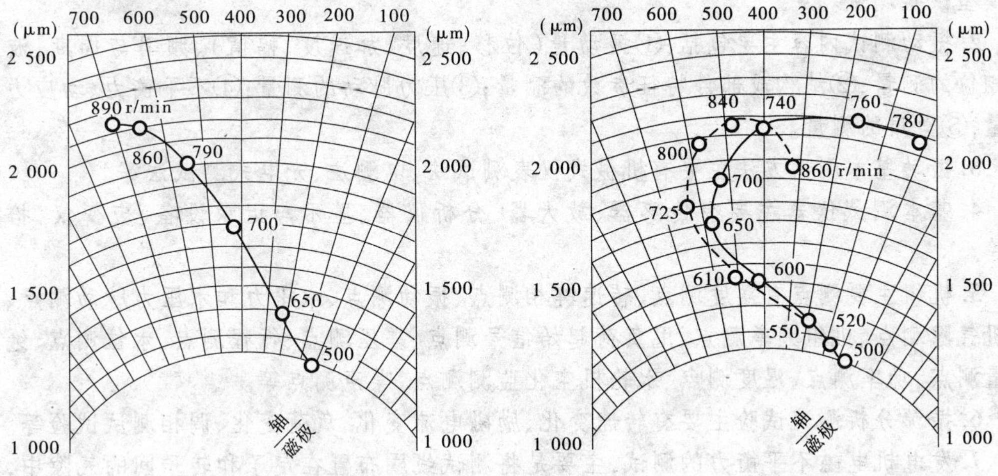

图 6-37　飞逸工况下发电机转子中心位移轨迹

在转子磁极插销处,最大测量应力不超过 1 000 × 10^5 Pa,转子最大磁极位移 δ_r = 2.2 mm 和 δ_θ = 0.7 mm,与正常转速相比磁极的径向位移增 2 倍多(正常转速时 δ_r = 1 mm)。

在允许的飞逸转速下,大轴的扭矩为 6.8 × 10^4 N · m,轴向水压力为 48 × 10^4 N。此时扭转应力为

$$\tau = \frac{M_{扭}}{W} = \frac{6.8 \times 10^4}{5.4 \times 10^{-3}} \approx 1.26 \times 10^7 (\text{Pa})$$

式中:W 为大轴抗扭截面模量,m^3,取 5.4 × 10^{-3} m^3。

水压力与测试点轴系重量之和为 P = 7.6 × 10^4N,大轴截面面积 F = 7.06 × 10^{-4} m^2,轴向应力为

$$\sigma_x = \frac{P}{F} = \frac{7.6 \times 10^4}{7.06 \times 10^{-4}} \approx 1.08 \times 10^8 (\text{Pa})$$

计算出大轴的应力为

$$\sigma = \sqrt{\sigma_x^2 + 4\tau^2} = \sqrt{(1.08^2 + 4 \times 1.26^2)} \times 10^8 = 2.74 \times 10^8 (\text{Pa})$$

根据试验给出的允许值 $\tau_{max}=5\times10^{7}$ Pa 和 $\sigma=9\times10^{7}$ Pa 判断，上述实测值远小于允许值。

将导叶关闭时间增至10.5 s，在管道水击压力允许的前提下丢弃全负荷，蜗壳中最大压力升高为 1.2×10^{5} Pa，静水压力为 1.07×10^{6} Pa。

本章小结

1. 水轮发电机组振动测试技术，是指在基本不拆卸全部机组设备的情况下，测试运行中的机组振动，或用人为的激振试验法测量机组对标准激励振动信号的传递特性，分析机组的特征参数，了解其运行状态，判断故障存在与否，并预测机组未来状态。分原型测试与模型试验测试。

2. 振动测试内容主要包括：①振动量（位移、速度、加速度、幅值）、频率与周期、波形与相位的测量；②结构或部件特征参数的测量；③压力脉动的测量；④不平衡力、动应力的测量；⑤噪声的测量。

3. 振动基本测试方法主要有机械式仪表测试法、电测法、光电式测试法等。

4. 基本测试仪器主要有传感器、放大器、分析仪器、显示与记录设备、应变仪、拾振器等。

5. 机组主要测点有摆度测点、转速键相测点、振动测点、水压力和水压力脉动测点、发电机气隙测点、机组频率测点、甩负荷起始信号测点、差压测点、行程测点、水位测点、绝对流量测点、功率测点、温度测点、水轮机空化监测测点、噪声测点等。

6. 振源分析测试试验主要有转速变化、励磁电流变化、负荷变化、调相测试试验等。

7. 发电机电磁不平衡力的测试，主要是将测试线圈布置在定子和转子间的气隙中，测试定子、转子间的不平衡磁拉力，分静态与动态测试。静态测量不能真正反映发电机在运行工况下气隙的实际变化情况，而动态测量可提供运行中的最小气隙变化情况。动态测量主要有磁场薄板探测器测量、光学探测器测量、涡流电抗探测器测量、电容探测器测量等测量方法。

8. 机组大轴摆度和振动的测试，主要在发电机导轴承、水轮机和发电机连接法兰、水导轴承附近等处布置测点。

9. 水轮机过流部件的压力脉动测点主要布置在导叶前蜗壳顶部、导叶后上顶部、轮缘水封处、尾水管段的转轮下方等处。

10. 水轮机转轮的应变和应力测试，主要有转轮下环水封中压力和下环的摆度；转轮下固定环是否正确；各典型过流点的压力、大轴摆度和其他附属参数等。应力测试点选在叶片根部，下环水封的压力传感器和下环摆度传感器均装在转轮下环上。

11. 发电机转子的应变和应力测试，主要有受力机架、定子、水导轴承壳的竖向振动和水平振动；大轴在上下导、水导、水轮机和发电机连接法兰处的摆度；定子、转子间的气隙；转子磁极的切向位移和径向位移；转子磁极插销处的应力；大轴的轴向力和扭矩；大轴的转频和轴心轨迹等。

习　题

6-1　为什么要对水轮发电机组进行振动测试？其测试的目的是什么？

6-2　水轮发电机组振动测试的项目有哪些？有哪些基本方法？

6-3　水轮发电机组振动常用的测试仪器有哪些？采用接触式与非接触式传感器进行测量有何特点？涡流式传感器一般用来测哪些项目？

6-4　机组振动测点如何布置？

6-5　水轮机转轮固有频率如何测定？

6-6　机组轴系振动测试有哪几类？为了探明振源，需做哪些试验？

6-7　转速变化试验是为了测试哪些振动量？

6-8　励磁电流变化试验是为了测试哪些振动量？

6-9　负荷变化试验是为了测试哪些振动量？

6-10　定子和转子间电磁不平衡测试主要测哪些部件？测什么量？

6-11　气隙的静态和动态测试有何区别？试分别介绍。

6-12　极频振动的测试原理是什么？

6-13　如何布置水轮机过流部件压力脉动的测点？测量方法如何？作简要介绍。

6-14　转轮应力状态的测试量有哪些？如何布置测点？测试方法如何？用何工具测试？

6-15　如何布置转子应变的测点？用何工具测试？如何测试？

第7章 水轮发电机组状态监测与故障诊断技术

对于水轮发电机组来说,振动引起的各种故障或事故成为机组检修的主要原因。一般水轮发电机组振动引起的故障都有一个渐变过程,大多存在着各种征兆,因此对机组振动信号进行监测,已成为状态检修的一项重要内容。

所谓机组状态,是指对机组运行状况和现存性能指标以及安全程度的综合描述。它是对机组整体或主要部件的各种性能指标定量或定性的反映,通过先进的监测分析工具和方法,对机组的运行状况进行监测、记录与分析,采用在线或离线故障诊断系统,尤其是专家系统等,对机组现存状态作出科学评估和趋势分析预测。

7.1 机组状态检修的概念

水轮发电机组状态检修是以机组的运行状态为基础的预防性维修方式。它是根据机组状态监测和故障诊断系统提供的信息,经过统计分析和数据处理来判断机组的整体和部件的劣化程度,并在故障发生前有计划地进行针对性维修。这种维修方式,能明显提高机组运行可靠性,延长维修周期,降低检修费用。

要在水电厂逐步推行状态检修技术,首先需要进行设备状态监测和故障诊断技术的研究。通过信息测量与采集来获取机组工作状态,将获取的状态监测数据进行综合评价和诊断,对机组可能要发生或已发生的故障进行预测和判断,提出消除解决故障的措施和办法。

水轮发电机组属于低速旋转机械,突发的恶性事故比较少,故障的发展有一个从量变到质变的渐变过程,这就使得利用状态监测、故障诊断和趋势分析技术来捕捉事故征兆、早期预警和防范故障成为可能。另外,水电厂生产环节相对简单、设备较少,自动化水平较高,这是实行状态检修的一个有利条件。随着计算机技术、传感技术、信号检测技术、信号处理技术以及专家系统的发展和应用,特别是许多水电厂已投运的计算机监控系统,为设备状态监测及诊断提供了坚实的技术基础和物质保证。目前,水轮发电机组状态检修是国际上一种先进的检修管理方式,它是在建立起设备的实时状态监测和诊断装置基础上,通过智能专家系统来评价运行设备的实时状况并作出判定,以供检修管理者决策之用。这就要求从设备的基础资料收集开始,建立一个完整的在线监测、诊断分析及决策系统。

水轮发电机组状态检修工作主要由五个环节组成:机组系统→状态监测→诊断分析并判断决策→检修管理→检修评估,并形成有机的闭环系统。状态检修的基础是测试技术、仪表分析技术、状态检测和诊断技术。开展状态检修还必须掌握设备运行规律,对故障机理深入研究,分析机组设备长期运行记录,熟悉设备的特性和运行状况,这是开展状态检修的必要条件。

水轮发电机组状态检修应具备以下条件:①必须获得机组运行状态的相关参数(如主轴各关键处的摆度、各轴承和机架的振动、轴承温度、蜗壳和尾水管的压力、发电机功率、接力器行程、发电机绝缘状况、气隙的动态变化、水轮机流量及空化噪声等参数),应首先对机组进行状态监测;②必须有判定机组运行状况好坏程度的参照标准,这是衡量机组状态的尺度,判断机组是否需要检修的依据,也就是先对机组运行状态进行实时监测,然后对机组进行故障诊断和综合状态评估,从而判定机组是否需要维修、何时维修、维修部件和部位,并给机组的状态检修提供建议,为检修计划提供依据。

水轮发电机组状态检修系统结构如图7-1所示。其状态检修工作步骤如下:①收集整理设备信息。设备信息主要有运行数据、常规检测数据、状态监测数据、设备历史数据、同类设备的故障信息和检修经验等。这些信息数据量十分庞大,应充分利用计算机技术对这些数据进行管理。②分析诊断,提出检修建议报告。依靠工程师和专家来分析决策运行设备的检修项目、检修时间间隔、检修工期及检修工艺,电厂专业人员负责汇总机组各类状态信息及相关信号,并结合现场经验进行综合分析,提出机组综合报告和检修建议,提交决策层进行检修决策。③建立计算机检修管理系统。

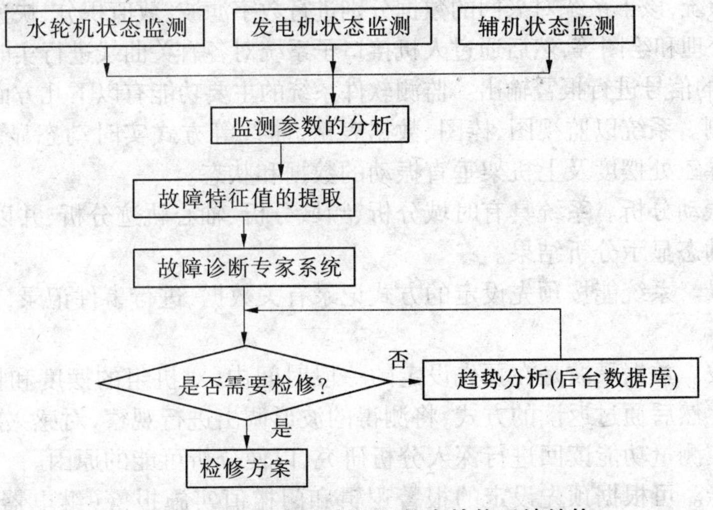

图7-1　水轮机发电机组状态检修系统结构

7.2　机组状态监测

7.2.1　状态监测的概念

状态监测是通过测量、采集数据的方法获取机组工作的状态。水轮发电机组状态监测系统是状态检修系统的主要组成部分,由硬件系统与软件系统组成。下面以某水电站状态监测系统为例进行说明:

(1)监测硬件系统。由工业控制机、数据采集卡、信号预处理器及相应的传感器等组成(其他系统如计算机监控系统、信息管理系统等,如需与本系统连接,在硬件上可通过网络连接实现或通过工业控制机提供的接口连接)。其核心部分为工业计算机,用于采集、处理、分析本机组的现场传感器信号,并负责将必要的信号送入连接于同一网络上的数据库服务器。安装于该计算机内的 A/D 变换卡是实现数据采集的重要部件,用于将传感器传来的模拟信号转换为计算机内部的数字量。利用该卡上设置的数字 IO 接口还可将必要的开关量输出,如振动、摆度报警信号通过继电器输出模块送出。另外,信号前置器也是每路模拟信号通道的重要组成之一,其作用在于:①实现传感器信号与现场站之间的电气隔离,同时也可避免各传感器间的信号窜扰;②将各传感器传来的不同类型(电压或电流)、不同幅值的信号转换为统一的、适应于 A/D 变换卡输入幅值要求的电压信号;③按要求实现对信号的硬件滤波,这是保证信号分析精度必不可少的重要手段之一。

(2)监测软件系统。国内外有多种先进的监测软件,如美国 National Instrument 公司提供的软件虚拟仪器开发平台 Labwindows/CVI,是一个复杂的数据处理和作图系统。首先,将摆度和振动传感器、压力传感器、功率传感器检测到机组有关部位的摆度、振动和压力等信息,送到各自信号预处理器进行电平变换、硬件滤波,之后送到高速 A/D 变换卡,转换为对应的数字量,再送入工业 PC 计算机内由数据处理软件处理;其次,在线监测、受控测量和数据录波,分别以不同的方式控制采集子系统以采集所需数据,将该子系统返回的数据送入数据分析处理子系统,该子系统对采回的数据分别进行数字滤波、数值积分、快速傅里叶变换,以及报警逻辑处理和绘图等,然后通过人机接口子系统对各有关曲线进行实时显示、打印和存储,并对超标的信号进行报警输出。监测软件系统的主要功能有以下几方面:

①实时监测。系统以监视图、棒图、数据表格、曲线等方式实时动态显示所监测到的上导、下导、水导三处摆度及上机架垂直振动的数据和状态。

②摆度及振动分析。系统具有时域分析、频域分析、轴心轨迹分析,并以数据表格、曲线等方式实时动态显示分析结果。

③数据记录。系统能按预先设定的方式记录有关数据、进行事件记录,使之形成历史数据库。

④数据录波。数据录波是在预先设定的一段时间内,对机组的摆度和振动情况进行连续采样录波。然后通过返读的方式,将测得的波形调出进行观察,对感兴趣的时段进行再存储并由受控测量功能读回进行深入分析研究,以便分析可能的原因。

⑤报警功能。可根据预先设定的报警逻辑和门槛值实施报警(继电器接点输出)和进行语音提示、事件记录。

⑥网络通信。系统具有网络通信功能,并能将采集的数据以数据包的形式存放到网络工作站上。

⑦机组动能参数的监测。包括机组出力、流量、效率、耗水率、累计发电量、累计耗水率等参数的显示以及日流量曲线、日负荷曲线和日耗水率曲线等的显示。

上例中的监测系统尚不完善,对发电机的电磁监测尚未实现。

7.2.2 机组状态监测的项目

所需监测的参量尚无统一的标准和规定,是根据机组的实际状况,本着必要和可能的原则予以确定。所谓必要,是指监测参量应有助于了解机组的运行状态,借鉴其他电站的成功经验,不追求大而全。所谓可能,是指须有相应监测技术的支持,具有实施的可行性、经济性和可靠性。通常监测的参量为以下的全部或部分：

(1)功率,包括有功和无功。

(2)电压,如定子、转子和励磁电压。

(3)电流。

(4)效率。

(5)温度,主要是轴承油温和瓦温、定子温度、冷却器温度、热风温度、冷却水温度等。

(6)液位,包括上下游水位、油槽油位、集水井水位。

(7)压力,如水轮机各部位压力,油槽油压、气罐压力、冷却器水压等。

(8)流量,过机流量、技术供水流量。

(9)位移,如接力器行程或导叶开度,大轴轴向位移,定子—转子的气隙。

(10)振动和摆度,包括大轴摆度、固定部件的振动和结构振动。

(11)压力脉动,主要是水轮机流道内过流部件的压力脉动。

(12)绝缘,如定子线圈等处。

(13)空化空蚀与泥沙磨损。

(14)开关动作,泵和风机的启停等状态量。

为此,必须充分利用现代电子技术,实现自动监测、网络通信和实时分析。能够满足常规需要的监测系统基本构成,如图 7-2 所示。介绍如下：

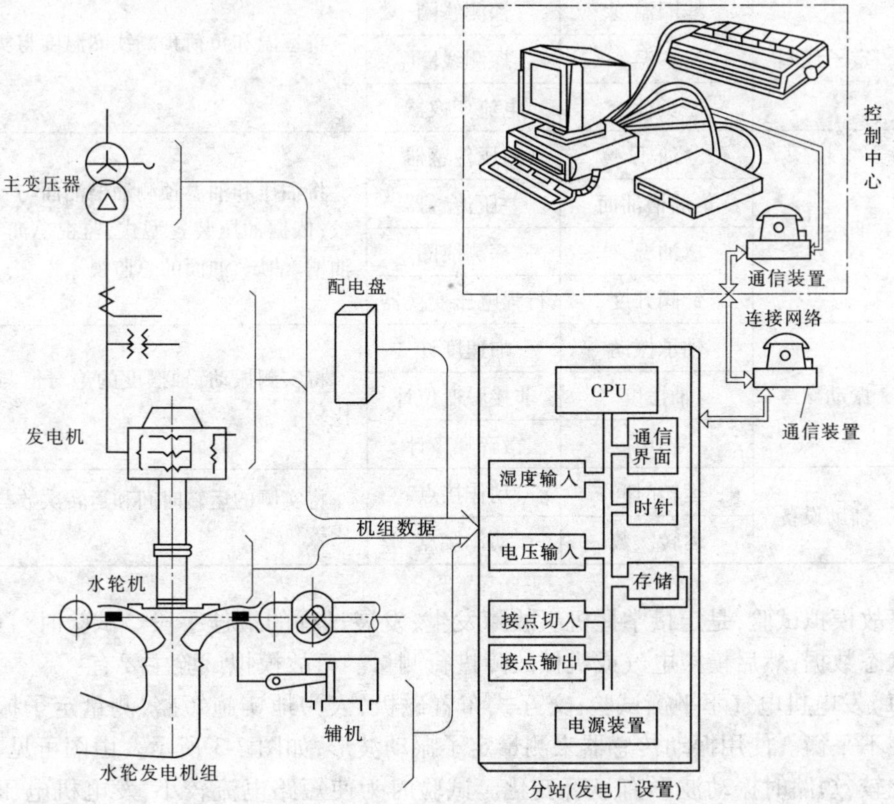

图 7-2　监测系统的基本构成

(1)系统功能。系统由集中控制的中心站、无人值守的电厂分站及联接网络组成。中心站应易于控制操作,且具有扩展系统、能变更分站的设置。分站为满足无人值守要求,功能控制在最低限度,应进行标准化。

(2)监测方法。明确监测参量,建立监测程序。测量长期数据,实施事故模拟试验,掌握数据间的影响程度和相互关系,从而制定监测方案。系统应能判断启动、运行、停机等工况状态,为此,须对输入数据的采样频率、相互关系、异常判断、表示方法及人机对话等予以重点研究。表 7-1 为监测方案的一个实例。

表 7-1　监测实施方法

<table>
<tr><th>序号</th><th>监测项目</th><th>输入项目</th><th>使用传感器</th><th>监测内容</th></tr>
<tr><td rowspan="6">1</td><td rowspan="6">各轴承</td><td>轴承温度</td><td>探测线圈</td><td rowspan="6">预测各输入项目启动过程的轴承温度变化率和实测值比较
按实际停机过程的轴承温度变化率计算与设定值比较
将油温预测正常运转时的轴承温度与实测值比较</td></tr>
<tr><td>轴承油温</td><td>探测线圈</td></tr>
<tr><td>轴承油面</td><td>差压传感器</td></tr>
<tr><td>负荷</td><td>电流变换器</td></tr>
<tr><td>室温</td><td rowspan="2">探测线圈</td></tr>
<tr><td>冷却水温</td></tr>
<tr><td rowspan="3">2</td><td rowspan="3">定子线圈</td><td>线圈温度</td><td>探测线圈</td><td rowspan="3">将室温和负荷预测线圈温度与实测值比较</td></tr>
<tr><td>室温</td><td>探测线圈</td></tr>
<tr><td>负荷</td><td>电流变换器</td></tr>
<tr><td rowspan="4">3</td><td rowspan="4">油压装置</td><td>油压</td><td>差压传感器</td><td rowspan="4">将油压和油温预测油槽油面与实际值比较;依据油压装置型式、监视总油量,进行油槽、油压、油面的总监视</td></tr>
<tr><td>集油槽油面</td><td>差压传感器</td></tr>
<tr><td>油温</td><td>探测线圈</td></tr>
<tr><td>针阀开度</td><td>行程电压变换器</td></tr>
<tr><td rowspan="3">4</td><td rowspan="3">振动噪声</td><td>轴承振动</td><td>加速度计</td><td rowspan="3">将实测振动、轴摆度的绝对值与设定值比较</td></tr>
<tr><td>轴摆度</td><td>非接触变位计</td></tr>
<tr><td>噪声</td><td>微音噪声计</td></tr>
<tr><td rowspan="2">5</td><td rowspan="2">辅助设备</td><td>运转时间</td><td>动作接点</td><td rowspan="2">将实测的运转时间和运转次数与设定值比较</td></tr>
<tr><td>运转次数</td><td>动作接点</td></tr>
</table>

事故模拟试验,是定量掌握机组故障发生、发展过程的最佳手段。试验时,首先测定正常状态数据,然后模拟电气或机械故障进行测量。事故模拟试验主要有:

(1)发电机电气不平衡试验:交互式布置磁极,人为地实施短路,测量定子振动以反映电磁不平衡。使用振动传感器来测量定子振动波形,如图 7-3 所示。由图可见,与正常状态比较,短路时振动波形有显著变化。试验时为使短路电流较小,发电机电压仅升至 2.5 kV(额定值为 1 kV),故振动幅值相对减小。电磁不平衡可通过定子振动测量监视。

(2)定子线圈匝间短路试验:定子线圈匝间短路时,会产生非常大的短路电流、局部高温和定子振动。匝间短路可以监测振动(如图 7-3 所示)和温度参量。

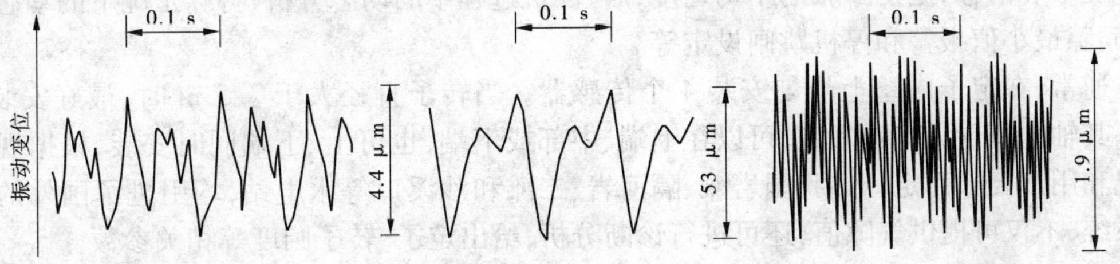

(a)正常时　(b)电磁不平衡时　(c)定子线圈匝间短路时

图 7-3　定子振动波形

(3)轴承断油试验:轴承供油中断,会造成轴瓦烧损和瓦温变化,图 7-4 表示了这一变化过程,t_b 为轴承温度。利用温度传感器可以充分掌握轴承的运行状态。

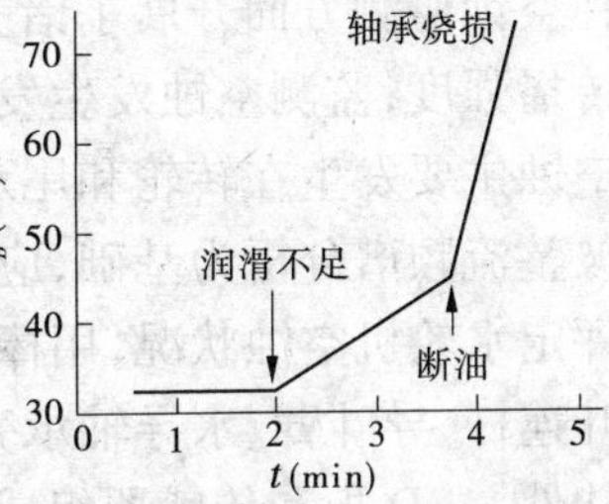

图 7-4　轴承断油试验结果

7.2.3　机组振动监测的主要内容

振动监测,是状态监测的最主要监测项目之一。由于振动在各部位均易发生,直接影响机组的安全和寿命,成为评价机组运行状态的重要指标之一。

机组振动监测的主要项目有发电机气隙监测、水轮机空蚀监测与压力脉动监测等。

7.2.3.1　发电机气隙监测

水轮发电机定子—转子间的气隙是重要的电磁参数,对其他参量、运行性能和技术经济指标有直接影响,也与振动有密切联系。由于安装和运行的诸多原因,气隙会不断发生变化。气隙的不均匀性会导致产生较大的不平衡磁拉力。

我国过去多是在机组安装调试过程中,用塞块检查方式进行气隙的定点静态测量,这种方法测点少,精度低,无法确定定子内圆的几何形状和转子磁轭、磁极环状体对大轴旋转中心的偏心量,在机组启动后气隙随之变化,故通过静态气隙测量无法实现对气隙的实际监测作用。

目前,国外已开发出多种气隙监测分析系统,应用在多座电站,比较成熟的有两种:

(1)平板电容传感器气隙监测系统。该监测系统通过测量传感器和磁场电极间的调谐电容来监测气隙。传感器以粘贴方式固定在定子铁芯上,其数量由用户按需要确定,越多测量越精确。传感器与电子采集单元相连接,电子采集单元用来采集和传输传感器测量信号,由计算机对测量数据进行储存、记录和模态与过程分析。

(2)光电气隙监测系统。该监测系统的工作原理是反射光学三角测量技术。探头是一个光线发射器,即光线通过透镜发射到对面的一条反射带上,利用交叉光线脉冲的变化时间以确定距离。控制器很小,抗污染,可放置在定子的通风槽内,不需外伸到气隙中,探头可以安装在定子上,以定子为基准,测量转子偏移对气隙的影响。为了防止强电场对测量结果的干扰,引线采用光导纤维,采集的数据用微机处理。

上述两种系统的稳定性和可靠性均较好。主要功能包括:测量定转子间的气隙变化,转子变形和滑移,定子膨胀的不均匀度,启、停机过程中的动态分析,特殊工况下的动态气隙,间隙最小值报警和停机跳闸设定等。

通常,在定子内壁上均匀安装 4 个传感器。当转子直径大于 7.5 m 时,最好安装 8 个。其轴向位置无特殊规定,可以在上端、中部或下端,也可上、下端同时安装,根据现场情况和用户要求而定。如我国岩滩、隔河岩、二滩和沙溪口等水电站,均引进了国外的监测系统,不仅可提供气隙值,还可进行诊断分析,给出定子、转子圆度等相关参数。

7.2.3.2 水轮机空蚀监测

空蚀可严重影响水轮机的使用寿命和安全运行。目前,空蚀监测评价尚无可靠、有效的措施,还停留在经验判断和维修查看阶段,无法及时追踪、掌握空蚀状态和发展趋势。国外在空蚀监测方面开展了诸多研究,如基于声传播原理开发产品,应用加速度传感器测量声传播强度,监测空蚀发生发展过程,利用建立的相对标准评判空蚀的严重程度。

空蚀主要发生在转轮和尾水管等过流部件上。美国 ORE 公司的声学空蚀监测系统,以全波整流频谱分析为基础,应用加速度传感器测量空蚀的声传播强度,用叶片通道调制水平评定水轮机空蚀状况,用棒图表示空蚀噪声水平,并可预测空蚀量。传感器通常安装在导叶连杆、导叶臂、水导轴承壳体、尾水管进人门、钢管进人门上。系统由一台计算机、应用软件、A/D 板和传感器组成,可处理四通道声传播信号。

7.2.3.3 压力脉动监测

压力脉动是水轮机最普遍的不稳定因素,流场的压力脉动,周期性地作用在流道壁面和转轮上,引起结构和部件的振动。当压力为负压时,可能造成空化和空蚀,伴随较强烈的噪声。国家标准《水轮机基本技术条件》(GB/T 15468—2006)规定,原型水轮机在所规定的稳定运行工况范围内,混流式水轮机尾水管内的压力脉动值(双幅混频值)可采取除强迫补气之外的其他措施,应不大于相应水头的 3% ~11%,高水头取小值,低水头取大值。在机组的设计招标投标中,也均对压力脉动提出了明确要求。

压力脉动测量,通常采用脉动压力传感器,通过管道将流体引出与传感器连接。现在已有专门的监测仪表,监测由脉动压力变送器完成,二次仪表采用单片机采集数据和分析处理。脉动压力可以用绝对值(MPa)或水头的相对值($\Delta H/H$)表示,国家标准《水力机械振动和脉动现场测试规程》(GB/T 17189—2007)对脉动压力的测量和处理方法作出了明确说明,如传感器频率范围应涵盖高频和低频,压力量程应注意最高水锤压力和最低尾水管负压,传感器安装应与流道内壁齐平,注意避免连接管的共振和阻尼影响,尽量减小传感器对机械冲击的灵敏度,避免连接管的次生振荡,测量管路中的空气应排除干净,以及长连接管所引起的偏差等。

例如,广州抽水蓄能电站安装了状态监测及分析系统,其中压力脉动是最主要的监测内容之一。被测部件包括导叶(进口、出口)、主轴密封(碳精密封)、迷宫止漏装置(上梳齿、下迷宫环)、尾水管。

对 1#机组主要监测结果分析总结如下。

1)压力脉动振幅特性

在泵工况下,机组开机抽水时,为降低启动力矩、减小阻力,转轮室充气压水以使转轮处于无水空转状态，这时从各处测得的压力脉动数据没有实际意义。达到额定转速时，转轮室开始排气充水，水泵水轮机从电网吸收有功功率，当转轮室压力接近或达到工作压力时，导叶开启瞬间，转轮室内形成回流，此时各过流部件的压力脉动幅值达到最大；满负荷(330 MW)时各处的压力脉动趋于稳定，导叶(进、出口)处的压力脉动接近10%。尾水管处的压力脉动在1.6%附近，而下迷宫环处的压力脉动在4%左右，上梳齿的压力脉动在1%以内。

在发电工况下，机组在开机阶段各处的压力脉动都略有波动，在并网发电达40%额定负荷附近时尾水管处的压力脉动达到最大值，这主要是由于尾水管涡带造成的。当负荷接近或达到70%额定负荷时，随着尾水涡带的消失，各处的压力脉动值也趋于稳定。当然，由于负荷的变化，各处的压力脉动幅值也均有一定的波动：上梳齿的压力脉动幅值在1%以内，下迷宫环处的压力脉动幅值在4%以内。在接近额定负荷(330 MW)时，尾水管处的压力脉动幅值接近1.6%，导叶处的压力脉动幅值在7%附近。

2)频率特性

根据广州抽水蓄能电站1#机组的实测信号，对各过流部件在泵工况下以及发电工况下的压力脉动信号频率进行分析，发现有以下特点：

(1)在导叶(进、出口)处，其压力脉动频率，不论是在泵工况下还是在发电工况下，都主要表现为叶片频率7*X*、14*X*，这里*X*表示转频。

(2)尾水管处，在泵工况下，其频率并不稳定，为0.1*X*~0.5*X*的某一值，满负荷时以0.5*X*为主；在发电工况下，部分负荷时以涡带频率为主(*X*/4)，满负荷时则以1*X*为主。

(3)止漏部件(上梳齿、下迷宫)，其压力脉动频率主要受到上述导叶和尾水管两处的影响。上梳齿处的压力脉动频率主要受尾水涡带频率的影响，下迷宫处的压力脉动频率则主要受叶片频率的影响。

3)过流部件的水压脉动对机组摆度的影响

在泵工况下，①在部分负荷时，三处导轴承(水导、上导、下导)的摆度在导叶开启瞬间即达到各自的摆度极值，与尾水管压力脉动极值工况符合，因此可以肯定轴系振动主要受到来自尾水管压力脉动的影响；②满负荷时，尾水管压力脉动值很小(1.6%左右)，因此对轴系的振动影响也很小。据统计，上导和下导处的摆度平均在60~70 μm，并且从振动频谱上看并未出现叶片频率(7*X*、14*X*)，因此可以看出稳态时导叶处的水压脉动对导轴承处的摆度影响并不大。

在发电工况下，从三处导轴承的摆度趋势图(略)上看，摆度极大值均发生在40%额定负荷附近，尤其是下导和水导处，此时的尾水管压力脉动也正处于最大值。因此，可以判断，三处导轴承的摆度主要受尾水管压力脉动的影响，尤其是在下导与水导处最为明显。从频谱上看，在40%~60%负荷，尾水管形成大涡带，1#机组的尾水涡带频率为*X*/4，此时在下导与水导处的频谱上均出现了幅值相对较大的*X*/4成分，如果机组长期工作在此负荷区间，势必会影响到机组的稳定运行，应引起足够的重视。

7.2.4　机组监测系统的组成

各水电站的机组监测系统可能有所不同，但其主要组成部分大致相同。由于抽水蓄

能机组的监测较常规机组更为重要和复杂,故以某抽水蓄能电站的机组状态监测系统为例说明如下:

某抽水蓄能电站的机组状态监测与故障诊断系统是一个集散监测系统,主要包括三部分:由若干传感器、数据采集器和下位机组成,完成实时数据采集和数据初级处理;网络通信,负责系统内的信息传送和通信;上位机系统,完成整个系统的协调管理和机组状态的全面报告及监测、诊断、分析。

整套系统包括状态监测、信号分析和故障诊断三个主要功能模块和实用计算、状态报告、帮助等辅助模块。下面对三个主要功能模块作简要介绍。

7.2.4.1　**状态监测模块**

1)功能

监测功能是这个系统的最重要功能。该模块主要用于全面监测机组的工作状态,可对测点参量作一级报警、二级报警、物理量上下限报警。实时监测模块的结构,如图 7-5 所示,其中整机综合状态监测包括结构图监视和数据图监视。从结构图中可以看到各传感器的安装位置,以及各传感器所监测的部位运行是否正常;而从数据图中可得到各传感器通道所测数据的具体数值以及各参量的状态。每个传感器通道均可有四种状态,即信号正常、信号失效、一级报警、二级报警。整个系统共有 48 路信号。

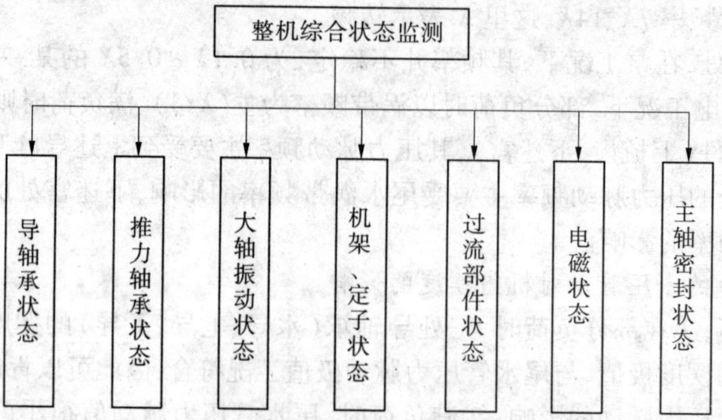

图 7-5　状态监测系统模块结构

2)特点

(1)该系统采用 Windows NT 操作平台,具有良好的用户界面,鼠标键盘操作简单、方便。

(2)Windows NT 是抢占式多任务操作系统,即使切换到分析模块或者诊断模块,监测模块仍在后台工作。所以,无论监测模块是在前台还是在后台工作,当测量值超过报警预定位时,都能及时报警。

(3)为了保证报警的准确性,该系统采用延时报警,即只有连续几个数据包的值都达到了报警预定值才报警。

7.2.4.2　**信号分析模块**

1)功能

信号分析模块,对状态监测所获取的数据进行分析。工程技术人员可利用该模块对机组的监测数据进行全面深入的分析，以掌握影响机组运行稳定性的关键因素，揭示机组振动的本质。同时，根据经验和知识，也可分析出潜在的故障及其原因和确定故障部位。该模块把信号分析分为五部分：轴承系统分析、过流部件振动分析、电机气隙和定子振动分析、机架和结构振动分析、推力轴承系统分析。

2）信号分析方法

除使用通用分析方法外，对于水泵水轮机组的每一部分，还根据其特点，有针对性地使用一些特殊分析方法，以便对整个机组的各种信号进行全面分析，充分了解机组的运行状况。

（1）通用分析方法。

①时域信号分析。用以显示振动信号随时间的变化值，是获取信号的最简单形式，包括均值、方差、峰谷值。借助于键相位信号，时域信号可以相位角直接显示。

②功率谱分析。反映各频点的振动能量或振幅的分布情况。

（2）转子轴承系统分析。

①阶次比分析。表示各谐波分量上的振动能量或振幅的分布情况，其中转速频率即为第1阶次（$1X$），观察各频率成分，可帮助确定问题的种类。

②轴心轨迹图。即在给定的转速下，轴心线在其与轴线垂直的平面内的运动轨迹，从中可以得到预荷载的种类和大小。

③多轴心轨迹图。对连续测得的若干数据包，依次画出其轴心轨迹图（如$1X$轨迹图、$3X/2$轨迹图等）。可观察过渡过程中轴心轨迹随转速改变而变化的情况，也可观察轴心轨迹在负载改变时的变化。

④极坐标图。在极坐标内绘制nX（典型值为$1X$或$2X$）振动矢量随时间而变化的图形。描述在稳态下，是否有故障而引起相位的漂移。

⑤级连图。一系列频谱曲线随转速变化的函数曲线，表明了转速、频率、振幅三者之间的关系。可检查机组在启动或停机时频谱的变化情况。

⑥瀑布图。一系列频谱曲线随时间变化的函数曲线，表明了时间、频率、振幅三者之间的关系。可检查机组在稳态时，频谱是否正常，从而确定机组运行是否正常。

⑦空间轴线图。作出上导、下导、水导处的轴心轨迹中心，以观察轴的变形，从而对轴的受力情况、轴承磨损程度作出判断。

（3）过流部件振动分析。

①互相关分析。表明两个信号的时间历程之间的相互关系，可把某些特定频率信号的振幅和相位检测出来。

②相干函数分析。相干函数是两测点之间信号的互谱平方与两自谱乘积之比，表明了输入与输出之间的相似性。

（4）机架和结构振动分析。

①极坐标图。

②传递函数特性分析。传递函数表征系统输入与输出之比的函数曲线，表达了系统固有的特性。

③互相关分析。

④相干函数分析。

⑤阶次比分析。

(5)电机气隙和定子振动分析。

在定子内壁沿圆周方向,均匀地安装 4 个平板电容传感器,根据传感器实际输出的间隙数据,应用一定的算法可求出气隙测试所需要的各参量,可分析计算出最小气隙的数值和相位,以判断是否产生电磁激振。

(6)推力轴承系统分析。

分析油膜厚度是否超标,进、出口油温及温差,推力瓦温及变化率,以判断推力轴承是否正常。

3)趋势分析

趋势分析包括启、停机瞬态趋势和稳态历史趋势。启、停机瞬态趋势,主要用于分析各种参数在启、停机过程中的变化情况。信号特征历史趋势,主要用于分析系统参数的慢变过程,以观察是否有部件出现异常。在进行历史趋势分析时,系统允许用户对感兴趣的频率进行指定,如整数倍频或分数倍频。

与普通分析仪相比,该系统的分析功能具有下列优点:①面向对象设计,针对性、适应性强,能根据需求进行调整;②数据容量大,数据采用硬盘存储,1.7G 的硬盘即可存储 3 个月的数据,因而不仅可以对当前数据进行分析,也可对历史数据进行分析;③数据库内嵌于程序中,数据管理方便,检索速度快;④能在一屏上同时显示多个图形,便于分析、比较。

7.2.4.3　故障诊断模块

1)功能

故障诊断模块实际上就是一个专家系统。它以机组的在线监测为基础,根据状态监测所获得的振动信号、过程参数等数据,提取反映机组运行状态的征兆。利用这些征兆可对发生故障的机组进行诊断,确定故障原因、部位、类型、性质,并指导检修;对正常运行的机组,可选用适当的计算模型预测机组运行状态的变化,对机组进行早期故障分析。

机组常见的故障,有动不平衡、轴系对中不良、导轴承及润滑故障、推力轴承故障、发电机机械故障、过流部件故障以及结构故障等。根据这些故障的特征,系统可以确认的故障包括质量不平衡、电磁不平衡、导轴承故障、转轴弓形回转、推力轴承故障、机架松动、水力激振、导叶剪断销失效、发电机气隙变化、碳精密封故障、转轮密封偏磨或损坏、不稳定负荷区确认等。

在系统的故障诊断模块中,采用事件触发策略,以机组状态评价作为正向推理,在对机组进行深入的模型研究的基础上,将模型知识用形式化语言表达,构成独立的知识库,通过推理机进行故障诊断,输出诊断报告。

2)结构及特点

专家系统主要由四部分组成,如图 7-6 所示。该系统的特点如下:

(1)该系统基于事件驱动,若系统某个测点的信号报警或超限,则自动启动该诊断专家系统,系统自动从诊断数据库中提取诊断所需要的特征参量,判断故障的性质、原因、部位。

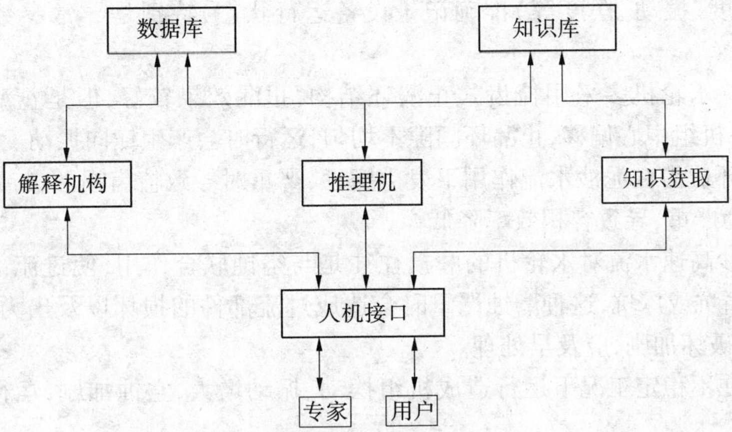

图 7-6　专家系统结构

（2）专家系统除自动诊断功能外，还增加了咨询诊断功能。所谓咨询诊断，是指当监测系统中某个测点信号报警时，现场工程师可根据自己的经验，首先作出一个判断，给出可能的故障，并输入故障名。专家系统就会根据输入的故障名，询问用户一系列问题，同时从诊断数据库中挑选出一些特征分量。最后，专家系统列出用户，作出该故障状态判断应具备的机组状态特征参量值，同时给出从机组实测信号中提取的特征参量值以及用户输入的信息。专家系统只对现场工程师的判断给出一个建议性的评价，这样，现场工程师就会在该系统的使用过程中不断地总结经验。

（3）在正常状态下，若用户想进入诊断专家系统，可以随时切入，以利于操作人员训练和咨询。

7.2.4.4　系统的其他特点

设计系统时，考虑到厂内多台机组的监测分析与诊断，以及系统状态分析中心数据交换的需要，以 Windows NT 为平台，构建了 TCP/IP 协议工业局域网，下位机用基于 PC 平台的计算机做信号采集系统。硬件尽可能采用成熟产品，以提高系统的可靠性，降低成本。

在测点选择和传感器布置方面，以 VDI－2059 和国内推荐规范为依据，以需求描述为评价标准，按导轴承系统、推力轴承、机架结构、发电机、过流部件等五部分来布置测点。

为了使现场技术人员熟悉这套系统，系统中除关于使用方法的帮助模块以外，还建立了领域专门知识帮助模块。对于所用的所有分析方法，都可从领域专门知识帮助模块中得到详细的说明。另外，考虑到设备维修和各种试验的需要，系统还设置了实用计算模块，以用于动平衡计算、盘车计算、过渡过程试验等。为了使技术人员了解整个机组的情况，系统还可以随时根据要求输出状态报告。

7.2.5　高水头机组的水力稳定性监测

目前，我国特大型混流式水轮发电机组发展迅速，如单机容量达 700 MW 机组的三峡水电站的投产，以及溪洛渡、向家坝、拉西瓦、小湾、龙滩等一批 700 MW 以上的水电站的建设，混流式水轮机的水力稳定性值得特别关注，主要表现在以下几方面：

（1）目前投产机组在线监测设备都比较齐备，交付使用后要确保各类在线监测设备(例如温度、振动、摆度等)准确记录设备运行状态,特别是异常参数数据记录和分析。

(2)高水头水轮机多采用梳齿式止漏环结构,止漏效果较好,但是止漏环间隙只有1 ~2 mm,如果机组中心偏移,止漏环间隙不均匀,运行时会产生横向振动。

(3)止漏环梳齿在泥沙水流作用下发生磨蚀,严重时导致梳齿损坏,特别是异物进入梳齿,损坏更为严重,导致容积效率降低。

(4)含泥沙高速水流对水轮机的磨损往往是与空蚀联合作用,使过流部件表面产生沟槽、大片鱼鳞坑或深坑,这种磨蚀严重时会造成过流部件的损坏以及出力和效率下降,随着时间推移破坏加剧,应及早处理。

(5)机组在不稳定工况下运行造成机组摆动、振动增大,空蚀加剧,运行中应尽量避免。

(6)新机组投入运行后,经较长一段时间磨合,某些机械零部件可能出现松动或变动。或由于设计、制造、安装等原因,出现一些缺陷,影响机组稳定运行,应定期进行检查或停机处理。

7.3　机组故障诊断

7.3.1　故障诊断的概念

将机组各种在线监测仪器与具有专家系统软件的计算机相连,就构成了一个机组故障诊断系统。机组故障诊断与在线监测技术是不同的,它不是单纯的检测技术,而是要对在线监测采集的各种动态过程的数据进行分析,从而对机组当前的状态及发展趋势作出判断,并对机组设备异常的原因、程度作出诊断,提出解决方案、建议。

设备诊断技术具有评价和预测功能。诊断专家系统通常由实时数据库、知识库、控制策略(或推理)三部分组成,其关键部分是知识库。监测必须可靠,将监测出来的参数与设备正常运行参数比较,根据所得到的差异情况,判断将要发生的故障,可以随时掌握机组的运行状态及发展趋势。

水轮发电机组故障诊断主要包括水轮机诊断和发电机诊断,二者互为关联:

(1)水轮机诊断。包括轴系、转轮、叶片、水导轴承、润滑系统、支承系统、控制系统等部位故障的诊断。检测的参数一般有顶盖振动、水导摆度、温度、流量、迷宫环间隙、压力脉动等。主要故障特征包括:油箱油位的升高和降低,油温的升高,轴瓦平均温度升高,轴瓦温度上升率,摆度升高,轴承振动升高,振动和摆度随转速、负荷变化的趋势等。

(2)发电机诊断。包括定子线圈、定子铁芯、转子、轴系等部位故障的诊断。定子线圈的诊断采用局部放电法检测线圈、线棒、线棒支承的绝缘情况及线圈断路。定子铁芯和转子的诊断运用一组气隙测量传感器,监测定子和转子圆周、偏心所造成的动态气隙情况。检测的参数一般有机架振动、摆度、温度、气隙、绝缘情况等。对于诊断发电机导轴承、推力轴承等一些复杂故障,诊断系统要综合分析各检测参数。

在轴系振动与摆度监测系统中,目前主要采用快速傅里叶变换(FFT)对数据进行频谱分析,少量系统采用了小波变换,监测系统能够提供时域、频域、轴心轨迹、空间轴系图谱,部分系统能够提供全息谱图。在气隙监测系统中,一般提供不同工况下的最小气隙及方位、最大气隙及方位、平均气隙、转子不圆度、定子不圆度、转子偏心、定子偏心、每个磁极气隙的变化趋势、气隙波形图、极坐标图等。

在水轮发电机组的设计、制造、安装和大修过程中,对机组各状态参数都有规定和要求,但由于机组在运行过程中存在不规则的水力干扰,不仅不同机型、不同容量、不同结构的机组的实际运行参数量值及其变化规律不一样,而且同一电站、同一机型的几台机组的运行参数也难一致。如一般机组轴瓦温度在带满负荷时比空载时高3~5 ℃,而有的机组带负荷后温度并没有上升,甚至略有下降。又如有些机组上机架振动达1 mm而能长期运行,有的水导处大轴摆度达到0.8 mm而瓦温却正常,运行也稳定。因此,要在故障诊断推理系统内制定一个统一的标准,难度很大,而且到目前为止,尚未有一个国际性的状态监测标准。

水轮发电机组是非线性的复杂系统,故障原因涉及水、机、电等多个方面,故障征兆多种多样,单凭某一种方法很难对机组故障及其发展状况作出正确的评价,需多种方法相互补充。常用方法如下:

(1)在线监测与离线采集相结合的数据获取方式。在机组需要监测的部位利用各种先进的传感器技术,通过各种在线监测仪器,在机组运行的同时测得各种数据,而且是连续、动态的过程数据,即在线监测。反映水电厂设备状态的参数量非常庞大,某些参数在目前的技术条件下还不能进行在线监测,或者从经济角度考虑还不适合进行在线监测,对此类数据采集工作需采用离线采集方式。另外,根据小修或停机例行检查得到的机组状态信息,决定是否或者何时进行大修及扩大性检修,是水电站目前比较普遍的做法。

(2)进行定时采样与整周期采样相结合的数据采集。在振动监测系统中,为了解决数据精度与数据存储量之间的矛盾,一般采用定时采样与整周期采样相结合的数据采集方式。

(3)选用故障机理与案例分析相结合的演绎推理方法。在故障机理的研究过程中,可以采用先建立模型,运用水力、电气原理进行推理,再利用案例数据进行佐证的办法。

(4)利用直接诊断与间接诊断相结合的诊断方法。

例如,目前三峡电站采用的在线监测系统,其测量(如测温度、振动、摆度、流量、压力脉动以及相关过程量参数等)技术比较成熟,能够反映机组实际运行状态,监测设备质量较好。如对过流部件的压力脉动监测,可实时显示压力脉动的波形和频谱,分析压力脉动的频率成分以及压力脉动随工况的变化情况,分析各点压力脉动及其频域特性与导叶开度的关系。对水轮机各过流段的压力脉动进行监测分析,可以全面掌握机组的水力特性,监视水力激振因素,了解水力激振对机组稳定性的影响。又如对机组的振动、摆度以及机组过程量参数,可进行实时、并行、整周期采样,并进行相应的处理、计算和特征提取,在数据采集站液晶显示器、工程师站显示器以及网络所连的有关工作终端上,以结构示意图、棒图、数据表格、曲线等形式实时动态显示所监测的数据和状态。系统在监测过程中提供了多种报警功能,在各监测界面上实时提示报警状态。

7.3.2 振动测量与信号分析

7.3.2.1 信号测量

为诊断机组的振动故障,除直接感觉、拆卸检查和经验判断外,利用传感器和一次仪器等现代测量技术定量获取系统状态信号是最有效的手段。机组转动时回转扰动力通过轴承、机架、顶盖、定子等传递到钢筋混凝土支架结构上。因此,直接测量大轴的摆度最有效。通常是采用两个90°间隔布置的非接触电涡流式位移传感器直接测量,其位置一般布置在近轴承处和中间法兰处,不仅可测量单点的摆度,还可了解轴线的挠曲变形。轴振动在轴支座、机架和混凝土结构等部位的反应,可利用加速度传感器测量其强迫振动状态参量。

一般情况下,难以在轴上找到一个与转速同步的脉冲信号基准点,若没有键体,可用环氧树脂将钢键粘贴在轴表面上。因此,键相器是很重要的传感器,它可以提高相位信息,作为其他信号与转频的参考点,也即相位标志,直观显示转速、转子的1*X*分量(同步同频)或倍频分量的相位值。该相位信息极为有用,特别是用于转子的动平衡以及诊断机组的机械故障。

水力不稳定(压力脉动)是机组振动的又一振源。测量水轮机流场内部的脉动压力十分重要。但由于内部流场特征,如空化空蚀、涡带、压力、流速等的测量必须采用光学或声学等特殊仪器,准确便捷的测量往往极为困难。最常采用的是利用传感器测量流道壁面处的脉动压力,如压力管道、蜗壳、顶盖下、密封和尾水管等位置。

其他测量项目包括发电机气隙、定子振动、空化空蚀、噪声等。由于测量相对困难,只有在根据振动表象判断振动与之关联而确有必要时,才布置专用传感器进行测量。

7.3.2.2 信号分析

对于机组在稳态(正常运行)和瞬态(启、停机和事故工况)运转工况下的振动测量,通常需要通过信号分析获得若干重要信息。主要包括:

(1)为确定振动的剧烈程度,需测量总体振动水平,即一般所谓的振幅值,如通频值或振动总量。

(2)为寻找振动故障的起因和根源,应知道振动分量的频率成分,故频谱分析极为普遍。

(3)为判断故障的性质,应对振动的时域波形、轴心轨迹、涡动方向等进行分析。

(4)为识别机组故障,相位关系是关键参数,包括同频和二倍频的相位,也可用来判断不同振动参量间的相关性。

(5)为全面深入探究复杂的振源特征,需要测量转子中心位置、动平衡、各典型频率分量下的幅值、振动激扰力特征等。

振动信号一般是稳态的、随机的、可以重复获得的,但随着运行工况和状态参数的变化,振动量也会随时间变化,尤其是在机组故障快速发展和状态突变时。环境和外界作用的变化应及时记录,作为故障诊断的参考。

振动信号的分析一般有时域法和频域法,辅之以作图、制表等手段。主要有:

(1)时域信号。时域信号的样本长度(采样时间或记录长度)取决于所要研究的信息类型，通常与机组的转动周期或激励的周期有关。转子动平衡所需要得到的相位信息就是用基本周期来表示的。

(2)趋势分析。对于机组的振动信号或过程参数(如温度、压力等)信号，连续地或周期性地记录其变化过程，分析机组各部件的工作状态和发展趋势，例如，可以用振幅随时间变化曲线表示轴承磨损、间隙增大而导致机组振幅上升的自然趋势。

(3)频谱分析。是机组振动分析与诊断最基本的工具，它建立在快速傅里叶变换的基础上，并辅之以加窗函数、滤波、细化、平均等技术，也包括自谱和互谱等。

(4)相位分析。相位量化了两个信号之间的时间差，它们可以是两个振动信号，也可以是一个振动信号与一个激励信号，或者取一个振动信号与基本转速的参考信号。

(5)轨迹分析。可以提供轴承的预负荷，能提供转子的涡动频率以及进动方向，还能显示轴颈在轴承中的位移。图7-7为轴心轨迹的示意图，图7-7(a)表示了安装不对中所造成的涡动，图7-7(b)表示了油膜振荡和碰磨现象。

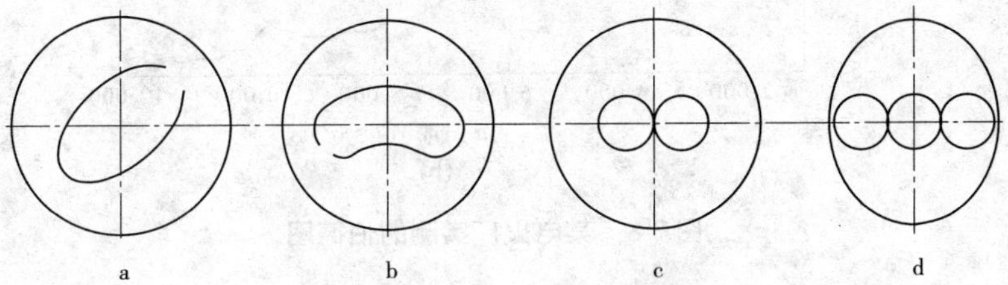

(a)安装不对中引起的轴心涡动

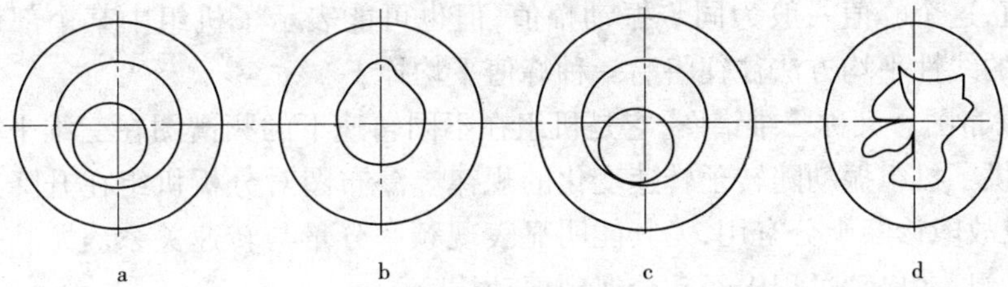

(b)油膜振荡和频率

图7-7 轴心轨迹的示意图

(6)变转速及变频率分析。可以从变转速或变频率测试中得到自振频率、临界转速、阻尼以及与诊断有关的转子弯曲、裂纹等信息。通常，质量偏心力与转速呈平方关系，利用变转速试验可以容易判断转子偏心的影响程度。

(7)变励磁试验。电磁不平衡对励磁电流或电压十分敏感，通过变励磁试验可以掌握和区分故障的电气原因。

(8)伯德图。伯德图是以振幅(通常是相对位移)及相位对转速的变化图。利用伯德图中的幅值—转速关系，可以从其峰值得到机组的临界转速。图7-8为某火电厂实测的伯德图，图中 S_{p-p} 为振动信号的峰—峰值，mil为长度单位(1 mil = 25.4 μm)，θ 为振动信号的相位。

(9)极坐标图。又称奈魁斯特图，它是不同转速下振幅与相位间的关系图。

(10)峰值保持图。峰值保持也称峰值平均，它是将不同时刻的频谱图上最大峰值保

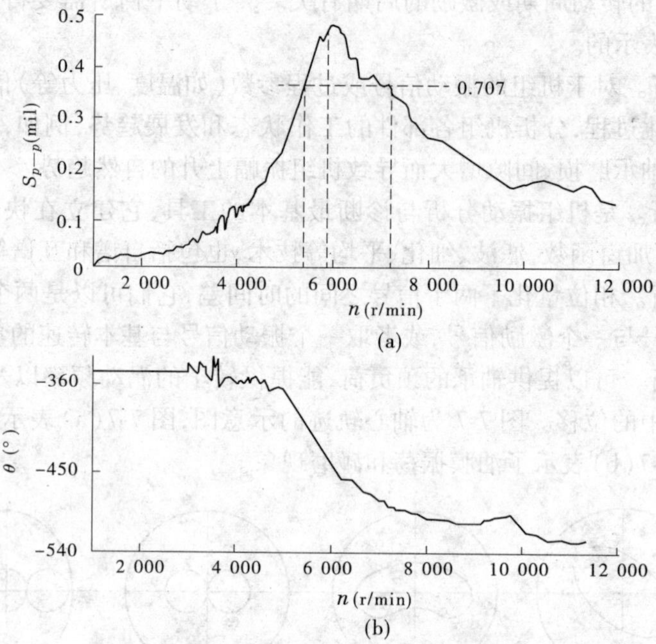

图 7-8　某电火厂实测的伯德图

持下来,进行比较。例如,一台机组在升速过程中,在不同转速下的频谱图上必定会出现最大谱峰值,这个峰值一般为同步振动幅值,但也可能表示了机组中某个部件的自振频率,而一般的线性平均方法往往将后一种峰值平均掉。

(11)瀑布图。又称三维谱图,它是机组在不同转速下的频谱图在三维坐标系下的表现,该图提供了机组振动随转子转速变化的规律。瀑布图对分析机组在升降速过程中的振动特性及故障诊断十分有用,尤其能明显表现频率分量与转速关系。尤其是新安装或大修后的机组,在启动过程中经常会遇到振动故障。

7.3.3　故障诊断分析方法

水轮发电机组的故障诊断过程,首先必须提取机组状态特征和故障征兆,然后进行故障的推理和识别,最后是故障趋势的预测和结果分析。其中,故障的推理识别方法是研究的重点。故障诊断技术经过十几年的迅速发展,已经出现基于不同原理的众多方法。下面主要介绍因果分析诊断方法。

振动故障最直接简便的诊断方法是因果分析法。振动在机组流体和结构上的反应是可以定性观察和定量观测的,而每种反应均与某种激励和多种激励的综合作用相关联。简言之,就是有果必有因,有因必有果。因此,可根据结果的特征,以及因果关系,判断振动(结果)的振源或故障所在(原因)。

因果分析方法是最原始和最常用的方法之一,它比较直观,尤其是融汇了大量的实践经验,容易为现场技术人员掌握,在经验积累和反复试验的基础上,往往能达到非常好的效果。

将机组振动的各种诱发因素，遵循成因发展路线，绘制成因果分析图，如图 7-9 所示。图中用主箭头表示振动的主因，用中箭头表示诸如水力、机械、电磁等主要的几种振源类型，然后再细化为不同的具体因素。如水力振源又可分为水压脉动、空蚀、密封、水力不平衡等，而水压脉动又分高频(卡门涡等)、中频(不平衡扰动)和低频(尾水管涡带)等。这样就可以从大原因中寻找中原因，从中原因中探索小原因，逐步深入，不断排除非主要的甚至无关的因素，追踪到真正的振源。有时，一个很小的原因往往就是机组振动的振源，所以必须将各种可能的细微因素均在图中表示出来，使之清晰可观，不致疏漏，便于判别。例如，轴承或定子一个螺栓的松动或一个垫片的老化磨损，就可能诱发剧烈的振动，像俄罗斯萨扬舒申斯克水电站 2#机组运行中被抛出这一严重事故即是如此。

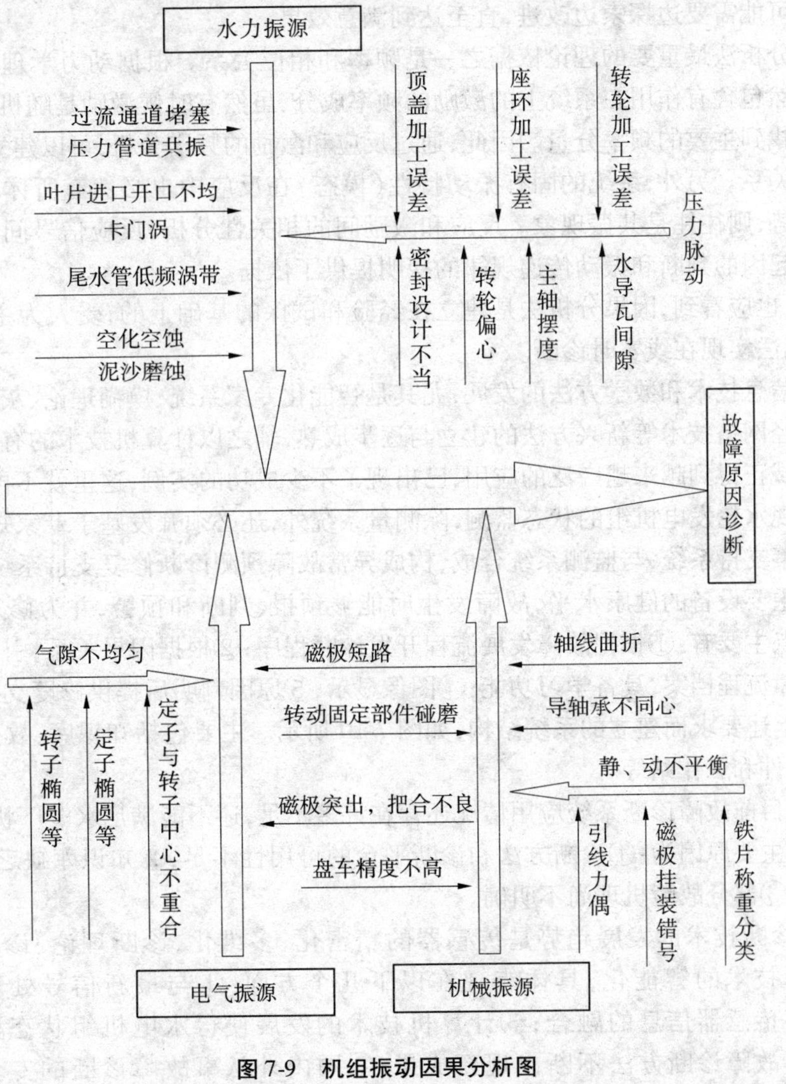

图 7-9　机组振动因果分析图

当然，机组振动的现象和振源均是十分复杂的，往往不可能在很短的时间内很容易直观地显现出来，需要从混杂的大量影响因素中梳理脉络，顺藤摸瓜，还要善辨真伪，善分主次。因此，除要求技术人员具备非常全面和深入的专门知识外，还需积累大量的实践经验，更要求有必要的现场测试手段相配合。试验可以提供充分的证据，也是判断分析的验证。经过反复探讨和试验，步步深入，方能透过表象捕捉到事物的本质——真正的故障所在。

在确定了故障位置和原因之后，即可采取有针对性的消振减振治理措施。机组振动可能是多种原因的综合体现，治理上也必须对症下药，多管齐下。治理的措施也是多种多样的，有些也不能立竿见影，甚至会有负效果；有些措施在某些电站是有效的，而使用在本电站上不一定灵验；某种措施在某些工况下是有效的，对有些工况可能作用不明显。所以，也必须做大量的调研论证工作，理论分析、模型试验、现场试验等手段显得十分重要。治理措施可能需要边探索边改进，直至达到满意效果。

因果分析法最重要的理论依据之一是频率和相位关系。根据动力学理论，系统反应的频率必然包含有作用在系统上的激励的频率成分，虽然有时候激励是随机的，但从频谱图上总能找到主要的频率分量。因此，通过反应和激励的频谱分析，可以建立两者间的确定性因果关系。另外，系统的固有振动特性（模态）在反应中也必然有所体现，若主模态分量占优势，则往往是共振现象。反应和激励间的相关性分析，反应信号间的相位关系，也为振动起因的判断和振动传递规律的探明提供了依据。

同时，也应看到，因果分析法是建立在经验和试探的基础上的，受人为主观因素的影响较大，无法实现在线实时诊断。

随着信息技术和数学方法的发展，尤其是智能化专家系统、模糊理论、灰色理论、遗传理论和神经网络技术等新兴方法的建立与逐步成熟，辅之以计算机技术的有力支持，在故障诊断领域正得到越来越广泛的应用，已出现了不少成功的实例，这里就不再介绍了。

为实现水轮发电机组的状态监测，除测量系统外，还必须开发基于专家知识系统的故障诊断决策支持系统，与监测系统合成，构成异常故障预测诊断修复支持系统。系统能够确认电站主要设备的健康水平，故障发生时能够预报、判断和预警，并为修复提供支持。系统的特点主要有：①根据故障发展流程开发诊断程序；②根据因果关系，引入模糊评判；③建立故障流程档案，具备学习功能；④图像显示；⑤原因判明后提供修复支持。

根据上述要求而建立的系统结构，如图 7-10 所示。主要包括知识库、数据库、接口界面、推理软件和工作站等。

总之，目前故障诊断系统应用情况还存在许多不足，还不能满足水电厂状态检修的实际需要，其主要原因为：①诊断方法和诊断平台的可用性不足；②知识库缺乏故障诊断知识的支持；③部分故障机理尚不明确。

故障诊断技术的发展趋势是传感器的精密化、多维化，诊断理论、诊断模型的多元化，诊断技术的智能化，具体表现在以下几个方面：①与最新信号处理方法相融合；②与多传感器信息的融合；③计算机技术的发展使得水电机组状态监测技术日益完善；④故障诊断方法不断出现新成果；⑤国内外从事故障诊断的专业人员和专业机构大大增加。

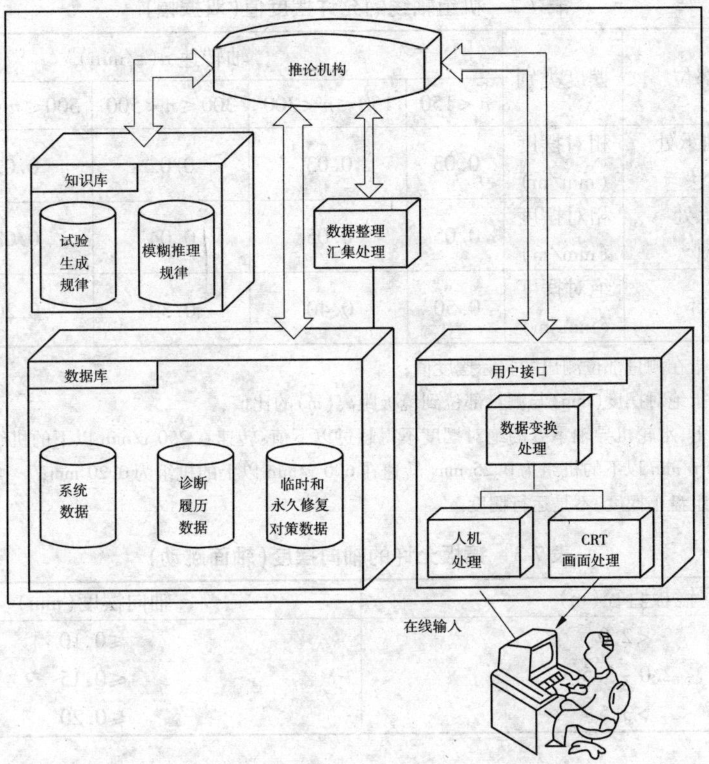

图7-10　故障诊断专家系统构成

7.4　我国现行振动规程概要

随着我国水电事业的发展,对振动的研究与解决日益重视,相应制定了多部国家和行业标准,涵盖基本技术条件、现场监测、测量、安装和试运行等主要方面,简述如下。

7.4.1　机组盘车与试运行

《水轮发电机组安装技术规范》(GB/T 8564—2003)关于调整机组轴线部分的规定:

(1)推力轴承刚性盘车,各瓦受力应初调均匀,镜板水平符合如下要求:推力头套入前调整镜板的高程和水平,在推力瓦面不涂润滑油的情况下测量其水平偏差应在0.02 mm/m以内,高程应考虑在承重时机架的挠度值和弹性推力轴承的压缩值。

(2)调整靠近推力头的导轴瓦或临时导轴瓦的单侧间隙,一般为0.03～0.05 mm。轴线调整完毕后,机组各部位摆度值,应不超过表7-2的要求。

(3)液压支柱式推力轴承的弹性盘车,应在弹性油箱受力调整合格后进行。靠近推力轴承上部和下部的导轴瓦间隙调整至0.03～0.05 mm,盘车时镜板边缘处的轴向摆度应不超过表7-3的要求。

表 7-2　机组轴线的允许摆度值(双振幅)

轴名	测量部位	摆度类别	轴转速 n(r/min)				
			$n<150$	$150\leqslant n<300$	$300\leqslant n<500$	$500\leqslant n<750$	$n\geqslant 750$
发电机轴	上、下轴承处轴颈及法兰	相对摆度(mm/m)	0.03	0.03	0.02	0.02	0.02
水轮机轴	导轴承处轴颈	相对摆度(mm/m)	0.05	0.05	0.04	0.03	0.02
发电机轴	集电环	绝对摆度(mm/m)	0.50	0.40	0.30	0.20	0.10

注:1. 绝对摆度是指在测量部位测出的实际摆度值;

2. 相对摆度是指绝对摆度(mm)与测量部位到镜板距离(m)的比值;

3. 在任何情况下,水轮机导轴承处的绝对摆度不得超过以下值:转速在 250 r/min 以下的机组为 0.35 mm,转速在 250～600 r/min 以下的机组为 0.25 mm,转速在 600 r/min 以上的机组为 0.20 mm;

4. 以上均为机组盘车摆度,不是运行摆度。

表 7-3　镜板允许的轴向摆度(轴面跳动)

镜板直径(m)	轴向摆度(mm)
<2.0	≤0.10
2.0～3.5	≤0.15
>3.5	≤0.20

同时,《水轮发电机组安装技术规范》(GB/T 8564—2003)中规定:机组空载试运行应测量机组运行摆度(双幅值),其值应小于轴承间隙;测量机组振动,其值应不超过表 7-4 的规定。

表 7-4　水轮发电机组各部位振动允许值　(单位:mm)

机组型式	项目		额定转速 n(r/min)			
			$n<100$	$100\leqslant n<250$	$250\leqslant n<375$	$375\leqslant n<500$
立式机组	水轮机	顶盖水平振动	0.09	0.07	0.05	0.03
		顶盖垂直振动	0.11	0.09	0.06	0.03
	水轮发电机	带推力轴承支架的垂直振动	0.08	0.07	0.05	0.04
		带导轴承支架的水平振动	0.11	0.09	0.07	0.05
		定子铁芯部位的机座水平振动	0.04	0.03	0.02	0.02
		定子铁芯振动(100 Hz 双振幅值)	0.03	0.03	0.03	0.03
卧式机组	各部轴承垂直振动		0.11	0.09	0.07	0.05
灯泡贯流式机组	推力支架的轴向振动		0.10	0.08		
	各导轴承的径向振动		0.12	0.10		
	灯泡头的径向振动		0.12	0.10		

注:振动值是指机组除过速运行以外的各种稳定运行工况下的双振幅值。

7.4.2 水力机械振动和脉动现场测试

《水力机械(水轮机、蓄能泵和水泵水轮机)振动和脉动现场测试规程》(GB/T 17189—2007),取代《水力机械振动和脉动现场测试规程》(GB/T 17189—1997),其目的是确定统一的振动、脉动试验方法、测量方法及试验数据的处理方法,使测量结果在同类的不同型号水力机械上具有一致性和可比性。

规程除对术语、定义、符号和单位作出统一解释外,主要包括试验的实施和测量方法及数据采集处理方法两大部分内容。

试验计划包括:试验计划的拟定,振动、脉动测量及测点布置,试验工况,确定工况点的参数和试验条件等。

试验程序为:协商,准备,预备试验、正式试验及观察和重复试验。

测量方法:分别对振动测量、主轴的径向振动测量、压力脉动测量、应力测量、主轴扭矩脉动测量、转速脉动测量、功率脉动测量、导叶扭矩脉动测量、导轴承径向载荷脉动测量、推力轴承轴向载荷脉动测量等项目中的传感器、安装、仪器、系统等方面作了详细规定,还给出了确定机组工况参数的被测量。此外,还有率定、信号记录、数据分析与处理、测量不确定度、试验报告等内容。

7.4.3 水轮机基本技术条件

《水轮机基本技术条件》(GB/T 15468—2006)取代《水轮机基本技术条件》(GB/T 15468—1995),适用于容量为10 MW及以上,转轮直径为1 m及以上的混流式、冲击式水轮机和转轮直径为3 m及以上的轴流式、贯流式水轮机。

水轮机的稳定运行范围及运行稳定性指标保证,规定如下:

(1)在空载情况下应能稳定运行。

(2)在最大和最小水头范围内,水轮机应在表7-5所列功率范围内稳定运行。

表7-5 机组保证功率

水轮机型式	相应水头下的机组保证功率范围(%)
混流式	45~100
定桨式	75~100
转桨式	35~100
冲击式	25~100

(3)当以导叶中心平面为基准面,在电站空化系数下测取尾水管压力脉动混频峰—峰值,在最大水头与最小水头之比小于1.6时,其保证值应不大于相应运行水头的3%~11%,低比转速取小值,高比转速取大值;原型水轮机尾水管进口下游侧压力脉动峰—峰值不应大于10 m水柱。

原型混流式水轮机尾水管内的压力脉动值(双幅混频值)可采取除强迫补气之外的其他措施,应不大于相应水头的3%~11%,高水头取小值,低水头取大值。

对于混流式水轮机,如在保证运行范围内出现强振,应采取相应措施或避振运行。

原型水轮机在表 7-5 所规定的保证运行范围内,应对混流式水轮机尾水管内的压力脉动的混频峰—峰值或均方根值作出保证。

(4)振动。

①在各种运行工况下(包括甩负荷),水轮机各部件不应产生共振和有害变形。

②在保证的稳定运行范围内,立式水轮机顶盖以及卧式水轮机轴承座的垂直方向和水平方向的振动值,应不大于表 7-6 的规定。

表 7-6　立式水轮机顶盖以及卧式水轮机轴承座的垂直方向和水平方向的振动值

项目	额定转速 n(r/min)			
	$n \leqslant 100$	$100 < n \leqslant 250$	$250 < n \leqslant 375$	$375 < n \leqslant 750$
	振动允许值(双振幅)(μm)			
立式机组顶盖水平振动	90	70	50	30
立式机组顶盖垂直振动	110	90	60	30
卧式机组水轮机轴承的水平振动	120	100	100	100
卧式机组水轮机轴承的垂直振动	110	90	70	50

注:振动值是指机组在除过速运行以外的各种运行工况下的双振幅值。

③在正常运行工况下,主轴相对振动(摆度)应不大于图 7-11 中的值,主轴相对振动位移峰—峰值推荐评价区域中所规定的 B 区上限线,且不超过轴承间隙的 75%。

④水轮机正常运行时,在水轮机机坑地板上方 1 m 处所测得的噪声不应大于 90 dB,在距尾水管进人门 1 m 处所测得的噪声不应大于 95 dB,冲击式水轮机机壳上方 1 m 处所测得的噪声不应大于 85 dB,贯流式水轮机转轮室周围 1 m 内所测得的噪声不应大于 90 dB。

水轮机振动监测表和主轴摆度监测表是否安装,由供需双方商定。

7.4.4　在非旋转部件上测量和评价机组的振动

规程《在非旋转部件上测量和评价机器的机械振动》(第 5 部分:水力发电厂和泵站机组)(GB/T 6075.5—2002),对水力发电厂和泵站机组在非旋转部件上测量和评价机组的振动作了规定。

非旋转部件,主要是指水力发电厂和泵站机组正常工况下轴承、轴承支架或轴承座。

非旋转部件上振动的测量和评价准则,从两个方面进行:一是稳态运行的振动值,二是稳态运行时可能出现的振动变化。所规定的数值不作为振动评价的唯一依据,因为评价机组的振动状态通常要考虑转轴振动和轴承座振动两个方面。

本标准适用于水力发电厂和泵站机组,其额定转速为 60 ~ 1 800 r/min,轴瓦类型为筒式或分块瓦式,主机功率大于或等于 1 MW。轴线的位置可以是垂直、水平或与这两个方向成任意角度。

本标准在技术内容上与 ISO 10816—5:2000 相同,振动限值规定与其一致,适用于正常工况下在轴承、轴承支架或轴承支座上进行振动测量和评价。在总则中规定了测量和评价机器振动的通用条件及方法。

关于测量方法、工况、测量类型,建议测量振动速度(中高速机组 300 ~ 1 800 r/min)

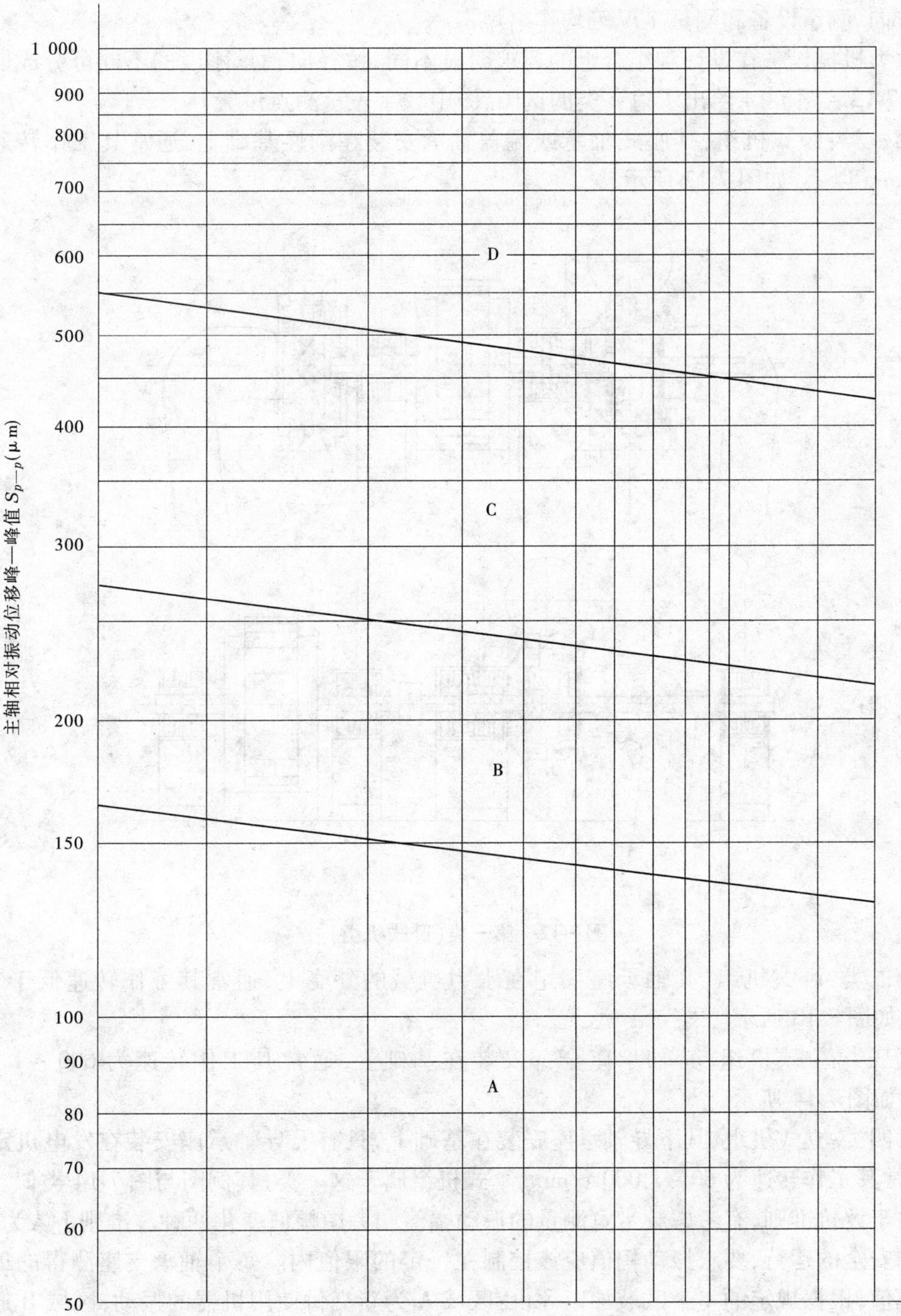

图 7-11　主轴相对振动位移峰—峰值推荐评价区域

或通过积分后得到振动位移(低于 300 r/min),分别测量均方根值和峰—峰值。对测量位置和方向、测量设备和测试工况等均作出规定。

水力机械设备在设计和组合上的要求明显不同,按径向轴承刚度的不同可分成四大类(图 7-12 ~ 图 7-14 给出了每一类的例图,图中数字表示测点位置):

第一类:卧式机组,其座式轴承或端盖轴承安装在刚性基础上,通常其工作转速在 300 r/min 以上,如图 7-12 所示。

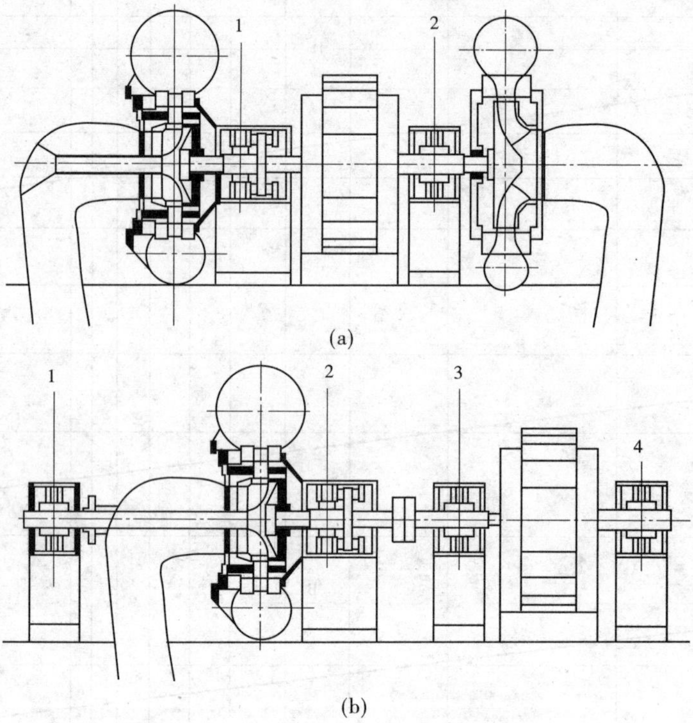

图 7-12　**第一类(卧式机组)**

第二类:卧式机组,其轴承座固定在水力机械的外壳上,通常其工作转速低于 300 r/min,如图 7-13 所示。

第三类:立式机组,其轴承座全部安装在基础上,通常其工作转速为 600 ~ 1 800 r/min,如图 7-14 所示。

第四类:立式机组,其下导轴承座安装在基础上,只有上导轴承座安装在发电机定子上,通常其工作转速为 60 ~ 1 000 r/min,伞式机组属于这一类,其例图与图 7-14 类似。

关于评价准则,有考虑频带宽测量的振动幅值和考虑幅值变化两种。准则 I 认为,机器可靠安全的运行,要求振动幅值应该控制在一定的限值内。每个轴承支座测得的最大振动幅值,根据规定的 4 个区域加以评价:区域 A 为新交付使用机器的振动;区域 B 通常认为振动在此区域的机器可以无限制长期运行;区域 C 认为不宜长期运行,采取补救措施后可以运行有限的一段时间;区域 D 通常认为振动已非常严重而足以导致机器破坏。准则 Ⅱ 是以稳态运行工况下频带宽振动幅值的变化为基础制定的。振动幅值超过区域 B 上限值的 25% 时,应认为是明显的,特别当变化是突发时。

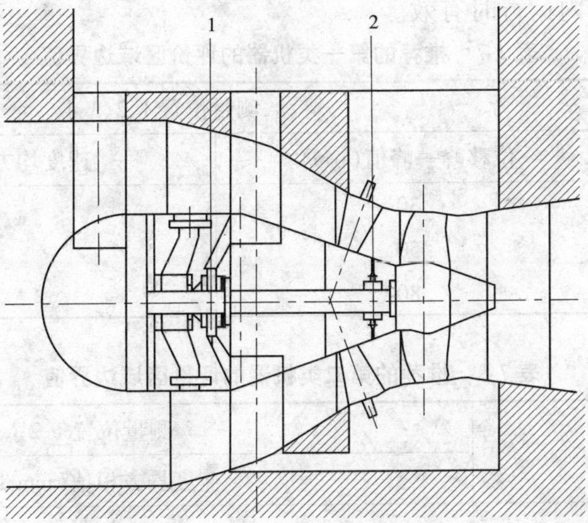

图 7-13　第二类(卧式机组)

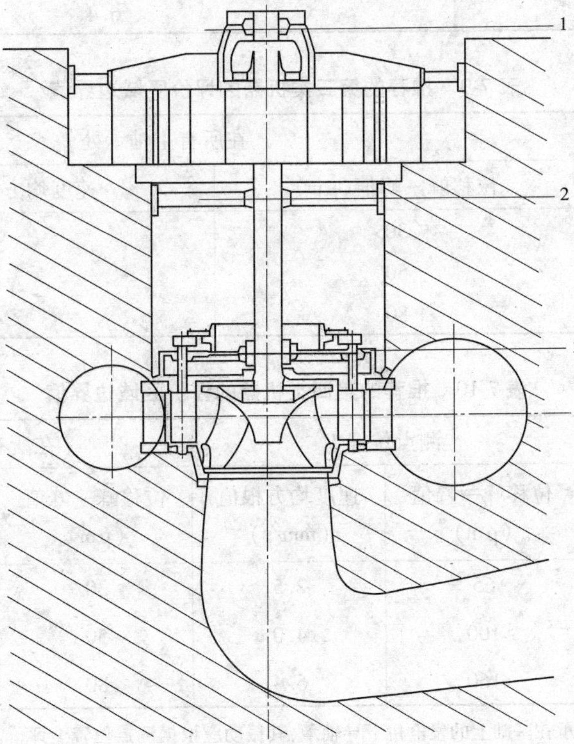

图 7-14　第三类(立式机组)

评价区域界线,针对不同的工况制定如下:

(1)水轮机工况。统计不同功率和转速的上千个样本的测量数据,给出推荐值。例如,推荐的第一类和第四类机器的结果分别列于表 7-7 ~ 表 7-10 中。

表 7-7 ~ 表 7-10 给出了图 7-12 ~ 图 7-14 所包含的四个主要机器类型的区域边界推荐值。对于振动速度使用频带宽均方根值,对于振动位移使用峰—峰值,它们仅对水轮机

在合同允许稳态范围内运行时有效。

表 7-7　推荐的第一类机器的评价区域边界值

区域边界值	测量位置 1、2、3、4	
	位移峰—峰值(μm)	速度均方根值(mm/s)
A/B	30	1.6
B/C	50	2.5
C/D	80	4.0

表 7-8　推荐的第二类机器的评价区域边界值

区域边界值	测量位置 1、2
	速度均方根值(mm/s)
A/B	2.5
B/C	4.0
C/D	6.4

表 7-9　推荐的第三类机器的评价区域边界值

区域边界值	在所有主轴承处	
	位移峰—峰值(μm)	速度均方根值(mm/s)
A/B	30	1.6
B/C	50	2.5
C/D	80	4.0

表 7-10　推荐的第四类机器的评价区域边界值

区域边界值	测点位置 1		在所有主轴承处	
	位移峰—峰值(μm)	速度均方根值(mm/s)	位移峰—峰值(μm)	速度均方根值(mm/s)
A/B	65	2.5	30	1.6
B/C	100	4.0	50	2.5
C/D	160	6.4	80	4.0

注:如果机器有一个不支承在基础上的发电机下导轴承,其振动应根据测点位置 1 评价。伞式机组也属于这一类,对主轴承的评定区域边界值也按此表。

(2)泵的运行工况。尚缺乏足够数据支持准则制定。

(3)特殊运行工况。指所有的非正常的运行状态,压力脉动等随机振动分量更为突出,其评价较为困难。

(4)轴向振动。连续运行监测中较少测量轴向振动。在推力轴承上,轴向振动一般与轴向脉动有关。

运行限值的设定:制定报警值和停机值。首先根据特定机器测量的经验确定基线值。报警值应比基线值高某一数值,此数值相当于区域 B 上限值的 25%。如果基线值较低,报警值可能在区域 C 以下。但是,任何情况下报警值不能超过区域 B 上限值的 1.25 倍。考虑到支承刚度和动载荷的不同,同一机器不同位置和方向的限值可以不同。

停机值的设定:不同机器的停机值不同,不可能给出设定绝对停机值的确切准则。一般来讲,应设在区域 C 或区域 D 内,不能超出区域 C 上限值的 1.25 倍。

机组在正常运行范围以外的瞬态和特殊工况运行,报警和停机功能应解除,或根据试运转时可接受的最大振动值选择第二报警值和停机值。

7.4.5　旋转机械转轴的径向振动的测量和评定

标准《旋转机械转轴径向振动的测量和评定》(第 5 部分:水力发电厂和泵站机组)(GB/T 11348.5—2008)在技术内容上和 GB/T 11348.5—2002 相同,振动限值规定与其一致,适用于正常工况下在轴承或靠近轴承处转轴振动的测量和评定。

测量方法上,规定了测量类型、测量平面和测量仪器,这也是机组振动测量应遵守的。主要内容如下。

7.4.5.1　水轮机运行工况评定准则

(1)准则Ⅰ:正常运行工况时,机器可靠安全的运行要求振动幅值应该控制在一定限值之下,此限值是与可接受的动载荷和机器有足够裕度的径向间隙相适应的。对于那些尚未充分地了解其运行性能的机器(如新机型),这个准则将作为评价机器的基础。

图 7-15 给出在水力机组测量平面内相对位移最大值的推荐值。图 7-16 给出了水力机器或机组在测量平面上相对位移峰—峰值的推荐值。在图 7-15 和图 7-16 中,振动幅值的整个区域被划分成两个主要范围,其定义如下:

大区 A—B:振动值在此大区域内的机器被认为可以无限制长期运行;

大区 C—D:振动值在此大区域内的机器具有较高的振幅。在每种情况下,必须考虑具体的设计和运行条件,判别振动值是否允许长期连续运行。在所有工况下,需要通过比较轴的相对振动值与轴承运转径向间隙和油膜厚度来作出评价。

区域 A:振动值低于 A/B 边界线(连同低的轴偏心率)的机组可能具有很小的质量、水力和电磁不平衡,并具有高质量的机械对中及所要求的轴承圆度和优良的运行工况。

A 和 B 之间的虚线边界表示在数据库中 50% 的累积概率分布。

区域 D:出于分析和维修的目的,振动值高于 C/D 边界线的机器通常需要停机,因为它们的振动被认为相当严重,而且可能导致机器损坏。

C 和 D 之间的虚线边界表示在数据库中 98% 的累积概率分布。

区域界限规定的数值不准备作为验收规范。验收规范由机器制造厂和用户商定。但是,区域的界限值提供的准则可确保避免严重的缺陷和不切实际的要求。另外,对于特殊机器,可能需要使用不同的界限值(较高或较低)。在这种情况下,机器制造厂有责任解释其理由,尤其要确保机器以较高振动运行的安全。

对于增加出力后重新投运的机组,通常要标明“超额定出力”记号,其振动值可以位于区域 A 或区域 B 内。而选择区域 A 或区域 B,依赖于新激振力与新部件及留用部件经

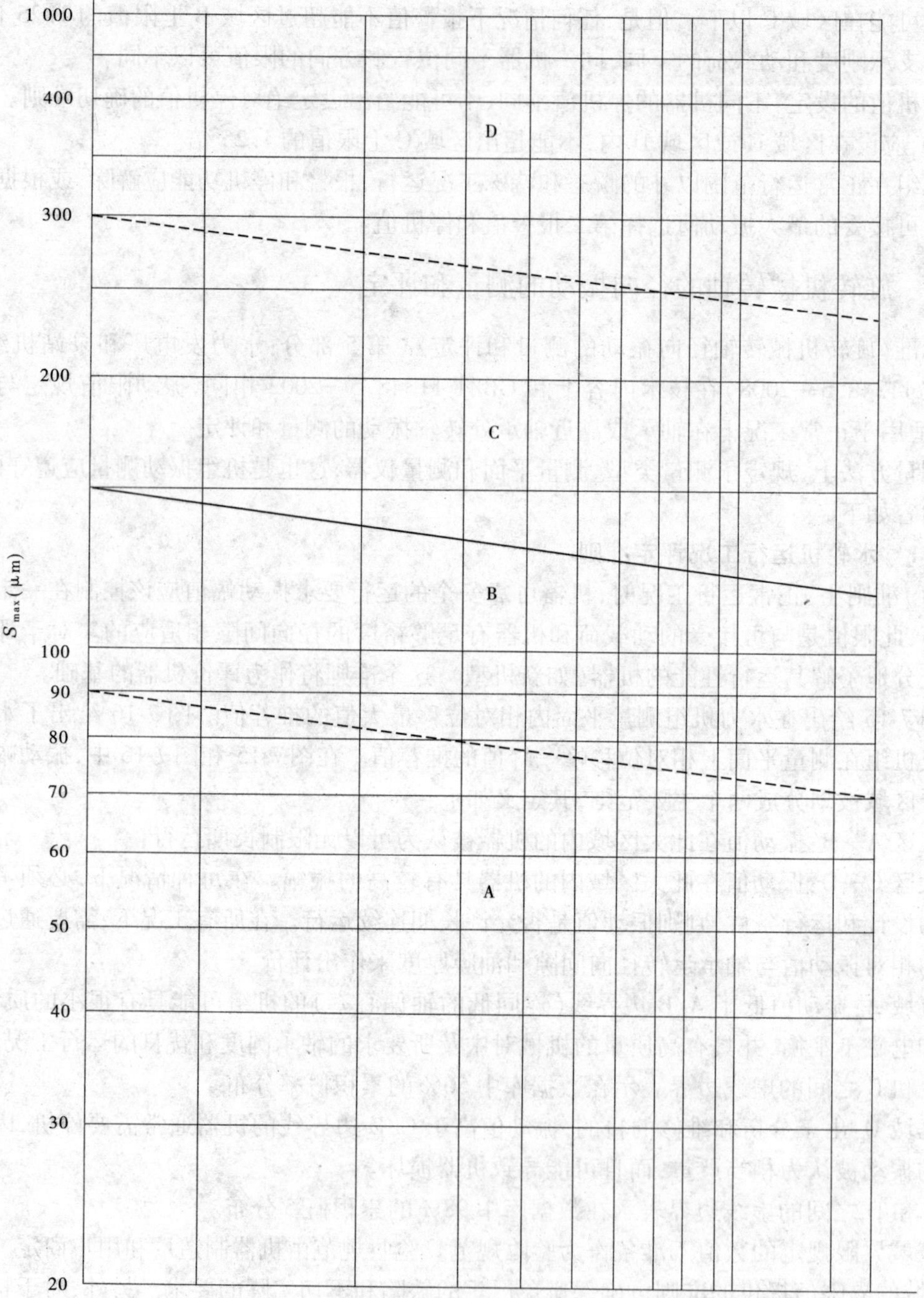

图 7-15　水力机组转轴相对振动位移最大值推荐评价区域图

X—最大工作转速；S_{max}—转轴相对振动位移最大值

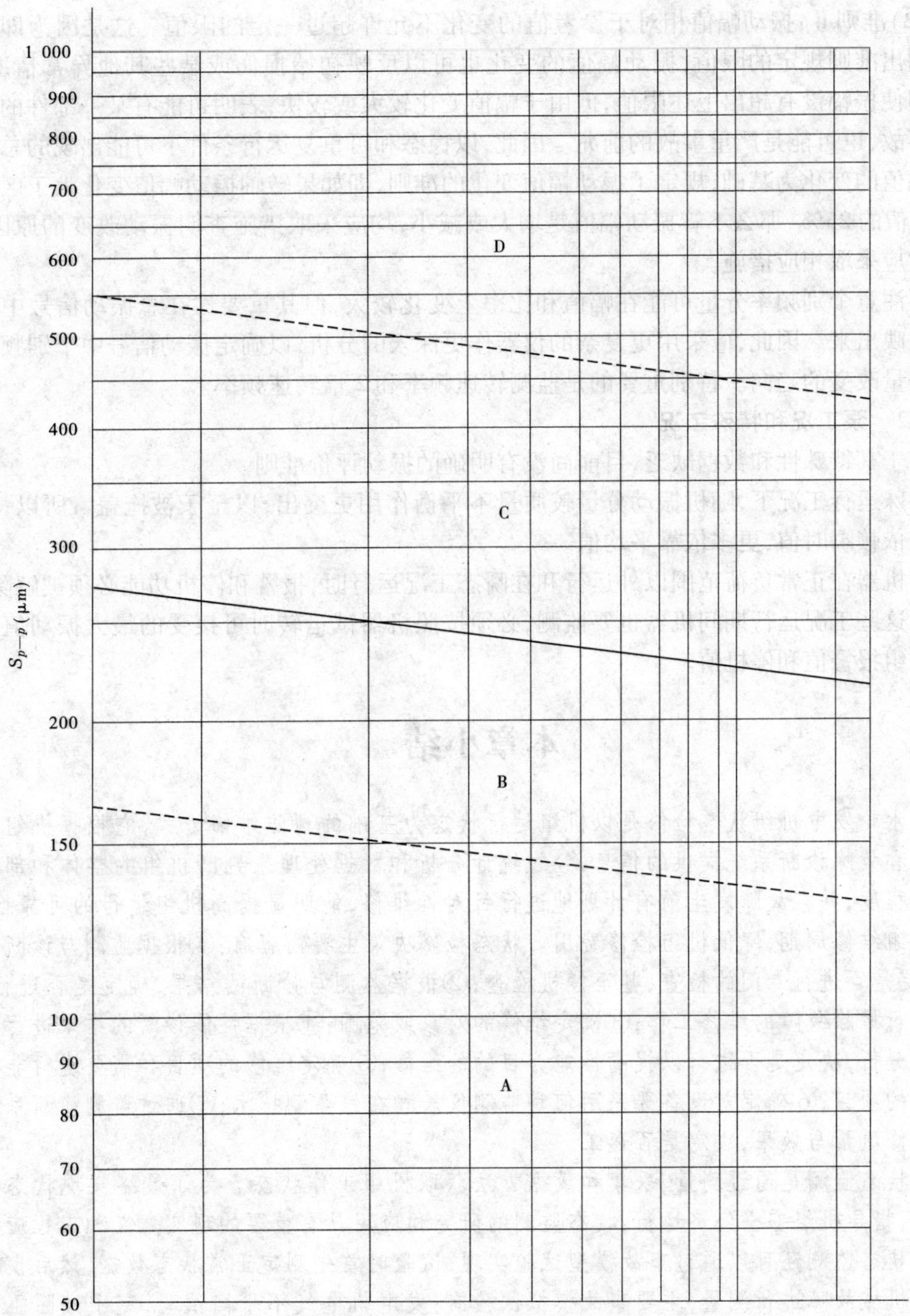

图 7-16　水力机组转轴相对振动位移峰—峰值推荐评价区域

X—最大工作转速；S_{p-p}—转轴相对振动位移峰—峰值

受长期动载荷的能力之间的关系。

(2)准则Ⅱ:振动幅值相对于参考值的变化不允许超过一定的限值。这是因为即使没有超出准则规定的限值,振动幅值的变化也可以反映初始损伤或某些其他异常情况。有时即使振幅没有超出上述限值,但由于幅值变化较大或较快,表明可能有某一部件的移动或事故,也可能是严重事故的前兆。因此,以稳态和可重复运行条件下可能出现的总的振动幅值的变化为基础,规定了振动幅值变化的准则,即如果转轴振动幅值变化大于区域B上限值的25%,那么不管振动幅值是增大或减小,均应采取措施查明振动改变的原因,必要时应采取相应措施。

要注意个别频率分量可能在幅值和比率上变化较大,但其重要性在总振动信号中并没有反映出来。因此,应采用更复杂的仪器作更深入的分析,以确定振动信号中个别频率分量矢量改变的趋向。特别重要的是监测转速频率和2倍转速频率。

7.4.5.2　泵工况和特殊工况

由于其特殊性和数据缺乏,目前尚没有明确的振动评价准则。

特殊运行工况下,随机振动分量较质量不平衡作用更突出,以至于被掩盖。所以,建议较少依赖瞬时值,更多依靠平均值。

当机器在正常负荷范围以外运行和在瞬态工况运行时,报警和停机功能必须被解除。如果在这些工况运行期间机器也要监测,必须按照机器试运转时可接受的最大振动值选择第二组报警值和停机值。

本章小结

1. 水轮发电机组状态检修是以机组运行状态为基础的预防维修方式,它根据机组状态监测和故障诊断系统提供的信息,经过统计分析和数据处理来判断机组的整体和部件的劣化程度,并在故障发生前有计划地进行针对性维修,能明显提高机组运行的可靠性,延长机组维修周期,降低机组检修费用。状态检修决策主要内容有:①根据监测与诊断信息,确定是否进行专门的检查,甚至停机检查;②根据监测与诊断的结果,确定是否进行、如何进行排除故障的维修工作;③确定维修的对象或范围;④根据性能诊断的结果进行技术经济分析,决定是否进行以提高性能为目的的维修;⑤确定维修的项目和需要进行非标准检查的项目;⑥确定对设备要采用何种监测仪表和在线监测技术;⑦通过监测诊断系统判定维修质量与效果,决定是否返工。

2. 状态监测是通过测量、采集和数据方法获取机组工作状态。为了最终实现状态检修机制,指导机组安全经济运行,状态监测的研究和应用具有重要的现实意义和工程应用前景。状态监测还可以通过事故模型试验实现,试验时首先测定正常状态数据,然后模拟电气或机械故障进行测量,主要事故模拟试验有:发电机电气不平衡试验,定子线圈匝间短路试验,轴承断油试验。

3. 机组振动监测的主要项目有发电机气隙监测、水轮机空蚀监测与压力脉动监测等。振动监测系统包括三部分:由若干传感器、数据采集器和下位机组成,完成实时数据采集和数据初级处理;网络通信,负责系统内的信息传送和通信;上位机系统完成整个系统的协调管理和机组状态的全面报告及监测、诊断、分析。

4. 机组振动故障诊断理论，是将状态监测获取的状态监测数据进行综合评估和诊断，对机组可能发生或已发生的故障进行预测和判断，并提出消除解决故障的措施和办法。水轮发电机组故障种类繁多，表现形式多样，故障和征兆之间不存在简单的一一对应关系。

5. 对机组运行状态的评价和振动故障的诊断，必须掌握机组的物理特性以及运转条件下的动力特性。基本数据和运行参量的准确获得十分关键，主要包括：①机组的布置和物理参数；②运转工况参数；③轴系和支承结构的固有振动模态；④系统动力参数，如轴承和水轮机密封的刚度及阻尼、发电机磁拉力动态系数；⑤作用的频率和幅值特征，以及作用和反应的关系；⑥系统在某一种或多种作用下的动力反应，诊断的重要前提之一是机组的动力计算模型，一般是应用现代计算机技术建立的数值模型；⑦振动的控制标准。

6. 目前机组故障诊断的主要方法有因果分析诊断方法、故障树分析法、模糊理论分析法、小波分析法、专家系统分析法、人工神经网络法、混合智能诊断方法等。

7. 我国规程中对机组大轴、推力轴承、水导、上导、下导、发电机机架、定子机座和顶盖的振动都有具体规定。

习　题

7-1　为什么水轮发电机组突发性事故较少？

7-2　什么是机组的状态检修？为什么要进行状态检修？

7-3　什么叫机组的状态监测？为什么要进行状态监测？

7-4　状态监测可以通过哪些方式实现？分别进行简要介绍。

7-5　机组的振动监测系统由哪些部分组成？

7-6　什么是机组的故障诊断？故障诊断和状态监测、状态检修有什么关系？

7-7　机组的振动故障分为哪几类？简要说明。

7-8　故障诊断可以通过哪些途径实现？

7-9　常用的故障诊断方法是什么？有何特点？

7-10　机组的故障诊断有什么作用？

7-11　机组的故障诊断技术有哪些不足？

7-12　我国现行规程中对机组振动作了哪些规定？

7-13　水导、上导和下导的摆度与振动在我国规程中有何要求？

7-14　推力轴承的振动在我国规程中有何规定？

7-15　机组大轴的振动在我国规程中有何要求？

7-16　发电机机架、定子机座和水轮机顶盖的振动值的允许范围在我国规程中是如何要求的？

参考文献

[1] 闻邦椿. 机械振动理论及应用[M]. 北京:高等教育出版社,2009.
[2] 刘大凯. 水轮机[M]. 3 版. 北京:中国水利水电出版社,2003.
[3] 高建铭. 水轮机及叶片泵结构[M]. 北京:清华大学出版社,1992.
[4] 陈新芳. 水轮机结构分析[M]. 北京:中国水利水电出版社,1994.
[5] 陈锡芳. 水轮发电机结构运行监测与维修[M]. 北京:中国水利水电出版社, 2008.
[6] 王珂崙. 水力机组振动[M]. 北京:水利电力出版社,1986.
[7] 董毓新. 水轮发电机组振动[M]. 大连:大连理工大学出版社,1989.
[8] 马震岳,董毓新. 水电站机组及厂房振动的研究与治理[M]. 北京:中国水利水电出版社,2004.
[9] 黄源芳,刘光宁,等. 原型水轮机运行研究[M]. 北京:中国电力出版社,2010.
[10] 杜文忠. 水力机组测试技术[M]. 北京:中国水利水电出版社,1995.
[11] 刘晓亭,李维藩. 水力机组现场测试手册[M]. 北京:水利电力出版社,1993.
[12] 沈东. 水力机组故障分析[M]. 北京:中国水利水电出版社,1996.
[13] 王海. 水轮发电机组状态检修技术[M]. 北京:中国电力出版社,2004.
[14] 刘大凯. 水力机械流体动力学[M]. 上海:上海交通大学出版社,1988.
[15] 陈造奎. 水力机组安装与检修[M]. 3 版. 北京:中国水利水电出版社,2006.
[16] J P 邓哈陀. 机械振动[M]. 谈岑,译. 北京:科学出版社,1961.
[17] 中国科学院,等. 水轮机水力振动译文集. 北京:水利电力出版社,1979.
[18] 李伟清,王绍禹. 发电机故障检查分析及预防[M]. 北京:中国电力出版社,1996.
[19] 杨立信,李运辉. 俄罗斯萨扬舒申斯克水电站事故原因分析[M]. 郑州:黄河水利出版社,2010.
[20] 邱家俊. 机电分析动力学[M]. 北京:科学出版社,1997.
[21] 徐洪泉,潘罗平. 水轮机涡带压力脉动影响因素及模型试验方法的研究[J]. 水力发电学报,1998(3):52-58.
[22] 张鹏远,祝宝山,张乐福. 岩滩水电站 3 号机减振改造研究[J]. 水力发电学报,2005,24(5):104-109.
[23] 吴培豪. 叶道涡的特性及其危害[C]//第十五次中国水电设备学术讨论会论文集. 2004.
[24] 陈金霞,李国伟,刘胜柱,等. 叶道涡产生机理及对水轮机稳定性的影响[J]. 大电机技术,2007(3):42-46.
[25] 张鹏远,祝宝山,张乐福. 混流式水轮机转轮区叶道涡压力脉动数值研究[J]. 大电机技术,2009(6):35-38.
[26] 肖黎. 混流式水力机组减振探讨[J]. 湖南电力,2001,21(5):6-8,36.
[27] 李兆军,蔡敢,等. 混流式水轮发电机组主轴系统非线性全局耦合动力学模型[J]. 机械强度,2008,30(2):175-183.
[28] 杨旭娟,蔡敢为,李兆军,等. 混流式水轮发电机组主轴系统临界转速分析[J]. 广西大学学报,2008,33(3):257-260.
[29] 姚大坤,赵树山,杨晓君. 抽水蓄能水轮发电机组轴系临界转速分析[J]. 东方电气评论,2006,20(3):6-9.
[30] 王湘,谢红梅,覃海英. 水轮发电组轴系仿真及动态特性分析[J]. 机械设计与制造,2010(6):176-177.

[31] 刘晓亭. 水轮发电机组轴系运行稳定性及故障分析[J]. 湖北电力,2007,31(5):29-31,48.

[32] 姚大坤. 三峡水轮发电机组轴系稳定性分析[J]. 大电机技术,2004(7):29-31.

[33] 蔡敢为,杨旭娟,李兆军. 混流式水轮发电机组主轴系统组合共振分析[J]. 振动与冲击,2008,27(11):87-90,96.

[34] 杨晓明,马震岳. 水轮发电机组轴系统稳定性分析及抗振设计[J]. 水电能源科学,2005,23 (4):70-72.

[35] 安学力,周建中,刘力,等. 水轮发电机组横向振动特性分析[J]. 润滑与密封,2008, 33(12):40-43.

[36] 曲凤波,孙玉田,等. 水轮发电机的不平衡磁拉力[J]. 大电机技术,1991(4):1-3.

[37] 袁振伟,褚福磊,等. 考虑流体作用的转子动力学有限元模型[J]. 动力工程,2005,25(4):457-461.

[38] 马震岳,董毓新. 水轮机转轮密封处水流的动力特性及其对机组自振特性的影响[J]. 大电机技术,1987 (6):43-50.

[39] 周建旭,索丽生,等. 抽水蓄能电站水力－机械系统自激振动特性研究[J]. 水利学报, 2007,38(9):1080-1084.

[40] 陈喜阳,张克危,彭玉成. 水电机组在线监测系统实时数据智能存储策略[J]. 电力系统自动化,2004,28(7):67-70.

[41] 李友平,易琳,等. 国内水电机组状态检修技术现状分析[J]. 水电自动化与大坝监测,2008,32(1):58-61.

[42] 中华人民共和国国家质量监督检验检疫总局,中国国家标准化管理委员会. GB/T 15468—2006 水轮机基本技术条件[S]. 北京:中国标准出版社,2006.

[43] 中华人民共和国国家经济贸易委员会. DT/T 507—2002 水轮发电机组启动试验规程[S]. 北京:中国电力出版社,2002.

[44] 中华人民共和国国家质量监督检验检疫总局. GB/T 8564—2003 水轮发电机组安装技术规范[S]. 北京:中国标准出版社,2004.

[45] 中华人民共和国国家质量监督检验检疫总局,中国国家标准化管理委员会. GB/T 17189—2007 水力机械(水轮机、蓄能泵和水泵水轮机)振动和脉动现场测试规程[S]. 北京:中国标准出版社,2008.

[46] 中华人民共和国国家质量监督检验检疫总局. GB/T 6075.5—2002 在非旋转部件上测量和评价机器的机械振动(第5部分:水力发电厂和泵站机组)[S]. 北京:中国标准出版社,2002.

[47] 中华人民共和国国家质量监督检验检疫总局,中国国家标准化管理委员会. GB/T 11348.5－2008 旋转机械转轴径向振动的测量和评定(第5部分:水力发电厂和泵站机组)[S]. 北京:中国标准出版社,2008.